tredition®

AF304421

Zum Buch

»Das habe ich erst gestern wieder gehört: *Die Physik ist nur schwer zugänglich und kaum zu verstehen* – das ist doch gar nicht wahr!«
Wilma blickte entrüstet hinüber zu Willi.
»Tja«, analysierte Willi messerscharf, »die haben ja auch keine Elfie, die ihnen die großen Ideen passend auf eine handelsübliche Hirnverdrahtung zusammenklöppelt!«
»Genau!«, bekräftigte Wilma. »Da haben wir es doch wirklich gut! Verständliche und anschauliche Erklärungen, dazu ein Fläschchen Rotwein und jede Menge Lacher, wo gibt's das schon?«
»Na, bei uns!«, erwiderte Willi. »Und damit klar wird, was wir meinen, habe ich mich einmal künstlerisch betätigt. Guckst du:«

Stephan Becker

Ein Stein vom Heisen Berg ist Planck

Physik einmal ganz anders

Herausgeber und Autor: Stephan Becker
Umschlaggestaltung: Stephan Becker unter Verwendung
des Motivs "NASA Space – Maklay62"
Graphische Umsetzung: Alexander Jabs

Verlag & Druck: tredition GmbH,
Halenreie 40-44, 22359 Hamburg
Paperback: ISBN: 978-3-347-28277-3
Hardcover: ISBN: 978-3-347-28278-0
e-Book: ISBN: 978-3-347-28279-7

Bibliografische Information der Deutschen Nationalbibliothek:
Die Deutsche Nationalbibliothek verzeichnet diese Publikation
in der Deutschen Nationalbibliografie; detaillierte bibliografische Daten sind im Internet über http://dnb.d-nb.de abrufbar.

Inhalt

Vorwort

Physik einmal ganz anders – das klingt gut! Das klingt nach Daumen hoch. Das klingt nämlich so, als wenn man das, was man sonst eh nie kapieren würde, einfach nur auf links drehen muss, und schon wird alles glockenklar. Aber wer ist das denn, der etwas *nach links* drehen kann, damit es verständlicher wird? Wenden wir uns dazu doch an die drei Freunde Elfie, Wilma und Willi, denn mit ihnen werden wir unsere amüsante Reise durch die Physik antreten. Was würden die drei zur Physik und zu ihrer eigenen Rolle bei dieser Spritztour sagen?

Wilma würde erklären, dass sie schon viel Spannendes über die Physik gehört hat. Zum Beispiel im Zusammenhang mit dem ganz Großen, also dem Universum, aber auch in Verbindung mit dem Allerkleinsten, der mikroskopischen Welt. Und von alldem möchte sie einfach etwas mehr verstehen. Zum Beispiel ließ erst vor kurzem ein Handwerker, der bei ihr arbeitete, eine tiefgründige Bemerkung zu einem schwarzen Loch fallen. War das schon Physik? Sie war jedoch skeptisch, denn die Bemerkung stammte von ihrem Schornsteinfeger! Alles sehr dubios, aber auch völlig egal, denn sie will's jetzt wissen, und zwar am besten sofort!

Willi dagegen hat sehr konkrete Fragen an die Physik. Zum Beispiel, warum man mit einem Höhenmesser kein Brot schneiden kann oder warum aus radioaktivem Material keine Musik zu hören ist. Grundsätzlich hat er ein unkompliziertes Verhältnis zu allen Themen rund um die Natur. Das resultiert aus früheren Erfahrungen, als es in der Schule noch ein Fach namens *Naturkunde* gab. Dort hat man ihm erklärt, ab welcher Temperatur das Wasser kocht, warum es nachts dunkel wird und dass man nicht leuchtet, wenn man die Finger in die Steckdose steckt. Das war alles noch gut zu verstehen. Irgendwann hat sich dann aber die Fachbezeichnung von *Naturkunde* in *Physik* geändert. Von da ab wurde es seltsam. So seltsam, dass sein Kleinhirn beschloss, alle diesbezüglichen Informationen in einem Friedhof der Fragezeichen zusammenzulegen und diese *Area 51* aus dem offiziellen Zugriffsbereich seines Gedächtnisses zu streichen. Nun ist es Willi – so kurz vor Antritt der Reise in die Physik – ein wenig mulmig zumute, denn er befürchtet, dass er zur Beantwortung seiner Fragen das Sperrgebiet vielleicht doch noch einmal betreten muss.

Die Dritte im Bunde ist Elfie. Als Physikerin mag sie den Begriff *Naturkunde*. Denn ihrer Meinung nach suggeriert er genau das, was auch das Hauptanliegen ihrer gemeinsamen Reise darstellt: Zu verstehen, wie die Natur tickt! Elfie verfügt zwar über das physikalische Wissen, will aber weder eine Vorlesung über die Quantenmechanik noch eine über die Relativitätstheorie halten. Allerdings möchte sie über beides reden, denn gemeinsam mit Wilma und Willi möchte sie durch einen Blick hinter die Kulissen die Drahtzieher entdecken, die für das Funktionieren unserer Welt verantwortlich sind. Wer dann am Ende eine grobe Vorstellung von den großen Zusammenhängen bekommen hat, der ist dann – Originalton Elfie – schon einmal ganz weit vorn.

Damit beantwortet sich die eingangs gestellte Frage, wer hier etwas dreht: Es ist Elfie, die an der Physik schraubt, um ihr ein wenig den Mythos des Unverständlichen zu nehmen – unterstützt durch das Dreamteam Wilma und Willi. Und mit dieser Arbeitsteilung stürzen sich die drei einfach einmal rein ins Physikgetümmel, wobei zwei von ihnen keine besonderen Vorkenntnisse besitzen – aber darin sind die beiden richtig gut!

1 Energie ist gequantelt

Von der PLANCKschen Strahlungsformel, dem PLANCKschen Wirkungsquantum und dem EINSTEINschen Photoelektrischen Effekt

»Also mir würde es jetzt passen!«

Willi blickte kurz von seinem Handy hoch in Richtung Elfie und konnte gut die Fragezeichen erkennen, die seine Aussage auf ihrer Stirn erzeugte. Elfie war bei ihren Freunden Wilma und Willi zum Abendessen eingeladen, als kurz nach dem Essen der Strom ausfiel. Wilma hatte schnell zwei Kerzen auf den Küchentisch gestellt und nun saßen sie alle am Tisch bei Kerzenschein.

»Du sprichst in Rätseln«, antwortete Elfie, die ein wenig abrupt aus ihren Gedanken gerissen wurde und offensichtlich keine Ahnung hatte, was Willi von ihr wollte. Auch Wilma blickte Willi fragend an.

»Naja, wir sitzen jetzt wohl hier für einige Stunden ohne Strom, so steht es zumindest in der Nachricht, die ich gerade gelesen habe. Zu Abend gegessen haben wir schon, draußen ist es ungemütlich kalt und es regnet – da spricht doch eigentlich nichts dagegen, dass du uns endlich einmal alles erzählst. So mit EINSTEIN und Konsorten und so, du weißt schon.«

»Stimmt – da war doch was«, erinnerte sich Elfie, die nun plötzlich putzmunter und offensichtlich voller Tatendrang Wilma und Willi anstrahlte, »aber was wolltet ihr denn eigentlich genau wissen?«

»Na, mehr so die spannenden Sachen oder die, bei denen Dinge passieren, mit denen man nicht rechnet«, wirkte Willi nun auch wie elektrisiert und er überlegte, mit welchem Beispiel er Elfie klar machen konnte, von was er sprach.

»Also vielleicht hat ja jemand herausgefunden, dass links eigentlich rechts ist, und alle biegen immer falschrum ab, oder so«, sprang Wilma ihm zur Seite und fand, dass sie ein besonders gutes Beispiel gefunden hatte, um deutlich zu machen, worum es ihnen ging.

Elfie musste kurz überlegen, ob sie über vergleichbar dramatische Erkenntnisse zu berichten wusste. Sie entschied sich dann für die alte Elektriker-Weisheit!

»Also, Wilma und Willi, nehmt zum Warmdenken einmal folgende Grundregel zur Kenntnis, die ihr euch beim Arbeiten mit elektrischem Strom merken solltet. Sie lautet: *Blau ist Braun und Plus ist Minus*!«

Einen Moment lang war es ganz still. Willi schaute sehr neutral einfach geradeaus, etwa so wie auf seinem neuen Passbild, während Wilma den Eindruck erweckte, sie hätte ihr gesamtes Grübelkontingent außer Haus gegeben und gerade festgestellt, dass sie so eigentlich gar nichts feststellen kann. Elfie blickte von einem zum anderen und kam zu der Überzeugung, dass man in einer vergleichbaren Situation bei einem Computer einen Restart vornehmen würde. In der Hoffnung, es hätte den gleichen Effekt, nahm sie das Gespräch einfach wieder auf.

»Kleiner Scherz am Rande, entschuldigt, ich habe das nicht ernst gemeint, ich habe einfach nur alles verdreht.«

»Aber irgendwie war der gut«, erwiderte Willi nach einer kurzen Denkpause, und in dem Tempo, in dem er begriff, was Elfie mit dem Satz angestellt hatte, eilte auch wieder Leben in seine Gesichtszüge.

»Den muss man sich merken«, ergänzte Wilma, offensichtlich erleichtert, dieser kleinen Denkfalle schnell wieder entkommen zu sein.

»Ok, jetzt will ich aber nicht weiter vom Thema ablenken«, legte Elfie los, »ich muss kurz überlegen … ja, ok! Wir beginnen mit einem kleinen Überblick. Achtung, festhalten, es geht los!

Quantenmechanik und Relativitätstheorie haben als große Säulen der Physik für die Gesellschaft umwälzende Veränderungen gebracht. Damit einher geht die Erkenntnis, dass unsere tägliche Erfahrung die tatsächliche Natur nur dann korrekt widerspiegelt, wenn der betrachtete Bereich nicht zu klein wird und wir uns nicht zu schnell bewegen.«

»Aha, das fängt ja super an«, murmelte Willi, »hab' kein Wort verstanden!«

»Nicht so schnell, Willi, lass mich doch erst einmal weiter erklären«, beeilte sich Elfie zu erwidern, lächelte beide an und ergänzte, »ich brauche noch zwei, drei Sätze, um zu umreißen, was auf uns wartet. Denkt euch einfach, es sei ein Aperitif, der den Appetit anregen soll.«

Elfie wartete kurz, die Mienen der beiden verrieten aber immer noch gute Laune.

»Wo war ich?« Elfie stellte für einen kurzen Moment die Entfernung auf unendlich. »Ach ja«, wieder an Wilma und Willi gewandt, »ich wollte nur noch schnell etwas zu dem *nicht zu klein* und dem *nicht zu schnell* sagen.

Also …, nähert man sich zum Beispiel der Welt des Allerkleinsten, dann sind Teilchen plötzlich nicht mehr nur an einem Ort, sondern sie sind als Welle an vielen Orten gleichzeitig. Erst unsere Beobachtung zwingt die vorher aus Wahrscheinlichkeiten bestehende Natur, sich zu entscheiden, wodurch der Übergang von der Materiewelle zu einem konkreten Teilchen erzwungen wird.

Wird man andererseits sehr schnell und nähert sich der Lichtgeschwindigkeit, dann wird man unheimlich schwer, der Raum ist nicht mehr gerade, und – vor allem – die Zeit läuft nicht mehr wie gewohnt ab.«

Schweigen im Raum.

»Du hast Recht, Elfie«, sagte Wilma schließlich, »man muss nur etwas abwarten und es auf sich wirken lassen, dann wird alles klar.« Sie blickte dabei verschmitzt zu Willi hinüber, legte eine kurze Pause ein und sagte dann: »Nein, also ehrlich, Elfie, bis zu deinem *zu klein* und *zu schnell* ging es ja noch, aber dann…! Also ich nehme dich jetzt beim Wort und sage: Der Aperitif zur Einstimmung war gut, dann fehlt jetzt nur noch der Rotwein zum Hauptgang, was meint ihr?«

Schnell war man sich einig, dass geistige Getränke gut zum Thema passen, und schon war eine Flasche Rotwein auf dem Tisch, die Gläser wurden gefüllt und mit den ersten Schlucken wurden auch die letzten Bedenken hinuntergespült.

1.1 Das PLANCKsche Strahlungsgesetz und das PLANCKsche Wirkungsquantum

»Jetzt kann ja eigentlich nichts mehr schiefgehen«, verkündete Elfie gut gelaunt, »und bevor die Stimmung zu gut wird, starte ich gleich mit einem Nobelpreis! Den hat ein gewisser MAX PLANCK erhalten, und zwar für seine Untersuchungen zur Wärmestrahlung aus den Jahren 1899 und 1900. Die Idee, die dahintersteckt, lässt sich aber zum Glück ganz einfach erklären.«

Elfie machte eine kleine Pause, schaute von Willi zu Wilma und wieder zurück und sagte dann an beide gerichtet: »Wir müssen dazu kurz über den Begriff *Energie* sprechen: Die Energie ist die Mutter aller physikalischen Größen, sie ist der Sheriff. Was sie sagt, wird gemacht, und wenn sie etwas tut, dann folgen ihr alle. Und wir haben es jetzt mit dieser fundamentalen Größe zu tun.

Dazu folgendes Gedankenexperiment:

Ich habe eine super-hochauflösende Wärmekamera an eine Herdplatte gestellt und filme jetzt, wie sich die Herdplatte erwärmt.«

»Mann, das klingt ja spannend«, wurde Elfie von Willi unterbrochen, »dagegen ist *Der Exorzist* ja der reinste Hosenpuper.«

»Also, ich hab' auch ein Experiment dazu«, warf Wilma gut gelaunt ein, »und zwar habe ich herausgefunden, dass der Aua-Faktor umso höher ausfällt, je heißer die Herdplatte ist.«

»Aber für so etwas hat doch der olle PLANCK wohl keinen Nobelpreis bekommen, oder?«, flutschte es aus Willi heraus. »Und außerdem klingt das ja sowieso mehr nach Medizin als nach Physik.«

»Na, ein wenig mehr hatte PLANCK schon auf dem Kasten«, gab Elfie zu bedenken, »denn als er den Nobelpreis erhielt, war er immerhin schon ein Professor Doktor.«

»Wie, doch ein Doktor?«, fragte Willi ungläubig.

»Ein Doktor der Physik«, korrigierte Elfie.

»Ach so, also kein richtiger Doktor«, gab Willi etwas enttäuscht zurück.

»Lassen wir das«, antwortete Elfie, die nun Angst hatte, das Gespräch verliere seine eigentliche Kursrichtung.

»Also, ich merke schon«, versuchte sie nun dem Ganzen einen positiven Anstrich zu geben, »mit euch kann man Wissenschaft auf höchstem Niveau betreiben. Und in punkto Gedankenexperiment seid ihr ganz weit vorn! Also, zurück zum Thema. Wir schauen uns mit dieser Wärmekamera an, wie die Platte wärmer und wärmer wird, aber irgendetwas ist eigenartig, denn wenn man genau hinschaut, also ganz genau, dann erkennt man: Die Platte wird nicht kontinuierlich wärmer, sondern in Sprüngen!«

Stille. Elfie sagte nichts, und Wilma und Willi schauten sie erwartungsvoll an.

»Und?«, fragte Wilma ungeduldig.

»Also hör mal«, sagte Willi, der jetzt ahnte, worauf Elfie hinauswollte, und langsam Morgenluft witterte, »das ist ja schon komisch. Warum sollten da Sprünge sein? Wer sagt der Natur, dass der nächstwärmere Wert bitte ausgelassen wird und erst der danach folgende wieder angenommen wird? Und woher weiß die Natur eigentlich, wie groß dieser Abstand ist?«

»Exakt! Und genau das haben sich damals auch alle gefragt«, führte Elfie weiter aus, »und es hat ja auch keiner geglaubt – vor allem PLANCK selbst nicht. Ok, das Ganze mit der Kamera, das gab es ja damals noch nicht, und um ehrlich zu sein, hatte PLANCK auch keine Herdplatte beobachtet. Das alles war schon etwas komplizierter. Er hat die Wärmestrahlung eines sogenannten *idealen schwarzen Körpers* vermessen. Und die Temperatursprünge, von denen ich sprach, die waren den Messkurven auch nicht anzusehen, dazu waren die Kurven zu ungenau, oder besser gesagt, die Sprünge sind so winzig, dass man sie eigentlich nur rechnerisch nachweisen kann. Aber genau DAS hat er getan. PLANCK hat rechnerisch nachgewiesen, dass die Wärmeenergie und damit auch jede andere Form von Energie – ihr wisst noch, die Chefin im Haus – nicht beliebige Werte annehmen kann. Man sagt: Die Energie ist gequantelt.«

»Aha, also ehrlich, was ist denn das für ein behämmerter Begriff«, fuhr es aus Wilma heraus, »das mit der Herdplatte konnte ich mir ja noch vorstellen, aber bei dem komischen Quanten-Begriff fällt mir eigentlich nur ein: Mein Name ist Blöd, James Blöd, und mein Film heißt *Ein Quantum Trost*, was immer das auch heißen mag!«

»Das ist sehr gut …«, antwortete Elfie, »…, wenn du dir das mit der Herdplatte merkst. Dass also die Erwärmung nur in ganz kleinen Stufen erfolgt, weil es für die Energie einfach nicht jeden Wert gibt. Wenn du dir das merkst, dann hast du schon ganz viel Wichtiges verstanden. Was will man mehr? An der eigenartigen Bezeichnung können wir nichts ändern. Wir wissen aber jetzt: Die Energie gibt es nur in kleinen Paketen, den Quanten, und ein Energiequant ist die kleinste Energiemenge, die es gibt.

Übrigens ist damit der viel zitierte *Quantensprung* eigentlich etwas ganz, ganz Kleines. Da dieser Begriff in der Alltagssprache aber eher für einen signifikant großen Fortschritt verwendet wird, also eher zum Gegenteil mutiert ist, fällt er unter die Rubrik Januswort – dies nur einmal für die Germanisten unter uns. Kommen wir aber zurück zur Energie. Den eingangs erwähnten Nobelpreis gab es nämlich genau für diese Erkenntnis, dass die Energie gequantelt ist – und natürlich hat PLANCK auch ermittelt, wie groß diese Stufe ist, um welche die Energiewerte springen: Die Zahl beginnt mit einer 0, dann ein Komma, und dann kommen 33 Nullen, bevor die erste Ziffer erscheint – so klein ist der Wert! Sei's drum. Und einen schönen Namen hat diese Zahl auch bekommen: Es ist das PLANCKsche Wirkungsquantum!

So, damit hätten wir die erste Hürde schon fast genommen, aber so ein klein wenig mehr möchte ich euch schon zum PLANCKschen Nobelpreis sagen. Dafür brauche ich aber bitte einen Zettel und einen Stift.«

»Wird jetzt gerechnet?«, fragte Willi ängstlich.

»Für jede Formel gibt es einen Schnaps«, ergänzte Wilma, die in der Zwischenzeit die Schreibutensilien auf den Tisch gelegt hatte, und mit einem Augenzwinkern an Elfie gerichtet: »Damit hast du es selbst in der Hand, wie der heutige Abend so verläuft.«

»Also wenn das mal keine Schnapsidee ist«, warf Willi vergnügt ein, »und jetzt weiß ich endlich, woher dieser Begriff kommt. Auf diese Weise wäre ich sogar bereit, meine Einstellung gegenüber Formeln neu zu überdenken.«

»Wieso habt ihr eigentlich so viel Angst vor Formeln?«, fragte Elfie und schüttelte leicht den Kopf. »Wenn du einen Kuchen backst, Wilma, dann hast du doch die Zutaten und Mengen nicht komplett im Kopf, sondern du nimmst dir ein Backrezept. Genauso ist es auch bei einer Formel. Die Formel gibt auch nur vor, was man tun muss, um am Ende etwas Bestimmtes herauszubekommen. Formeln sind nicht schlimm, Formeln sind unsere Freunde! Gut, ich mache euch einen Vorschlag: Einen Schnaps gibt es nur für die Formel, die auch nach entsprechender Erklärung absolut unverständlich bleibt – ok?«

Wilma und Willi schauten sich kurz an.

»Ok!«, wagte sich Wilma vor. »Wir sagen erst einmal zu, sofern wir uns darüber einig sind, dass die einfache Mehrheit darüber entscheidet, ab wann wir wieder zur ursprünglichen Regel zurückkehren.«

Elfie legte kurz den Kopf zur Seite, überlegte, überlegte noch einmal und sagte dann: »Ok, so machen wir das«.

»Also …«, begann Elfie, nachdem sie die wichtigsten Stichpunkte ihrer bisherigen Unterhaltung notiert hatte, »man suchte damals einen Leuchtkörper, der möglichst viel Licht erzeugen sollte bei möglichst niedrigem Energiebedarf.«

»Manches scheint sich ja nie zu ändern«, kommentierte Willi, »damit könnte man auch heute noch punkten.«

»Auch PLANCK beschäftigte sich mit dieser Frage, allerdings stieg er gleich etwas tiefer in das Thema ein«, fuhr Elfie unbeirrt fort, »denn damals wusste man zwar schon, wie das Strahlungsspektrum eines heißen, glühenden Körpers aussah, man konnte die gemessenen Verläufe aber nicht vollständig erklären.«

»Gibt's eigentlich auch 'nen Schnaps, wenn es auch ohne Formeln komisch wird?«, unterbrach Willi.

»Jetzt lass mich doch erst einmal erklären«, erwiderte Elfie und griff nach Zettel und Stift. »Um den Begriff Strahlungsspektrum überhaupt verstehen zu können, müssen wir uns kurz mit einer spannenden Frage auseinandersetzen. Diese Frage lautet: Wie seht ihr die Welt?«

Wilma und Willi schauten sich gegenseitig unsicher an, dann zuckte Willi kurz mit den Schultern und sagte:

»Blöde Frage, so wie sie ist!«

Während beide noch über die Frage sinnierten, zeichnete Elfie etwas auf einen der Zettel.

»Ich komme gleich auf die Frage zurück«, fuhr sie fort, »aber zunächst müssen wir erst einmal etwas anderes klären. Ich denke, ihr wisst, dass das Licht eine elektromagnetische Welle ist! Oder zumindest habt ihr schon einmal davon gehört, meistens im Zusammenhang mit einem Regenbogen. Bei einem Regenbogen sorgen ja die Wassertropfen in der Luft dafür, dass die Lichtstrahlen von der Sonne, welche als Wellen daherkommen, von diesen Wassertropfen gebrochen werden, und dann, tataataataaaa, kommen plötzlich unterschiedliche Farben zum Vorschein. Die Erklärung ist dann, dass das weiße Licht der Sonne aus verschiedenen Farben besteht und jede Farbe von den Regentropfen unterschiedlich stark gebrochen wird, und schon ist er da – der Regenbogen. Das ist ja auch alles richtig!«

»Ich hätte es zwar so nicht mehr zusammengebracht«, unterbrach Wilma, »aber jetzt, wo du es sagst, ich glaube, so hat man mir das auch erklärt.«

Willi nickte.

»Prima«, fuhr Elfie fort, »man muss jetzt eigentlich nur noch wissen, dass man sich das Licht tatsächlich als eine Welle vorstellen kann, und die unterschiedlichen Farben sind nichts anderes als unterschiedliche Lichtwellenlängen. Schaut einmal her. Ich habe hier zwei verschiedene Lichtwellen dargestellt und die Wellenlänge jeweils darunter notiert.« Sie zeigte mit dem Stift auf das, was sie auf ihrem Zettel gezeichnet hatte. »Ich schreibe an alle meine Graphiken eine Nummer, dann haben wir es später leichter, wenn wir auf die eine oder andere noch einmal Bezug nehmen. Diese Graphik hier bezeichne ich mit Bild 1.1.

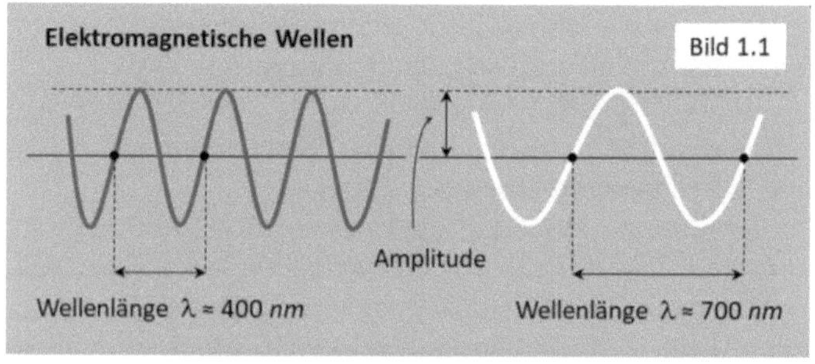

Den eingezeichneten Begriff *Amplitude* brauchen wir jetzt noch nicht, den besprechen wir später. Kommen wir zum Begriff der *Wellenlänge*. Wichtig ist, dass mit der Wellenlänge nur ein Teil des gezeigten Kurvenzugs gemeint ist, und zwar vom Nulldurchgang – die durchgezogene Linie – über das Maximum weiter zum Minimum und wieder zurück bis zum Nulldurchgang, so wie dies in Bild 1.1 gezeigt ist. Die Wellenlänge hat als Abkürzung den griechischen Buchstaben λ, den man *Lambda* ausspricht. Die Längeneinheit *nm* bedeutet Nanometer, dabei ist 1 Nanometer genau 1 Milliardstel Meter oder auch 1 Millionstel Millimeter, jedenfalls ist das ziemlich klein! In Bild 1.1 habe ich zwei Wellenlängen skizziert, dabei wird die kürzere Wellenlänge von etwa 400 *nm* vom Auge als Blau wahrgenommen, die längere mit etwa 700 *nm* sieht das Auge als Rot. Dieser Bereich von 400 bis 700 *nm* ist der Wellenlängenbereich des sichtbaren Lichts, also das, was das Auge sehen kann. Dazwischen liegen alle anderen Farben.«

Elfie machte eine kurze Pause und schaute prüfend zuerst zu Wilma und dann zu Willi, um zu sehen, ob alle noch an Bord waren.

»Ok, das ist zwar ziemlich viel auf einmal, aber das habe ich so weit kapiert«, sagte Willi.

»Also, ein Millionstel Millimeter, Moment … lass mich denken«, überlegte Wilma laut, »wenn ich einen Millimeter in 1.000 gleichgroße Teile zerlege, dann habe ich einen Mikrometer, richtig? Das geht gerade noch von der Vorstellung. Da es aber hier um den MILLIONSTEN Teil eines Millimeters geht, muss ich diesen Mikrometer ja noch einmal in 1.000 gleichgroße Teile zerlegen, und erst dann erhalte ich diesen Nanodings, äh, Nanometer, oder?«

Elfie kam nur zu einem kurzen Nicken, denn Wilma legte gleich wieder los.

»Also, ehrlich, so richtig vorstellen kann ich mir das nicht mehr. Aber wenn das nun einmal so ist, … ok! Mach mal weiter, Elfie, aber lass den Zettel so liegen, dass ich da zwischendurch noch einmal draufschauen kann.

Und eine Wellenlänge ist die Länge«, fragte Wilma sicherheitshalber noch einmal nach, »von der ab sich alles wiederholt, oder?«

»Alles richtig, Wilma, sehr gut«, nickte Elfie und skizzierte schon wieder etwas Neues auf einem zweiten Zettel.

»Ok, boys and girls«, hob Elfie ihre Stimme, und jetzt klang es wichtig, »aber das ist ja noch nicht alles. Unser Sonnenlicht ist also eine elektromagnetische Welle, das halten wir schon einmal fest. Es besteht aus unterschiedlichen Farben, was bedeutet, dass Licht aus Wellen mit unterschiedlichen Wellenlängen besteht – dies halten wir auch fest.

Und Achtung, das ist neu: Unser Sonnenlicht ist aber nur ein kleiner Teil des sogenannten *Elektromagnetischen Spektrums*, welches ich euch hier skizziert habe.«

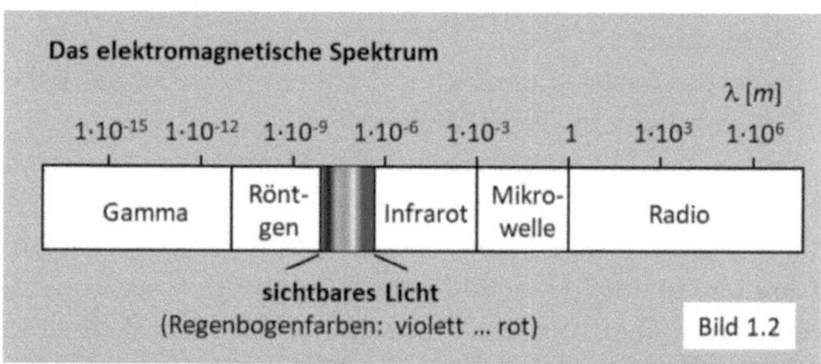

Elfie deutete mit ihrem Stift auf das, was sie auf dem zweiten Zettel skizziert hatte und erklärte weiter: »Hier in Bild 1.2 habe ich nach rechts die Wellenlänge λ aufgetragen und hier in der Mitte – das Farbige – entspricht dem Wellenlängenbereich von 400 *nm* bis 700 *nm*, also genau dem Bereich, den das Auge erkennen kann. Wie ihr seht, gibt es aber noch jede Menge weitere Vertreter der elektromagnetischen Strahlung, also zum Beispiel ganz links die Gammastrahlung, die sehr kurzwellig ist, oder ganz rechts die Radiowellen mit einer sehr, sehr langen Wellenlänge.«

»Und was bedeuten die komischen Zahlen über den Bereichen?«, fragte Wilma etwas hilflos.

»Schnaps!«, tönte Willi dazwischen, der inzwischen die Übersicht verloren hatte.

»Gebt mir noch eine Chance«, sagte Elfie ruhig, »zu den Zahlen muss ich natürlich noch etwas sagen. Dies ist eine sehr clevere Darstellung, ganz große und ganz kleine Zahlen sehr übersichtlich schreiben zu können. Das Einzige, was man dazu wissen muss, ist, dass die hochgestellte kleine Zahl, also der Exponent, angibt, um wie viele Stellen man das Komma verschieben muss, und zwar bei einem Minuszeichen nach links, und wenn kein Vorzeichen auftaucht, dann ist ein Plus gemeint und man muss nach rechts verschieben. Ok, und noch etwas muss man wissen, und zwar: Jede Zahl hat ein Komma, man schreibt es nur nicht immer hin! Hmm, wo finde ich jetzt schnell ein Beispiel …?«

Elfie schaute sich im Raum um und nahm plötzlich die beiden vor ihnen stehenden Kerzen ins Visier.

»Nehmen wir die Kerzen auf dem Tisch: *Es stehen 2,0 Kerzen auf dem Tisch*! Diese Aussage ist mathematisch und inhaltlich absolut korrekt. Aber kein Mensch würde das so sagen. Und warum nicht? Weil es keinen Sinn macht, die Anzahl von Kerzen durch eine Kommazahl anzugeben, denn … halbe Kerzen sind sehr, sehr selten«, fügte sie etwas schelmisch hinzu.

»Und vor allem fallen die immer um«, warf Willi plötzlich hellwach ein, »und, da wir gerade dabei sind, wo bekommen die Grillbudenbesitzer eigentlich immer diese halben Hähnchen her? Das ist doch bestimmt eine sehr seltene Spezies, die, wenn ich mir das jetzt genau überlege, doch sehr leicht einzufangen sein müssten. Entweder sie stehen angelehnt an irgendwelchen Hauswänden rum, oder, falls sie dies nicht tun – Bumm, umgefallen – und dann kann man sie einfach auflesen.«

Ein leichtes Stöhnen kam aus der Ecke von Wilma. »Willi, Mensch, …«

»Ok, ich sehe schon«, erwiderte Elfie ungerührt, »wir müssen bald mal eine Pause machen. Ich wollte euch aber noch schnell den Trick mit den großen und kleinen Zahlen zu Ende erklären. Ich erinnere kurz daran: Jede Zahl hat ein Komma, ich kann mir also zum Beispiel eine 1 auch als 1,0 vorstellen, und damit existiert immer – zumindest in Gedanken – ein Komma, was ich dann verschieben kann.

Nehmen wir als erstes Beispiel $1 \cdot 10^4$. Die +4 im Exponenten bedeutet, dass das – gedachte – Komma um 4 Stellen nach rechts verschoben wird. Also gilt: $1 \cdot 10^4 = 10.000$; eigentlich sogar 10.000,0, aber auch hier würde man das Komma einfach weglassen.

Nehmen wir als zweites Beispiel $2 \cdot 10^{-3}$. Die -3 im Exponenten bedeutet, dass das – gedachte – Komma um 3 Stellen nach links verschoben wird. Also gilt: $2 \cdot 10^{-3} = 0,002$.

Noch einfacher ist es, wenn schon ein Komma existiert, also zum Beispiel $1.234,56 \cdot 10^{-5}$. Achtung, der Dezimalpunkt nach der 1 hat nichts mit einem Komma zu tun, er hilft nur, größere Zahlen besser lesen zu können. Also, die -5 im Exponenten bedeutet, dass das Komma um 5 Stellen nach links verschoben wird. Also gilt: $1.234,56 \cdot 10^{-5} = 0,0123456$.

Wichtig ist, dass die Ziffernfolge stets bestehen bleibt, es wird lediglich das Komma nach links oder nach rechts verschoben.«

»Ok, dann schauen wir mal, ob ich es kapiert habe«, ergriff Wilma die Initiative – und einen Zettel, »nehmen wir mal aus deinem Bild 1.2 die Mikrowellen. Von denen weiß ich, dass ihre Wellenlänge im Bereich von Millimetern liegt. Schauen wir doch mal, ob ich das auch ausrechnen kann. In deinem Bild beginnen die bei $1 \cdot 10^{-3}$ *m*.«

Wilma schrieb die Zahl auf den Zettel.

»Also eine 1,0 hinschreiben und dann das Komma um drei Stellen nach links verschieben, das sind dann 0,001 *m*, und das sind, warte, lass mich denken, … genau 1 *mm*! Super, ich hab's kapiert. Ist ja gar nicht so schwer!«

Willi nickte und sein Lächeln dokumentierte, dass auch bei ihm der Aha-Effekt zu Besuch war.

»Klasse, Wilma!«, befand Elfie. »So, und jetzt zurück zu meiner Ausgangsfrage: Wie seht ihr die Welt? Ich hoffe, man kann jetzt erkennen, worauf ich hinauswollte, und das ist jetzt eigentlich wirklich spannend! Das Gehirn von uns Menschen interpretiert diesen kleinen Wellenlängenbereich von rund 400 *nm* bis 700 *nm* als Farben. Es ist aber keineswegs zwingend, dass die Gehirne anderer Individuen dies genauso handhaben. Zum Beispiel orientieren sich Bienen mit Hilfe von UV-Strahlung – also von ultravioletter Strahlung – und nutzen daher Wellenlängen unterhalb von 400 *nm* bis hinunter zu 100 *nm*. Schlangen verwenden dagegen Infrarotstrahlung, um Beute ausfindig zu machen, also Wellenlängen von mehr als 700 *nm*. Für eine Biene oder eine Schlange sieht die Welt daher sicherlich völlig anders aus als für uns. Die Frage, wie die Welt wirklich aussieht, ist demnach nicht so einfach zu beantworten, wie es zunächst scheint.«

»Stimmt!«, warf Willi ein. »Es wäre dann ja wirklich einmal spannend zu erfahren, wie ich, Willi, unsere Welt sehen würde, wenn ich, sagen wir mal, alle Wellenlängen bis hin zu den Radiowellen sehen könnte – da ist ja garantiert jede Menge los. Radio kann ich fast überall empfangen, zu jeder Zeit. Demnach müsste unsere gesamte Umwelt Tag und Nacht voll sein mit diesen Radiowellen – das wäre ja das reinste Chaos!«

»Jetzt verstehe ich erst, was gemeint ist, wenn jemand sagt: *Mir geht's nicht so gut, ich habe einen Kopf wie ein Radio«*, freute sich Wilma und lachte, »wahrscheinlich empfängt der arme Tropf parallel die Egerländer, vermischt mit Rammstein, und das alles wird überlagert mit Edmund Stoibers Transrapid-Rede. Da bekäme ich auch ein weiches Hirn.«

»Genauso ist es«, bekräftigte Elfie mit einem breiten Grinsen die Statements der beiden, zeigten die doch einerseits, dass sie das Wichtigste offensichtlich verstanden hatten, und andererseits, dass die beiden trotz Elfies detaillierter mathematischer Ausführungen gut gelaunt am Ball geblieben waren.

»So, und jetzt stoßen wir erst einmal auf das an, was wir schon geschafft haben, und natürlich auch auf unseren geglückten Ausflug in die Mathematik«, schlug Elfie daraufhin vor. Und auch weil sie dachte, einen guten Moment für eine kleine Streicheleinheit erwischt zu haben, formulierte sie schon fast feierlich: »Prost, ihr beiden. Da habt ihr euch aber wirklich gut geschlagen.«

Wilma und Willi hatten an Elfies Vorstoß nicht das Geringste auszusetzen und hoben sehr bereitwillig ebenfalls ihr Weinglas an, und gemeinsam ließen sie es sich schmecken.

»Möchte außer mir noch jemand etwas Wasser zum Wein?« Wilma stand auf, registrierte das bejahende Nicken der beiden anderen, holte zusätzlich noch ein paar Erdnüsse und Chips, und kurz darauf saßen wieder alle am Tisch, bestens gerüstet für das, was da noch kommen sollte.

»Eine Frage habe ich da noch, Elfie«, hob Willi den Zeigefinger, »beschreiben eigentlich die Begriffe Elektromagnetische Strahlung, Elektromagnetisches Spektrum und Elektromagnetische Welle alle das Gleiche?«

»In der Form, in der wir das hier besprechen, meinen alle Begriffe das Gleiche«, antwortete Elfie.

»Ich muss jetzt noch einmal rekapitulieren«, sagte Wilma, »also PLANCK hat einen Körper erwärmt, immer weiter erwärmt, und am Ende war der dann so heiß, dass er glühte. Und dabei hat er die ganze Zeit gemessen, welche Strahlung von dem Körper ausgeht. War das so?«

»Richtig!«, antwortete Elfie. »Denn auch, wenn der Körper noch nicht glüht, sondern nur warm ist, sendet er schon Strahlung aus. Das merkt man am besten, wenn man mit dem Handrücken in die Nähe eines warmen Körpers kommt – Wärmestrahlung –, das ist Strahlung im Infrarotbereich.

Aber schauen wir uns doch die Experimente von PLANCK etwas detaillierter an, um zu verstehen, was genau er gemessen hat. Zunächst hat man einen Körper auf eine bestimmte Temperatur gebracht und dann untersucht, wie viel Strahlung er aussendet, und zwar Wellenlänge für Wellenlänge, und dies dann über den gesamten Wellenlängenbereich. Man sagt, man hat für verschiedene Temperaturen das Strahlungsspektrum aufgenommen. Und herausgekommen ist, was ich hier beispielhaft für drei verschiedene Temperaturen skizziere, und zwar für 3.000°C, 5.000°C und für 6.000°C.« Elfie nahm wieder einen Zettel und zeichnete.

»Hier in Bild 1.3 habe ich nach rechts die Wellenlänge λ und nach oben die Helligkeit aufgetragen, die man auch als Intensität bezeichnet. Der Wellenlängenbereich für das sichtbare Licht ist als farbige Region gekennzeichnet. Ziel ist es, im sichtbaren Bereich eine möglichst hohe Lichtintensität zu erhalten. Wie man sieht, ist dies erst bei extrem hohen Temperaturen der Fall, also bei meiner Darstellung bei ca. 6.000°C. Übrigens ist dies auch etwa die Temperatur auf der Sonnenoberfläche. Die Natur hat also unsere Augen so konstruiert, dass sie genau dort, wo das Licht der Sonne ihr Intensitätsmaximum hat, etwas sehen, indem unser Gehirn diesen Wellenlängenbereich als farbiges Licht interpretiert.

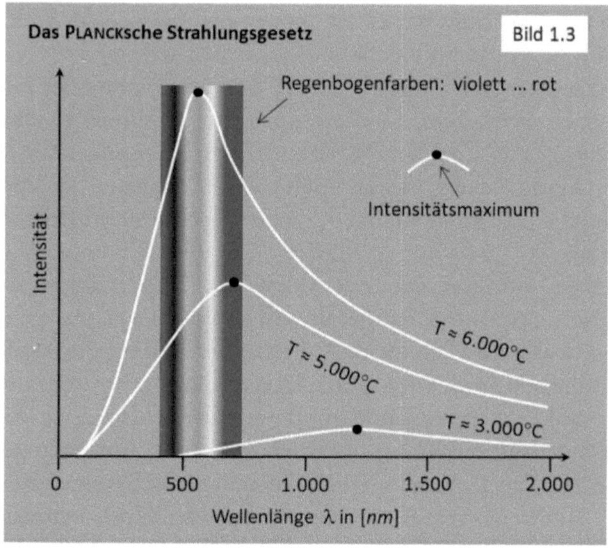

Aber zurück zu PLANCK. Es wäre natürlich super, wenn man nun einfach irgendein Material nehmen und es auf 6.000°C erhitzen würde – schon hätte man eine ideale Lichtquelle. Leider gibt es aber keinen Werkstoff, der einerseits für die Produktion als Leuchtmittel geeignet wäre und andererseits solch hohe Temperaturen aushalten würde. Das Beste, was man finden konnte, waren Glühdrähte aus Wolfram, womit Temperaturen von immerhin knapp 3.000°C möglich sind. Da aber bei dieser Temperatur das Intensitätsmaximum der Strahlung weit außerhalb des sichtbaren Bereichs liegt, wird bei einer handelsüblichen Wolfram-Glühlampe, wie wir sie typischerweise im Baumarkt bekommen, weniger als 5% der Energie in sichtbares Licht umgewandelt. Der bei weitem größte Teil wird als

Infrarotstrahlung in Wärme umgesetzt! Die Graphik in Bild 1.3 sagt daher viel über die Effizienz von Glühlampen aus. Überspitzt könnte man auch sagen, dass man mit einer Glühlampe im Wesentlichen die Umgebung aufheizt, und als Nebeneffekt wird dabei auch ein wenig Licht erzeugt.«

»Jetzt verstehe ich«, bemerkte Willi, »warum versucht wurde, Glühlampen aus dem Verkehr zu ziehen. Das sind ja die reinsten Energiefresser.«

»Richtig«, ergänzte Elfie, »das Ganze wird etwas harmloser, wenn man Glühlampen mit geringerer Wattzahl betrachtet, aber bei den alten 100 W Glühlampen war das schon ein Problem!«

Elfie deutete auf die Graphik, »aber kommen wir noch einmal zurück zu PLANCK. Die gezeigten Messkurven waren also bekannt, jedoch konnte man die Kurven rechnerisch nicht herleiten. Das bedeutete, man verstand irgendetwas Grundlegendes noch nicht. Es existierten zwar schon Modelle, welche die Verschiebung der Intensitätsmaxima bei abnehmender Temperatur hin zu größeren Wellenlängen erklärten, während andere Modelle einen anderen Teil der Graphik richtig wiedergaben. Sie versagten aber alle komplett, wenn man diese Modelle auf den gesamten Wellenlängenbereich anwendete. Und nun kam PLANCK!«

»Und wahrscheinlich hat der gerechnet«, warf Willi ein, »und wahrscheinlich willst du mir gleich vorrechnen, was er gerechnet hat. Und dann brauche ich Schnaps!«

»Um ehrlich zu sein«, entgegnete Elfie, »kann ich euch nicht vorrechnen, was PLANCK gerechnet hat. Das ist echt kompliziert. Er hat mehrere Modelle kombiniert, hat wochen- und monatelang hin und her gerechnet und hat dann, so soll er es selbst formuliert haben, *irgendwann eine glücklich erratene Interpolationsformel* gefunden, mit der sich tatsächlich alle Verläufe richtig berechnen ließen. Zu seinem Unbehagen enthielt diese Formel jedoch noch eine Größe h, die einfach nicht wegfallen wollte. Übrigens verwendete PLANCK den Buchstaben h, weil es für ihn eine Hilfsgröße war. Sein gefundenes h gefiel ihm aber überhaupt nicht, und er ging zunächst davon aus, dass man dieses Problem später noch lösen würde. Und obwohl das Herausfinden der PLANCKschen Wärmestrahlungsformel für sich allein gesehen schon eine Riesenleistung war, so hat man eigentlich erst Jahre später in Kombination mit dem von EINSTEIN im Jahr 1905 veröffentlichten *Photoelektrischen Effekt* die wahre Bedeutung der Größe h erkannt.

So weit, so gut! Ich schreibe euch jetzt die Formel hin, die PLANCK gefunden hat, erkläre euch kurz ein paar Dinge dazu und dann dürfen wir uns endlich einmal näher mit dem leckeren Grappa beschäftigen, den Willi ganz offensichtlich ja schon bereitgestellt hat!

Also, auswendig weiß ich die Formel auch nicht, ich schreibe das jetzt von meinem Zettel ab! Das PLANCKsche Wärmestrahlungsgesetz lautet:

$$E(\lambda, T) = \frac{2hc^2}{\lambda^5} \cdot \frac{1}{e^{\frac{hc}{\lambda k_B T}} - 1} \qquad (1.1)$$

Dies ist sogar noch eine vereinfachte Darstellung, da sie räumliche und geometrische Randbedingungen vernachlässigt. Auf das Entscheidende an dieser Formel will ich aber kurz eingehen: Man kann die Energie E ausrechnen, und zwar für jeweils eine bestimmte Wellenlänge λ und eine bestimmte Temperatur T. Daher steht auf der linken Seite der Gleichung $E(\lambda, T)$.

Setzt man die Werte für λ und T auf der rechten Seite der Gleichung ein, dann kann man die Energie E berechnen, denn neben der von PLANCK gefundenen Größe h kommen nur noch zwei Naturkonstanten vor, nämlich die

Lichtgeschwindigkeit c und die sogenannte BOLTZMANN-Konstante k_B, deren Werte man überall nachlesen kann.«

Elfie machte eine Pause.

»Wenn ich das richtig verstehe«, überlegte Wilma laut, »dann bedeutet *Naturkonstante*, dass es sich um eine Größe oder einen Begriff handelt, der immer gleich ist, und deshalb kennt man den entsprechenden Zahlenwert.«

»So habe ich das auch verstanden«, ergänzte Willi, »aber wo kommen diese Naturkonstanten denn plötzlich her? Wir haben die doch gar nicht eingeladen, hier mitzufeiern.«

»Das ist alles vielleicht ein wenig schnell gegangen«, räumte Elfie ein, »ich hatte ja erwähnt, dass PLANCK verschiedene, schon existierende mathematische Modelle miteinander verknüpfte, und in diesen Modellen gab es Formeln, die diese Naturkonstanten schon enthielten. Diese Formeln waren ja auch nicht komplett falsch, denn man konnte mit ihnen Teile des Strahlungsverhaltens gut und richtig erklären, aber eben nur Teile. Von daher hatten die Naturkonstanten in den existierenden Modellen schon ihre Berechtigung, und auf diese Weise haben sie es dann bis in die PLANCKsche Formel geschafft.

So, und PLANCK hat dann nicht nur die bestehenden Teillösungen des Problems miteinander kombiniert, die herausragende Leistung bestand vielmehr darin zu erkennen und nachzuweisen, dass man das NUR dann kombinieren konnte, wenn man eine neue Naturkonstante einführte, nämlich das PLANCKsche Wirkungsquantum h – so würde man das wohl aus heutiger Sicht erklären.

Ok, jetzt haben wir alles zusammen, was ich zu der PLANCKschen Konstante und seinem Nobelpreis sagen wollte. War das denn im Wesentlichen zu verstehen?«

»Naja, also, was soll ich sagen …?«, murmelte Willi.

»Hmm, schwierig ist das Ganze schon«, ergänzte Wilma, »aber ich denke, es geht ja auch nicht darum, die Formel komplett zu verstehen, oder?«

»So ist es, Wilma«, stimmte Elfie zu, »es geht mir nicht darum, welche Größen und Konstanten in der Formel stehen, es geht mir mehr darum, was die PLANCKsche Strahlungsformel aussagt, und damit möchte ich den Bogen zurück zu der Graphik in Bild 1.3 schlagen. Vereinfacht ausgedrückt kann man mit PLANCKs Erkenntnissen nämlich jeden Punkt der im Bild 1.3 gezeigten Verläufe berechnen und so mit den experimentellen Ergebnissen in Einklang bringen. Das war vorher noch nicht möglich! Und für diese Erklärung des kompletten Verlaufs inklusive der Einführung der Naturkonstanten h hat PLANCK 1919 den Nobelpreis erhalten.

Aber was merken wir uns jetzt? Nein, nicht die Formel – viel zu abstrakt. Wir tasten uns mal etwas weiter vor, um zu so etwas wie einem Merksatz zu gelangen. Wir wissen also, dass mit der Größe h ein Beleg dafür existiert, dass die Energie nicht beliebige Werte annehmen kann. Und aus heutiger Sicht dürfen wir durchaus noch einen Schritt weiter gehen und gedanklich einen Sprung in das Jahr 1905 machen. Dort findet man mit Hilfe des EINSTEINschen Photoelektrischen Effekts in Kombination mit dem PLANCKschen Strahlungsgesetz folgenden Zusammenhang für die Energie E:

$$E = h \cdot f \qquad (1.2)$$

Dabei steht f für den Begriff Frequenz. Keine wirklich neue Größe, denn zusammen mit der uns schon bekannten Wellenlänge λ bilden die beiden zwei Seiten einer Medaille, sie entsprechen sich also – Genaueres dazu folgt im nächsten Kapitel. Mit dieser Formel lassen sich nun aber die PLANCKschen Versuchsergebnisse wie folgt zusammenfassen:

1   Betrachtet man die abgestrahlte Wärmeenergie E für eine bestimmte Frequenz f, dann zeigen die Messwerte, dass E immer proportional zu f ist. Der Proportionalitätsfaktor ist dabei gerade die Größe h.

2   Die Energie E kann für eine bestimmte Frequenz f nur ganzzahlig Vielfache des Produkts aus $h \cdot f$ annehmen. Die Energie ist also gequantelt!

Für ein besseres Verständnis kann man Punkt 2 auch etwas ausführlicher formulieren: Betrachtet man das Licht von einer Frequenz f, dann ist der niedrigste Energiewert $E_1 = 1 \cdot h \cdot f$. Es folgt der nächsthöhere Wert mit $E_2 = 2 \cdot h \cdot f$, dann $E_3 = 3 \cdot h \cdot f$ und so weiter. Für die Energie sind also nur bestimmte Werte möglich!

Also, großer Schlusssatz und zunächst etwas bildhaft: Die Erwärmung einer Herdplatte erfolgt nicht kontinuierlich, sondern stets in kleinen Sprüngen, weil – und das ist die entscheidende physikalische Begründung – die Energie nicht beliebige, sondern nur ganz bestimmte Werte annehmen kann. Knapp und mehr wissenschaftlich formuliert bedeutet das: Die Energie ist gequantelt!

Allerdings weiß man bis heute nicht, WARUM die Energie diese Eigenschaft hat. Und obwohl h so klein ist – ich hatte euch ja schon gesagt, sie hat 33 Nullen nach dem Komma und erst an der 34. Stelle kommt die erste Ziffer, und … Moment …, durch unseren Mathematik-Exkurs können wir sie nun ja auch als Zahlenwert genau angeben! Dieser lautet: $h = 6{,}626 \cdot 10^{-34}\ Js$! Dabei ist J die Abkürzung für *Joule* als Einheit für die Energie, benannt nach dem

britischen Physiker JAMES PRESCOTT JOULE, und s die Abkürzung für Sekunde. Es sei schon hier erwähnt, dass die
Frequenz f die Einheit $1/s$ besitzt, was im nächsten Kapitel
genauer erklärt und begründet wird.

Also, obwohl h so eine extrem kleine Größe ist, so hat
sie doch fundamentale Bedeutung! Man sagt, dass
PLANCKs Herleitung nicht weniger als die Geburtsstunde
der Quantenmechanik markiert. Und das ist schon eine
epochale Feststellung, denn ohne die Quantenmechanik
gäbe es heute keine Computer, keine Handys, keine Solar-
zellen und keine Laser, um nur einige der hervorstechends-
ten Beispiele zu nennen.«

Einmal so richtig in Rage geredet bemerkte Elfie erst
jetzt, dass es verdächtig ruhig am anderen Ende des Tisches
wurde. Sie schaute kurz in die Gesichter von Wilma und
Willi und dachte: *Ok, es reicht jetzt!*
»So, ihr Lieben«, schloss Elfie ihren Monolog, »ich habe
fertig! Jetzt aber, wie versprochen, Prost! Den leckeren
Grappa haben wir uns jetzt echt verdient.«
Das ließen sich Wilma und Willi nicht zweimal sagen,
und gemeinsam stieß man zufrieden auf die getane Arbeit
und ihren ersten erfolgreichen Physik-Abend an.
»Und …«, Elfie hatte ihr Glas kaum abgesetzt, da sprudelte es auch schon wieder aus ihr heraus, »… nur damit
das klar ist, der heutige Abend war nur der Aufgalopp zu
weiteren rhetorisch-physikalischen Abenteuern, jedenfalls
dann, wenn es nach mir gehen würde.«
»Natürlich sind wir dabei!«, erwiderte Wilma voller Begeisterung.
»Jetzt wirst du uns so schnell nicht mehr los«, ergänzte
Willi mit einem Lächeln.
»Na super«, antwortete Elfie, »dann darf ich euch verraten, dass wir uns das nächste Mal über den EINSTEINschen

Photoelektrischen Effekt unterhalten werden – und das wird schon mal ein Knaller, der hat es in sich!

Und nachdem ich euch nun den Mund wässrig gemacht habe, muss ich mich auch gleich schon von euch verabschieden, denn ich hatte ja ursprünglich einen ganz anderen Plan für heute Abend. Daher, bitte nicht enttäuscht sein, dass ich mich nun so schnell verdünnisiere, für die Zukunft gelobe ich Besserung«, und mit einem Augenzwinkern fügte sie hinzu: »Dann wird bestimmt immer noch genügend Zeit sein, um in Ruhe ein gemeinsames Abschiedsgläschen zu trinken. Heute aber machen wir es kurz, ich begebe mich nämlich jetzt schnurstracks auf meinen Heimweg.

In diesem Sinne, lasst es euch gut gehen, bis bald, ich freue mich schon!«

1.2   Der Photoelektrische Effekt

»Achtung, festhalten, gleich starten wir wieder voll durch!«

Elfie saß quietschvergnügt wieder gemütlich bei ihren Freunden Wilma und Willi am Küchentisch, man hatte sich ein gutes Abendessen gegönnt, und nun waren alle wieder bereit, gemeinsam über Dinge zu sprechen, die nicht unbedingt dem gesunden Menschenverstand entsprechen, oder, um es mit den Worten von Wilma zu sagen, über spannende Sachen zu sprechen, mit denen man so nicht rechnen würde. Gemeint sind Vorgänge oder Effekte in der Natur, die alles andere als selbsterklärend sind.

Elfie hatte nicht vor, lange um den heißen Brei herumzureden, sie stieg gleich voll ein!

»Übrigens führen uns unsere heutigen Überlegungen in das Jahr 1905, welches DAS Jahr von ALBERT EINSTEIN war. Eigentlich arbeitete er als Angestellter am Berner Patentamt, hatte also einen Fulltime-Job. Das hinderte ihn aber nicht daran, in diesem einen Jahr 5(!) Publikationen zu veröffentlichen, von denen viele sagen, dass jede für sich schon nobelpreiswürdig gewesen sei: Im März *Der Photoelektrische Effekt*, im April *Eine neue Bestimmung der Moleküldimensionen*, im Mai *Der Beweis der BROWNschen Molekularbewegung und der Nachweis von Atomen*, im Juni *Die Spezielle Relativitätstheorie* und im September *Die Äquivalenz von Masse und Energie*, besser bekannt als $E = m \cdot c^2$, wobei die beiden letztgenannten später zur Speziellen Relativitätstheorie zusammengefasst wurden. Oft ist in diesem Zusammenhang vom *annus mirabilis* die Rede, vom Wunderjahr!«

»Ich hatte auch schon mal so ein Wunderjahr«, bemerkte Willi trocken, »genau genommen war es mehr so ein

Wundermonat und es war während meiner Schulzeit: Also, zuerst habe ich in der Geschichtsarbeit eine 6 geschrieben. Die Arbeit war aber schlecht ausgefallen, daher gab es eine Wiederholungsarbeit, in der ich wieder eine 6 geschrieben habe, und dann bekam mein Hamster Mumps. Wie sich später herausstellte, war es aber kein Mumps, sondern es war eine Hamsterin und die war schwanger, und … richtig vermutet …, sie bekam 6 Junge.«

»Och nee, Willi«, warf Wilma ein und verdrehte die Augen, »wenn das schon so losgeht – ich meine – also da hab' ich doch jetzt schon keine Lust mehr.«

»Ok, ok«, lenkte Willi ein, »meine frühe Jugend ist natürlich nur etwas für Hartgesottene, aber dann halte ich mich mal lieber etwas zurück.«

»Was glaubt ihr denn«, fuhr Elfie fort, aufgrund Willis beeindruckender Schilderung noch mit einem leichten Grinsen im Gesicht, »für welche seiner Arbeiten hat EINSTEIN wohl den Nobelpreis erhalten?«

»Na, für die Relativitätstheorie natürlich«, antwortete Wilma wie aus der Pistole geschossen.

Willi nickte vielsagend, während Elfie mit ihrer Antwort noch etwas wartete.

»Von wegen«, eröffnete sie schließlich ihrem erstaunten Publikum, »er hat den Nobelpreis für seine Arbeiten zum Photoelektrischen Effekt erhalten. Aber bevor ihr jetzt etwas dazu sagt, will ich den Begriff Relativitätstheorie ein wenig genauer spezifizieren: Wir sprechen im Moment nämlich nur von der Speziellen Relativitätstheorie, die Arbeiten zur Allgemeinen Relativitätstheorie veröffentlichte er erst 10 Jahre später, nämlich im Jahr 1915. Nichtsdestotrotz sind die Arbeiten zur Speziellen Relativitätstheorie für sich allein natürlich auch schon nobelpreiswürdig. Aber zu dieser Zeit waren die Kernaussagen dieser Theorie noch derart revolutionär, dass es für viele, die damals über die Nobelpreisvergabe zu entscheiden hatten, eher nach

Spekulation als nach gesicherter wissenschaftlicher Erkenntnis aussah.«

»Ja, ist sie denn dann überhaupt richtig, die Spezielle Relativitätstheorie?« Willi schaute nun tatsächlich etwas besorgt. »Ich meine, wenn sich da schon die Herren vom Nobelpreis-Komitee so uneinig sind, das ist doch eigenartig. Das sind doch die Fachleute!«

»Aber dann würde sie doch heute nicht mehr in den Lehrbüchern stehen und auch nicht mehr darüber berichtet werden«, warf Wilma ein. »Das ist aber der Fall, denn ich habe erst kürzlich wieder etwas über die Relativitätstheorie gelesen.«

»Alles ist gut«, beschwichtigte Elfie, »ihr habt ja beide Recht. Natürlich ist sie richtig, Wilma, aber …«, fuhr sie an Willi gerichtet fort, »… man muss sich darüber im Klaren sein, dass vor mehr als hundert Jahren die Spezielle Relativitätstheorie etwas derart Abgehobenes war, dass sich auch gestandene und kompetente Physiker ziemlich schwer mit ihr taten. Und außerdem kam hinzu, dass zu diesem Zeitpunkt noch keinerlei experimentelle Nachweise existierten, die EINSTEINs Erkenntnisse stützten. Etwas später werden wir uns ja auch noch mit seinen Überlegungen beschäftigen und wenn uns dann klarer wird, welche Vorstellungen mit der Speziellen Relativitätstheorie verbunden sind, dann vermute ich, dass wir die skeptische Haltung der wissenschaftlichen Elite von damals etwas besser nachvollziehen können.

So, ich würde euch nun gern den EINSTEINschen Photoelektrischen Effekt etwas näherbringen. Hat denn jemand von euch eine Idee, worum es dabei überhaupt geht? Übrigens, Wilma, kannst du vielleicht wieder Zettel und Stift besorgen?«

»Natürlich!«, antwortete Wilma, stand auf und war blitzschnell wieder mit den entsprechenden Utensilien zurück am Tisch. Fast gleichzeitig begannen nun Wilma und Willi, Elfies Frage zu beantworten. Willi ließ dann aber Wilma den Vortritt und lehnte sich etwas zurück.

»Also, ich vermute, dass es mit dem normalen Fotografieren wohl eher nichts zu tun hat«, begann Wilma. »Ich meine, die ersten Fotografien waren damals mit Sicherheit eine echte Attraktion, aber für einen Nobelpreis scheint es mir doch nicht wissenschaftlich genug.«

»Da bin ich ganz deiner Meinung, Wilma, es hat nichts mit dem typischen Fotografieren zu tun«, erklärte Willi, »aber es kommt ja noch der Begriff *elektrisch* vor, und daher denke ich, dass es wohl eher etwas mit Strom zu tun haben wird. Aber wie genau, da habe ich keine Idee.«

»Ihr habt völlig Recht«, erwiderte Elfie, »mit Fotografieren hat es nichts zu tun – wohl aber mit Strom. Zunächst aber ein paar Infos zum damaligen wissenschaftlichen Kenntnisstand:

Um 1700 hatten Physiker, wie zum Beispiel der große ISAAC NEWTON, zwar angenommen, dass das Licht aus Teilchen besteht, um 1900 galt diese Vorstellung allerdings als überholt: Zu diesem Zeitpunkt gab es eine zusammenhängende Theorie von JAMES CLERK MAXWELL, die das Licht als elektromagnetische Welle beschrieb, repräsentiert durch die berühmten MAXWELLschen Gleichungen, und es gab zahlreiche Experimente, die diese Auffassung im vollen Umfang bestätigten. Nicht zuletzt wurde das Licht bei den Experimenten zur PLANCKschen Strahlungsformel, mit denen wir uns zuletzt auseinandergesetzt haben, auch als Welle interpretiert, und diese Untersuchungen wurden ja schließlich sogar mit dem Nobelpreis gekürt.«

Elfie machte eine kurze Pause, nahm sich Zettel und Stift und skizzierte den Vorgang beim Photoelektrischen Effekt. Dann hob sie bedeutungsvoll ihre Stimme:

»Und nun kommt EINSTEIN!

EINSTEIN belegte in seinen Experimenten zum Photoelektrischen Effekt, dass Licht aus Teilchen besteht, den sogenannten Photonen. Dazu bestrahlte er Metalloberflächen mit Licht und zeigte, dass die Photonen – wie beim Billard – andere kleine Teilchen, wie zum Beispiel Elektronen, aus der Metalloberfläche einfach raushauen, so wie ich das hier in Bild 1.4 skizziert habe.«

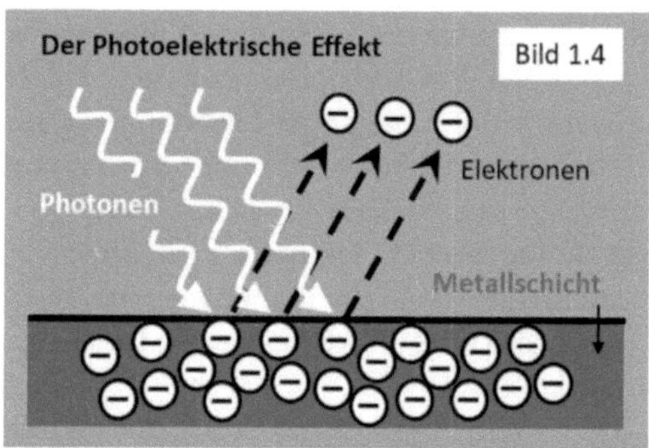

»Na super«, warf Willi erregt ein, »und dafür gab's auch den Nobelpreis? Dann wird das wohl richtig sein und alles, was wir das letzte Mal über das Licht gelernt haben, von wegen Welle und so, ist falsch. Da muss ich doch gleich mal wieder den Schnaps ins Spiel bringen.«

»… und da muss ich ausnahmsweise Willi einmal Recht geben«, fügte Wilma hinzu, stand auf und stellte das bewährte Ensemble aus Rotwein, Wasser, Erdnüssen, Chips und Grappa auf den Tisch.

»Also jetzt mal im Ernst«, warf Elfie gut gelaunt ein, »ihr wolltet doch die spannenden Themen haben, wo sich Dinge anders ergeben, als man vermuten würde – und jetzt habt ihr genau so etwas! Was beschwert ihr euch?«

»Aber doch nicht so«, jammerte Wilma, »erst rein in die Kartoffeln, dann wieder raus aus den Kartoffeln – ja, wie denn nun?«

»Wie das immer so ist«, antwortete Elfie, »bevor wir uns mit dieser wirklich leckeren Frage weiter beschäftigen können, benötigen wir zuvor noch den Begriff der Frequenz, ich hatte ihn zum Ende unserer letzten Unterhaltung schon mal ins Spiel gebracht. Habt ihr die Zettel von unserem letzten Treffen aufgehoben? Die brauchen wir nämlich jetzt.«

Die Unterlagen zu sammeln, das war die Aufgabe von Willi, und der kam nach kurzer Zeit wieder zurück an den Tisch, in der Hand eine gelbe Mappe, in der alles fein säuberlich abgelegt war, was sie beim ersten Zusammentreffen erarbeitet hatten. Auf der Mappe stand groß *Gelbe Mappe*. Elfie musterte sie und sagte dann an Willi gewandt:

»Warum schreibst du auf eine gelbe Mappe *Gelbe Mappe*?«

»Ganz einfach. Von vielen Dingen, über die wir hier sprechen, hatte ich schon vorher so eine ungefähre Ahnung. Das war dann aber noch nicht so das Gelbe. Nachdem wir aber darüber gesprochen und alles dazu notiert hatten, war es dann das Gelbe und kommt somit in die gelbe Mappe – ist doch logisch, oder?«

Elfie schaute nachdenklich. Komisch, dachte sie, immer wenn ich das Gefühl habe, ich hätte diese Logik kapiert, macht die Logik einen Schritt nach vorn und ich hänge wieder in der Luft … naja, das sind aber Einzelschicksale und darauf kann ich jetzt keine Rücksicht nehmen. Damit schloss sie mit dem Thema ab.

»Alles klar«, sagte sie mehr zu sich als zu den anderen und nahm den Zettel heraus, auf dem zwei verschiedene Wellen dargestellt waren, »gut, dass ich alles durchnummeriert habe. Wir brauchen jetzt Bild 1.1. Nur zur Erinnerung: Gezeigt sind hier zwei verschiedene Wellen, einmal eine Welle mit einer Wellenlänge von etwa 400 *nm*, die andere mit etwa 700 *nm*.«

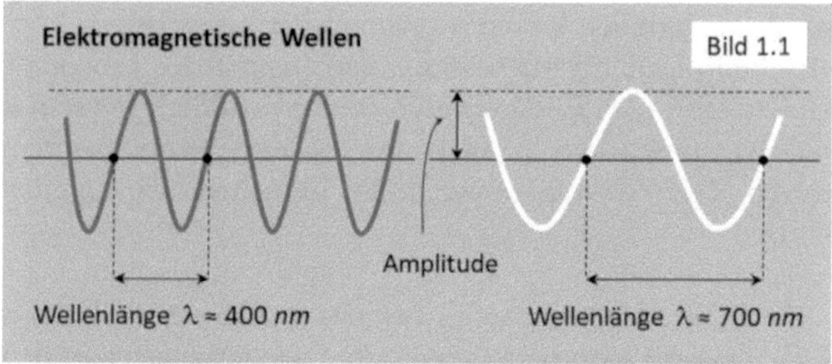

Elfie zeigte mit dem Stift auf die beiden Wellen.

»Also, es geht jetzt um den Begriff der Frequenz. Nehmen wir dazu einmal an, wir hätten bei beiden Wellen auf der Achse nach rechts die Zeit aufgetragen. Da man *Frequenz* auch gut mit *Ereignis pro Zeit* beschreiben kann und die linke Welle die Zeitachse deutlich häufiger schneidet als die rechte, kann man schlussfolgern, dass die linke Welle eine höhere Frequenz hat als die rechte. Und schon haben wir die Frequenz im Sack – mehr ist es nicht. Man kann also sagen:

Je kleiner die Wellenlänge,
desto größer die Frequenz – und umgekehrt!

Dieser Zusammenhang zwischen der Wellenlänge und der Frequenz ist wichtig, auf ihn werden wir später noch öfter zurückgreifen.

Der Begriff der Frequenz ist sogar aus unserer eigenen Erfahrungswelt bekannt, und zwar zum Beispiel in Form des Herzschlags, übrigens auch Puls oder Herzfrequenz genannt. Bei einem Menschen schlägt das Herz durchschnittlich 60-mal pro Minute, also etwa 1-mal pro Sekunde.

Formulieren wir es etwas mathematischer und bezeichnen die Herzfrequenz als Frequenz f, dann kann ich sagen:

Das Herz schlägt mit einer Frequenz von $f = 1\frac{1}{s}$, wobei die Einheit *1/s* nichts anderes als *pro Sekunde* meint. Und weil es gerade so schön passt: Die Einheit *1/s* wird oft mit dem Begriff *Hertz* abgekürzt.«

Elfie notierte alles fein säuberlich. Willi verfolgte aufmerksam Elfies Niederschrift, und kaum hatte sie den Stift abgesetzt, da nahm er wortlos den Zettel und notierte darunter:

Elfie, deine Worte sind für mich der reinste Hertz-Schmertz.

»Hihi!« Wilma konnte sich ein leises Kichern nicht verkneifen, nahm den Zettel und ergänzte:

Und das alles im Märtz, das ist kein Schertz!

»Gib mir fünf«, frohlockte Willi, nachdem er vergnügt Wilmas Kommentar gelesen hatte, und hob die Hand, um sie gegen Wilmas ebenfalls erhobene Hand zu schlagen, als Zeichen ihres kleinen Rechtschreib-Triumphes.

Elfie, die das Ganze hoch amüsiert verfolgte, nahm den Zettel wieder zu sich und notierte:

Jaja, die Rechtschreibung, die ist schon schwer,
und für Hobby-Physiker gilt dies umso mehr,
drum gilt die folgende Regel uneingeschränkt:
Erstens kommt es anders und zweitens als man denkt!

Der euphorische Siegestaumel von Wilma und Willi erstickte fast augenblicklich. Beide schauten sich fragend an und wendeten dann ihren Blick in Richtung Elfie.

»Ich sehe mit Freude«, begann Elfie, »dass ihr sehr genau verfolgt, was ich so alles von mir gebe, sowohl akustisch als auch schriftlich. Das ist hervorragend! Dennoch muss ich euch hier etwas ausbremsen, denn die Einheit *Hertz* hat nichts mit unserem Körperorgan zu tun. Diese Einheit wurde zu Ehren des deutschen Physikers

HEINRICH HERTZ eingeführt, der 1886 als Erster elektromagnetische Wellen im Experiment erzeugen und nachweisen konnte und damit als deren Entdecker gilt.«

»Mensch, Elfie«, erwiderte ein enttäuschter Willi, »du gönnst einem aber auch gar nichts. Wir waren so stolz, dich wenigstens einmal erwischt zu haben, und nun hast du wieder Recht gehabt!«

»Keine Bange, ihr Lieben«, tröstete Elfie, »wenn man so viel redet wie ich, da werdet ihr bestimmt noch einmal fündig.

Aber zurück zum Thema. Wir haben nämlich jetzt alles für uns Wichtige zum Thema *Frequenz* zusammen, und ich möchte für das Folgende noch einmal auf die Einheit der Frequenz mit $1/s$ hinweisen. Diese Tatsache werden wir gleich benötigen.«

Elfie gab den beiden einen Moment, um sich diesen Sachverhalt wieder ins Gedächtnis zu rufen. Gleichzeitig wirkte sie aber etwas angespannt und schien es kaum erwarten zu können, weiter fortzufahren. Ungeduldig schaute sie auf Wilma und Willi, und als beide wieder belastbar erschienen, legte sie los.

»Willi«, rief sie plötzlich laut aus, als wenn sie jemanden aufwecken wollte, »weißt du eigentlich, wie der Begriff Geschwindigkeit definiert ist?«

»Natürlich!«, antwortete Willi wie aus der Pistole geschossen. »Das ist doch ganz einfach: Je schneller, desto Bumms!«

Wenn es sonst Elfie war, die die anderen beiden vor geistige Herausforderungen stellte, dann war es nun Willi, der mit seiner schlagfertigen Antwort ein paar kleinere Verwerfungen im Denkapparat von Elfie hervorrief.

»Ich versuche gerade«, kam etwas verzögert Elfies Reaktion, »deine Antwort in eine mathematische

Beschreibung zu übersetzen – Wilma, da musst du mir helfen. Was steht denn üblicherweise auf einem Tacho?«

»Also bei mir steht 200 drauf«, antwortete Wilma pflichtbewusst.

»Dass ich nicht lache«, preschte Willi dazwischen, »deine kleine Jodelgurke hat doch niemals 200 auf der Uhr. Wenn du auf der A7 am Berg einen LKW überholst, das kommt doch durchs Radio!«

»Meine kleine Jodelgurke«, polterte Wilma zurück, »ist aber allemal fitter als deine olle Rostschlurre.«

»Stopp, stopp! Ich habe mich unklar ausgedrückt«, versuchte Elfie den Kurs der Unterhaltung wieder zu korrigieren, »ich habe wissen wollen, welche EINHEIT üblicherweise auf einem Tacho steht.«

»Ach so«, Wilma überlegte kurz, »ich glaube Stundenkilometer.«

»Genauer.«

»Wie, genauer?«, fragte Willi. »Das steht da wirklich!«

»Weiß ich«, sagte Elfie, »aber das ist sehr umgangssprachlich. Deswegen noch einmal: Genauer!«

»*km/h*, also Kilometer pro Stunde«, antwortete Willi hochkonzentriert, der nun das Gefühl hatte, die Diskussion selbst in die Hand nehmen zu müssen, da ja ganz offensichtlich zwei Laien in Gestalt der Damen versuchten, mit einem Profi zu diskutieren.

»Sehr richtig«, antwortete eine sichtlich erleichterte Elfie, die – aus anderen Gründen als Willi – nun auch das Gefühl hatte, das Gespräch wieder im Griff zu haben, »ich könnte also auch sagen, da ja *km* eine Strecke und *h* eine Zeitangabe ist, dass man die Einheit auf dem Tacho ganz allgemein als *Strecke pro Zeit* angeben kann.«

Wilma nickte, während Willi kurz überlegte, ob das Akzeptieren dieser Aussage möglicherweise einen Kratzer in seinem Kernkompetenz-Gebiet hinterlassen könnte. Er kam aber schnell zu der Auffassung, dass diese Feststellung auch von ihm hätte stammen können, denn seine Antwort meinte ja das Gleiche – und damit war alles gut, und er nickte ebenfalls.

»Ich fasse einmal zusammen«, zog nun Elfie die Zügel wieder etwas straffer, »Geschwindigkeit ist tatsächlich definiert als *Strecke pro Zeit*. In der Physik wird aber entgegen der sonst üblichen Einheit *Kilometer pro Stunde* die Einheit *Meter pro Sekunde* verwendet, also anstatt *km/h* benutzt man *m/s*, was uns aber hier nicht stören sollte. Aber Achtung, jetzt kommt ein Knaller! In der Physik kommt es häufiger vor, eine Dimensionsbetrachtung vorzunehmen und daraus bestimmte Schlüsse zu ziehen.«

»Ich könnt jetzt schon wieder was sagen«, kam ein vorsichtiger Einwurf von Willi, »und … ich sag's jetzt auch und mache es kurz – Schnaps!«

»Du weißt doch noch gar nicht, worauf ich hinaus möchte«, sagte Elfie etwas unwirsch, »ok, den Begriff *Dimensionsbetrachtung* habe ich wohl etwas unbedacht verwendet, ich hätte auch sagen können: *Aus einem Vergleich der Einheiten zieht man bestimmte Schlüsse*. Wäre das besser?«

»Besser! Ich ziehe – vorübergehend – den Schnaps zurück«, wobei ein unüberhörbarer Hauch der Enttäuschung in Willis Antwort mitschwang.

»Ok, also aufgepasst«, fuhr Elfie fort, »ich wiederhole noch einmal, was wir besprochen und auf dem Zettel notiert hatten, bevor wir uns mit dem Begriff der Geschwindigkeit befassten. Bekannt war, dass die Wellenlänge λ in der Einheit Nanometer angegeben werden kann, wie in Bild 1.1 zu sehen ist. Man kann aber auch, wie in Bild 1.2 gezeigt, die Wellenlänge in Meter angeben, korrekt?«

Beide nickten.

»Neu war dann der Begriff der Frequenz. Als wir in Bild 1.1 die gedachte Zeitachse verwendet haben, hat sich für die Frequenz f die Einheit 1/Sekunde, also 1/s ergeben, korrekt?«

Elfie wies mit ihrem Stift auf die entsprechende Stelle ihrer Mitschrift.

»Korrekt!«, kam es wie aus einem Munde.

»Gut. Wenn ich nun die Wellenlänge mit der Frequenz multipliziere, also wenn ich $\lambda \cdot f$ rechne, und ich betrachte NUR die Einheiten, dann ergibt sich: Meter mal 1/Sekunde, also

$$m \cdot \frac{1}{s} = \frac{m}{s}$$

Das Ergebnis davon ist die Einheit m/s, also Meter pro Sekunde.«

Während die anderen noch mit Denken beschäftigt waren, schrieb Elfie alles fein säuberlich auf. »Dies ist aber die Einheit der Geschwindigkeit! Demnach ergibt das Produkt aus Wellenlänge und Frequenz die Geschwindigkeit der Welle! Bezogen auf unser aktuelles Thema *Licht* ergibt sich der Zusammenhang:

Die Wellenlänge λ des Lichts multipliziert mit der Frequenz f des Lichts ist gleich der Lichtgeschwindigkeit c, oder andersherum:

$$c = \lambda \cdot f \qquad (1.3)$$

Dies ist eine kleine, aber entscheidende Formel, die einem öfter begegnet, wenn man sich mit Licht beschäftigt. Aus ihr folgt nämlich: Da die Lichtgeschwindigkeit c eine Naturkonstante und damit IMMER bekannt ist, kann man die Frequenz ausrechnen, wenn die Wellenlänge bekannt ist oder umgekehrt. Übrigens kann man zum Beispiel bei

Wikipedia nachlesen, dass $c = 3 \cdot 10^8 \frac{m}{s}$ ist. Das Licht ist also ziemlich schnell – aber dazu später mehr!«

Elfie machte eine kurze Pause, schrieb alles auf und fuhr dann fort:

»Ok, das war wichtig! Bevor wir aber zu der leckeren Frage zurückkommen – ihr erinnert euch, das EINSTEIN-sche Licht soll sich plötzlich nicht mehr wie eine Welle verhalten haben, sondern es soll aus Lichtteilchen, also aus Photonen bestehen –, lasst uns erst einmal auf das Geschaffte mit dem Roten anstoßen, oder?«

Mit dieser Idee waren offensichtlich alle einverstanden. Jetzt erst fiel auf, dass zwar Erdnüsse und Chips bereitstanden, aber noch in geschlossenen Tüten. Das musste geändert werden, und so verging etwas Zeit, um sich mit den notwendigsten Rohstoffen, sowohl in flüssiger als auch in fester Form, zu versorgen, bis schließlich Elfie den Grund ihres Zusammenseins, nämlich den Photoelektrischen Effekt wieder ins Spiel brachte.

»So, wir haben jetzt einiges an Vorarbeit geleistet. Wir können nun den Versuch zum Photoelektrischen Effekt einmal genauer unter die Lupe nehmen. Ich habe vorhin die Zeit genutzt und den prinzipiellen Aufbau zum Photoelektrischen Effekt in Bild 1.5 skizziert. Schaut mal her.«

Elfie legte die angefertigte Skizze auf den Tisch und begann, die einzelnen Versuchsbestandteile zu erklären.

»Es sieht komplizierter aus, als es ist«, begann Elfie, quasi als vertrauensbildende Maßnahme. »Der Versuch findet komplett im Vakuum statt, um ungewollte äußere Einflüsse und andere Störungen zu vermeiden. Wie schon am Anfang erklärt, trifft nun Licht auf eine Metalloberfläche und haut dort Elektronen raus.«

Elfie deutete mit dem Stift auf die entsprechende Stelle weiter oben in der Graphik, bei der ein wellenartiger, weißer Pfeil das einfallende Licht symbolisiert.

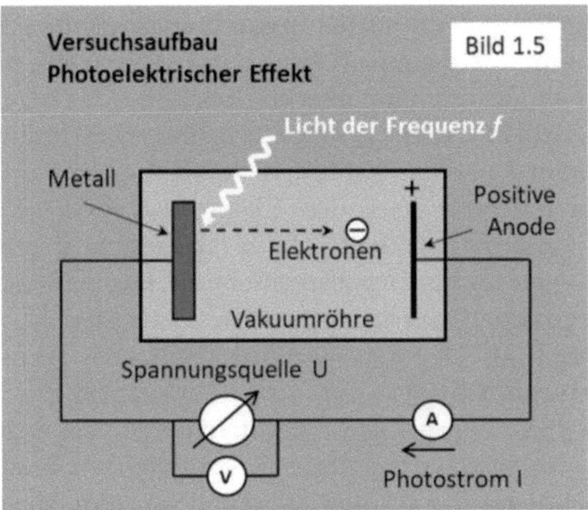

»Wilma«, wandte sich Elfie forsch an diese, »wenn du ein Elektron wärst und jemand hätte dich von zuhause vertrieben, dann würdest du – weil du ja weißt, dass du wie alle Elektronen negativ geladen bist –, ganz schnell schauen, wo du was Positives findest und dann dahinrennen, oder?«

Wilma nickte brav, und Willi, obwohl nicht direkt angesprochen, lieferte Wilma maximale moralische Unterstützung durch eine nahezu identische Kopfbewegung.

»Und genau so machen das die Elektronen in unserem Experiment eben auch«, fuhr Elfie fort. »Die rausgeschlagenen Elektronen rennen zur positiven Anode und von da aus weiter im Stromkreis zur Spannungsquelle U. Sich bewegende Elektronen sind nichts anderes als fließender Strom, weswegen sie von einem Strommessgerät, – einem Amperemeter, abgekürzt mit A –, gezählt und damit als Strom gemessen werden können. Je mehr Elektronen diesen Weg gehen, desto höher ist dieser sogenannte Photostrom, wobei Strom immer mit I abgekürzt wird, wie ich das in Bild 1.5 auch notiert habe.

Bis jetzt alles roger?«

Wilma und Willi hörten genau zu, sagten aber nichts, sondern murmelten irgendetwas Unverständliches, was Elfie aber als Zustimmung interpretierte.

»Eigentlich war das ja schon fast alles, es fehlt nur noch eine Kleinigkeit. Man kann den Versuch noch etwas aufpeppen, indem man es den Elektronen etwas schwerer macht. Gemeint ist, man legt über die variable Spannungsquelle U eine leichte Gegenspannung an, was man mit Hilfe eines Spannungsmessgeräts, einem Voltmeter V, genau einstellen kann. Dadurch sorgt man dafür, dass die positive Anode nicht mehr ganz so positiv ist oder sogar ganz leicht negativ wird. Da eine leicht negative Anode die negativen Elektronen sogar etwas abstößt, kommen nur noch jene Elektronen bis zur Anode und damit bis zum Messgerät, die mit genügend Schwung gestartet sind. Je negativer man die Anode macht, umso mehr nimmt der Photostrom ab, da immer weniger Elektronen diesen Weg schaffen.

Immer noch alles roger?«

»Ich finde das nicht fair, was man mit den Elektronen macht«, brachte Willi nach kurzer Bedenkzeit hervor, »ich meine, erst schmeißt man sie daheim raus, dann stellt man ihnen ein leckeres *Plus* in Aussicht, und dann, kurz bevor sie es erreichen können, April, April, schiebt man noch schnell die abstoßende Schwiegermutter davor.«

»Das war mir klar«, kam nun Wilma in Wallung, »wieso denn die Schwiegermutter, es könnte ja auch der stinkende Cousin sein oder der zigarrenqualmende Opa – wäre doch viel realistischer.«

»Ok, ich sehe schon«, kam Elfie einer weiteren Stellungnahme von Willi zuvor, »ihr seid ja ganz offensichtlich voll auf der Höhe des Geschehens und bringt zudem noch jede Menge physikalisch-gesellschaftskritisches Feingefühl mit.«

Elfie machte eine kurze Pause, legte ein vielsagendes Lächeln auf und ergänzte: »… und das physikalische Feingefühl werdet ihr auch gleich noch brauchen.

Wenn nun der Aufbau so weit klar ist, möchte ich mit euch den Versuch als Gedankenexperiment durchführen«, fuhr sie fort. »Ziel ist es, dass wir uns VORHER überlegen, was dabei herauskommen müsste, und dann vergleichen wir unsere Lösung mit dem echten Ergebnis. Allerdings benötigen wir dazu noch den letzten Begriff aus Bild 1.1, nämlich den Begriff Amplitude. Zum Glück ist das nicht weiter kompliziert: Die Amplitude, also die Höhe der Welle in Bild 1.1, beschreibt einfach die Helligkeit oder Intensität des Lichts. Damit ist die Amplitude völlig unabhängig von der Wellenlänge bzw. der Frequenz der Lichtwelle – das ist wichtig! Eine niedrige Amplitude entspricht einfach nur einer geringen Helligkeit bzw. einer niedrigen Lichtintensität und eine hohe Amplitude eben einer hohen Lichtstärke, nicht mehr und nicht weniger – ganz einfach.

Nun starten wir gedanklich den Versuch, indem wir die Metallschicht mit einem Laser bestrahlen. Ein Laser sendet monochromatisches Licht aus, also Licht einer Wellenlänge, sagen wir mal, wir wählen rotes Licht. Wir gehen weiter davon aus, dass es im Metall einige Elektronen gibt, denen es langweilig ist und die für jeden Spaß zu haben sind. Und nun brutzeln wir mit dem Laser ordentlich auf das Metall! Was wird passieren?«

»Es wird heiß«, mutmaßte Wilma.

»Der Laser erhitzt nur sehr lokal«, antwortete Elfie, »wir werden damit nicht das komplette Metall erwärmen, aber der Bereich des Laserspots wird warm, das ist richtig. Aber lasst uns mal mehr im mikroskopischen Bereich denken. Da sitzen jetzt Elektronen relativ dicht an der Oberfläche, und nun kommt so etwas Schwingendes wie die Lichtwelle auf sie zu.«

»Die Elektronen machen mit«, äußerte Willi spontan.

»Exakt!« Elfie war begeistert, genau das wollte sie hören. »Die Elektronen machen mit und fangen auch an zu schwingen. Und was passiert, wenn ich die Intensität erhöhe, also die Amplitude?«

»Naja, jetzt macht's ja Spaß. Wie beim Karussellfahren, immer weiter, immer doller«, tönte Willi.

»Pass auf, und am Ende fliegen die auch noch raus«, witzelte Wilma.

»Und genau das müsste passieren! Wenn die Elektronen genügend Schwung haben – der Physiker spricht von *kinetischer Energie*, was so viel wie *Bewegungsenergie* bedeutet –, dann müssten sie aus dem Metall rausfliegen. Und dann kommt das, was wir schon besprochen haben, sie sehen die positive Anode, rennen dahin und werden schließlich als Photostrom gemessen. Und wenn ich die Lichtintensität weiter erhöhe, die Amplitude also immer größer werden lasse, dann müssten immer mehr Elektronen aus dem Metall fliegen und der Photostrom müsste sich weiter erhöhen. So weit, so gut. Genau das würden wir vermuten.

Und noch eine Frage: Wenn ich nun anstatt des roten Lasers blaues Laserlicht verwende, lasse die Amplitude aber gleich, was würde sich am Ergebnis ändern?«

Wilma und Willi schauten sich an, zuckten mit den Schultern und überlegten. Schließlich antwortete Willi:

»Eigentlich nichts Dramatisches, es kommt auf die Amplitude an, also wie *weit* die Wellen und damit die Elektronen schwingen, die Wellenlänge ist da eher uninteressant.«

»Wunderbar. Genau das sollten wir erwarten und das war in etwa auch die Erwartungshaltung vieler Physiker zu der damaligen Zeit. Dann schauen wir mal, ob es auch so kam. Ich beschreibe euch jetzt das Versuchsergebnis, wobei sich der Versuch in drei Einzelexperimente a) bis c) aufgliederte:

a) Laserlicht: Rot, $\lambda \approx 700\ nm \Rightarrow f \approx 430 \cdot 10^{12}\frac{1}{s}$

Es fließt kein Photostrom. Auch bei einer Erhöhung der Lichtintensität fließt kein Photostrom! Das ist eigenartig!

b) Laserlicht: Grün, $\lambda \approx 550\ nm \Rightarrow f \approx 545 \cdot 10^{12}\frac{1}{s}$

Es fließt ein geringer Photostrom. Wird die Lichtintensität erhöht, erhöht sich der Photostrom! Eine Gegenspannung wird angelegt. Ab einem bestimmten Wert geht der Photostrom abrupt wieder auf null zurück, und zwar unabhängig davon, wie viel Lichtintensität eingestellt war. Dies ist erst recht eigenartig!

c) Laserlicht: Blau, $\lambda \approx 400\ nm \Rightarrow f \approx 750 \cdot 10^{12}\frac{1}{s}$

Trotz der unveränderten Gegenspannung aus b) fließt plötzlich wieder ein Photostrom! Wird die Lichtintensität erhöht, erhöht sich auch der Photostrom! Dann wird die schon anliegende Gegenspannung weiter erhöht. Ab einem bestimmten, aber deutlich höheren Wert als bei b) geht der Photostrom abrupt wieder auf null zurück. Auch eine Erhöhung der Lichtintensität führt nicht dazu, dass wieder ein Photostrom fließt. Überaus eigenartig!«

Schweigen im Raum. Elfie lehnte sich zurück, blickte abwechselnd zu Wilma und zu Willi, machte aber keine Anstalten, irgendwelche Erklärungen zu liefern.

»Ich weiß nicht, ob ich alles richtig verstanden habe«, unterbrach Wilma schließlich die Stille, »aber das klingt nicht nach dem, was wir uns vorhin überlegt hatten. Und überhaupt – es klingt einfach verwirrend!«

»In der Tat«, antwortete Elfie voller Tatendrang, »und es ist selbst aus heutiger Sicht extrem schwierig, aus den Einzelergebnissen die richtigen Schlüsse zu ziehen. Damals war das aber eine echte Herkulesaufgabe! Zum besseren Verständnis fasse ich zunächst einmal die verschiedenen Beobachtungen zusammen:

- Die kinetische Energie der austretenden Elektronen hängt ganz offensichtlich NICHT von der Intensität, also von der Amplitude des Laserlichts ab. Andernfalls hätte bei Experiment a) zumindest oberhalb einer bestimmten Intensität auch ein Photostrom fließen MÜSSEN. Dies allein ist schon ein Widerspruch zu der Vorstellung, Licht sei eine Welle, denn dann müsste der Photostrom anwachsen, wenn die Lichtamplitude, also die Lichtintensität, steigt.

- Die Experimente zeigen, dass die kinetische Energie der austretenden Elektronen von der FARBE des Laserlichts abhängen, genauer, ihre kinetische Energie steigt mit der verwendeten Lichtfrequenz.

Kann sich einer von euch einen Reim auf diese Aussagen machen?«

Schon wieder Schweigen, und zwar noch betretener als vorhin.

»Im Gegensatz zu EINSTEIN damals weiß ich ja, was EINSTEIN am Ende herausbekommen hat«, versuchte Wilma ihre Gedanken zu ordnen, »nämlich, dass da irgendwelche Photonen-Dingsda die Elektronen aus dem Metall raushauen, ich krieg's aber trotzdem nicht gebacken!«

»Mensch, das ist aber auch verzwickt«, murrte Willi, »es ist immer dasselbe, kaum bin ich mit meinen Gedanken gestartet, erscheint vor meinem geistigen Auge die Meldung *Error*, dann kommt *Carry Bit Overflow* und dann sagt eine Stimme: *Bitte rumdrehen und sich wieder hinten anstellen.* Ich bin mir nicht sicher, ob wir mit unserem Wissensstand hier überhaupt etwas Vernünftiges folgern können.«

»Ja, leider hast du Recht, Willi«, stimmte Elfie schmunzelnd zu, »wir sind hier an einer ganz schwierigen Stelle angelangt. Und so erging es EINSTEIN damals auch. Es gab keine zufriedenstellende Erklärung, die mit den damaligen Ansichten kompatibel gewesen wäre!

Aber:

EINSTEIN erkannte, dass das Problem mit der Vorstellung, Licht sei eine Welle, zusammenhing und dass es genau diese Vorstellung war, die in eine Sackgasse führte. Und – EINSTEIN wusste, dass ein gewisser PLANCK ein paar Jahre zuvor herausfand, dass Licht noch eine weitere Eigenschaft hat. Genauer, PLANCK konnte zeigen, dass die Energie von Wärmestrahlung und damit auch die Energie von Lichtwellen nicht jeden beliebigen Wert annehmen konnte, sondern sie lag in bestimmten Portionen vor. Daraus formulierte EINSTEIN zwei knochentrockene Hypothesen:

- Licht ist KEINE Bestrahlung mit Energie, sondern mit ganz vielen kleinen Energiepaketen, den Photonen. Diese Photonen verhalten sich wie Teilchen und nicht wie eine Welle. Wenn die Lichtintensität erhöht wird, dann erhöht sich die Anzahl der Photonen, NICHT aber ihre Energie!

- Die Energie der Photonen hängt ALLEIN von der Frequenz des Lichts ab, man hätte auch sagen können, sie ist abhängig von der Wellenlänge des Lichts. Der Begriff Frequenz ist in diesem Zusammenhang aber geeigneter, denn für die Energie der Lichtquanten gilt: Je höher die Lichtfrequenz, desto höher die Energie der Photonen!

Mit diesen beiden Hypothesen konnte EINSTEIN nicht nur sein experimentelles Ergebnis richtig erklären, sondern es gab eine Reihe von anderen Effekten, die sich mit dieser

Vorstellung erstmals richtig deuten ließen. Für diese Erkenntnis hat EINSTEIN 1921 den Nobelpreis bekommen!

Eigentlich ist nun alles gut, die Sache hat nur einen Haken: Licht hat nun ganz offensichtlich zwei Zustände: Mal verhält es sich wie eine Welle, mal wie ein Teilchen. Und damit entzieht es sich leider unserem menschlichen Vorstellungsvermögen, der berühmte Welle-Teilchen-Dualismus war geboren!«

»Also, wenn es je eine Situation gegeben hat, wo ein Grappa angebracht gewesen wäre, dann ist sie jetzt eingetreten!«, fasste Willi seine gefühlte Gesamtverfassung zusammen.

»Das lasse ich mir nicht zweimal sagen«, pflichtete Wilma bei, »wer jetzt also nichts möchte, der hebe bitte den Arm.«

Völlig überraschend zeigte nicht ein Arm in die Höhe, und schon waren die Gläser gefüllt und alle gönnten sich eine kleine Auszeit, eingeläutet durch ein gemeinschaftliches … PROST!

Offensichtlich war das Thema doch sehr anspruchsvoll gewesen und man stellte fest, dass – um beim Vokabular zu bleiben – viel geistige Energie aufgebracht werden musste, um gedanklich folgen zu können.

»Und was müssen wir uns jetzt von alldem merken?«, fragte Elfie mit dem Ziel, eine Zusammenfassung der wichtigsten Erkenntnisse zu erstellen.

»Vielleicht erst einmal, dass der Photoelektrische Effekt kein Thema ist, welches man sich auf nüchternen Magen zumuten sollte«, antwortete Wilma, »wobei … ich weiß gar nicht, ob ich genügend essen kann, um ihn bekömmlich werden zu lassen.«

»Also …«, murmelte Willi. »Ich habe festgestellt, dass mein Hirn ein gewisses Problem hat, wenn ich mir Licht einerseits als Welle vorstellen soll, aber gleichzeitig beachten muss, dass Licht andererseits viele kleine Teilchen sind, die sich da irgendwie in einem Lichtstrahl tummeln. Dazu fehlt mir offensichtlich eine Dimension in meinem Denkapparat.«

»Da bist du aber in bester Gesellschaft, Willi«, entgegnete Elfie, »denn ich kenne niemanden, dem dieser geistige Spagat problemlos gelingt. Nur EINE Vorstellung von Licht zu haben, welche beide Eigenschaften miteinander kombiniert, das wäre super, aber davon habe ich noch nichts gehört. Die Physiker weltweit leben einfach damit, dass sich Licht mal so und mal so verhält, und tun sich mehr oder weniger schwer mit einer entsprechenden Veranschaulichung. Auch weltberühmte Physiker machen da keine Ausnahme:

Wenn mir Einstein ein Telegramm schickt, er habe nun die Teilchennatur des Lichtes endgültig bewiesen, so kommt das Telegramm nur an, weil das Licht eine Welle ist.

NIELS BOHR, Nobelpreis 1922

Aber zurück zu meiner Frage: Was müssen wir uns merken? Ich beantworte sie einmal selbst. Einerseits nichts Neues gegenüber dem, was wir auch schon als Quintessenz aus den PLANCKschen Strahlungsversuchen gezogen haben. Obwohl sie fünf Jahre auseinanderliegen, so sind doch die PLANCKsche Strahlungsformel und der EINSTEINsche Photoelektrische Effekt am besten gemeinsam zu sehen. Stellvertretend dafür ist die Formel 1.2 zu nennen, nämlich $E = h \cdot f$, die wir schon im ersten Abschnitt in diesem Zusammenhang erwähnt hatten. Aus dieser Formel folgt, dass die Energie gequantelt ist! Das ist so weit nichts Neues, das hatten wir schon.

Neu ist allerdings, dass es Phänomene wie das Licht gibt, die zwei Sichtweisen benötigen, um sie vollständig beschreiben zu können. Beide Aussagen münden in die Quantenmechanik, von welcher einer ihrer Mitbegründer, der eben schon zitierte NIELS BOHR, einmal sagte:

Trotzdem können wir etwas mehr Licht in diese Angelegenheit bringen – eine sehr schöne Satzkonstruktion angesichts unseres heutigen Themas –, indem wir uns beim nächsten Mal mit dem sogenannten Doppelspalt-Experiment beschäftigen, welches einen interessanten Beitrag zu diesem Welle-Teilchen-Dualismus liefern wird.«

Und indem Elfie dieses schöne Schlusswort formulierte, läutete sie auch gleichzeitig das Ende des offiziellen Teils dieses Abends ein. So saß man noch eine Weile vergnügt zusammen und diskutierte zum Beispiel darüber, welche Wellenlängen des sichtbaren Lichts der Rotwein eigentlich absorbiert, um zu seinem beeindruckenden Dunkelrot zu gelangen, und über ähnlich bedeutsame Themen. Schließlich unterbrach Elfie:

»Ihr Lieben! Mit euch zu diskutieren ist in der Tat gefährlich, man vergisst komplett die Zeit. Aber gerade ist sie mir wieder eingefallen, und zwar zusammen mit der alten Regel: Immer, wenn es am schönsten ist, dann soll man aufhören! Und beide Einfälle führen mich leider zu dem Schluss, dass ich mich jetzt auf meinen Heimweg begeben werde. Es war wirklich sehr schön, und dafür möchte ich mich ganz herzlich bedanken. Und – was den Termin unseres nächsten Treffens betrifft –, wir telefonieren.

In diesem Sinne, lasst es euch gut gehen, bis bald, ich freue mich schon!«

2 Die mikroskopische Welt ist anders

Vom Doppelspaltexperiment, der HEISENBERGschen Unschärfe-relation, der SCHRÖDINGER-Gleichung, SCHRÖDINGERs Katze und der Quantenverschränkung

»Huhu, es geht wieder los«, rief Elfie, »ich habe mich schon mal an den Tisch gesetzt!«

Elfie war wieder zu Besuch bei ihren Freunden Wilma und Willi. Sie waren gemeinsam essen, gerade wieder zu Hause angekommen, und nun sollte es weitergehen mit ein paar erstaunlichen Begebenheiten, über die Elfie berichten wollte, und zwar – frei nach DOUGLAS ADAMS – über das Leben, das Universum und den ganzen Rest.

»Ich bin gleich so weit«, rief Wilma, »ich ziehe mir nur noch ein anderes Sweatshirt an.«

»Und ich bin schon da«, sagte Willi, der gerade zur Küche hereinkam. Elfie hatte es sich zwischenzeitlich schon auf ihrem Lieblingsplatz am Küchentisch bequem gemacht. »Soll ich wieder den leckeren Wein holen, also den vom letzten Mal?«

»Ich bin dafür«, rief Wilma, die gerade auf dem Weg vom Flur in die Küche war.

»Ja, der Wein war perfekt«, bekräftigte Elfie.

»Sehr gut, das ist auch meine Meinung«, sagte Willi, und im Handumdrehen standen drei Weingläser, eine Flasche Wasser und der Wein auf dem Tisch.

»So …«, begann Elfie, die auch gleich voll einstieg, »als wir uns das letzte Mal trafen, da haben wir uns über das eigenartige Verhalten von Licht unterhalten. Mal verhielt es sich so, als sei es eine Welle, und ein andermal hatte es

Teilchencharakter. Übrigens wird in der Physik anstatt *Teilchen* auch oft der Begriff *Korpuskel* verwendet.«

»Liebe Elfie«, unterbrach Willi, »du weißt aber schon, dass ihr Physiker ein Problem habt, oder?«

»Ein Problem?«, fragte Elfie etwas verunsichert zurück. »Wieso? Welches denn?«

»Ganz einfach«, begann Willi, »also der Typ, der sich bei euch die Bezeichnungen einfallen lässt, der hat doch sicherlich schon ganz blaue Schenkel.«

»Wieso das denn?«, erwiderte Elfie leicht belustigt.

»Ich glaube, der schmeißt immer so ein komplettes Scrabble in einen Buchstaben-Häcksler, und wenn dann so etwas wie PLANCKsches Wirkungsquantum herauskommt, dann haut der sich ordentlich auf die Schenkel.«

Wilma und Elfie mussten kichern.

»Und wenn ich jetzt *Korpuskel* höre«, fuhr Willi fort, »dann denke ich doch eher an: *Ich glaub', ich muss zum Arzt! – Ja, wieso das denn? – Ich glaub', ich habe 'nen Korpuskel!*«

Wenn Wilma und Elfie noch kurz zuvor um ihre Fassung rangen, dann war der Kampf nun endgültig verloren. Beide wieherten los, als wäre es der erste Witz ihres Lebens, den sie zu verdauen hatten. Dabei kreisten ihre Gedanken stets um die Frage, wie wohl ein Korpuskel aussehen mag, welches einen Arztbesuch unvermeidlich werden lässt.

»Da hast du wohl Recht«, versuchte Elfie sich wieder zu beruhigen, »die Begriffe sind teilweise etwas gewöhnungsbedürftig. Sie haben ihren Ursprung häufig im Lateinischen, was das Ganze aber auch nicht besser macht.

Wie dem auch sei«, fuhr sie schließlich fort, »ich lasse den Korpuskel von jetzt ab lieber mal außen vor. Also, wo waren wir … richtig, beim Welle-Teilchen-Dualismus. Dieser wird uns nämlich noch öfter begegnen und am eindrucksvollsten bei unserem heutigen Thema, dem Doppelspaltexperiment.«

2.1 Das Doppelspaltexperiment: Die Kopenhagener Deutung

»Beginnen werden wir aber erst einmal mit etwas sehr Anschaulichem und Vertrautem, dem Wasser, oder besser, den Wasserwellen. Wasserwellen haben eine sehr interessante Eigenschaft. Ich zeichne euch … Oh, Willi, würdest du netterweise wieder ein paar leere Zettel und einen Stift holen? Das wäre super«, und mit einem Grinsen fügte Elfie hinzu: »Und am besten natürlich auch gleich die gelbe Mappe.«

Sofort sprang Willi auf und hatte im Handumdrehen alles auf den Tisch gelegt.

»Das nächste Mal denke ich gleich daran, ich weiß ja, dass wir das alles brauchen.«

»Ich arbeite für mich alleine auch so«, fuhr Elfie fort. »Wenn ich über etwas nachdenken muss, dann habe ich stets Zettel und Stift parat. Für mich ist das ein Denkzettel, der hilft mir beim Denken!

So, kommen wir also zu den Wasserwellen. Wenn ich eine Wasseroberfläche mit etwas berühre, dann entstehen auf der vormals glatten Wasseroberfläche Wellen. Habe ich zum Beispiel mit einem Finger das Wasser berührt, dann entstehen um diese Stelle herum kreisrunde Wellen, die sich konzentrisch ausbreiten.«

»Ist die Form der Wellen abhängig von der Form des Gegenstandes, der das Wasser berührt?«, fragte Wilma interessiert.

»Ein klares Jein«, antwortete Elfie.

»Wieso Jein, Elfie?«, runzelte Willi die Stirn. »Selbst wenn ich einen Backstein ins Wasser werfe, dann entstehen doch immer noch runde und keine eckigen Wellen.«

»Das ist richtig«, entgegnete Elfie, »lasse ich aber zum Beispiel eine Art Lineal, also einen länglichen Gegenstand, mit der langen Seite das Wasser berühren, dann entstehen keine runden Wellen, sondern es bildet sich eine ebene Welle – auch lineare Wellenfront genannt –, die sich in einer Linie über die Wasseroberfläche bewegt.

Spannend ist es nun, wenn solch eine lineare Wellenfront auf eine Wand zuläuft, in der zwei Spaltöffnungen eingelassen sind, wie ich hier in Bild 2.1 skizziert habe.«

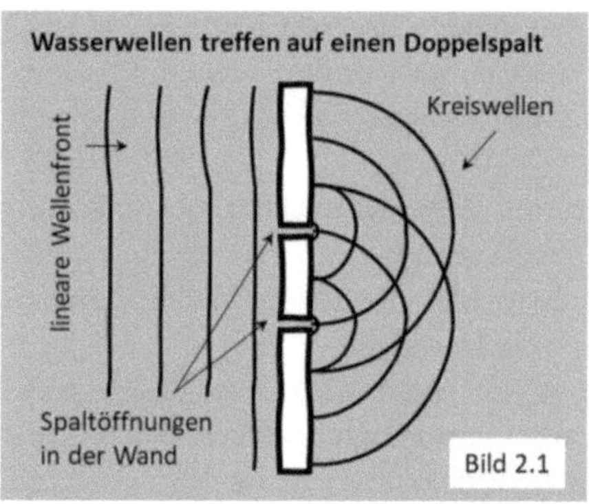

»Kaum hat die lineare Wellenfront die beiden Spalte erreicht, entstehen dahinter …«. Elfie hielt kurz inne, um sich der Aufmerksamkeit ihrer Zuhörer zu versichern, »… Kreiswellen! Diese physikalische Eigenschaft wird als *Beugung* bezeichnet und ist charakteristisch für das Verhalten von Wellen. Übrigens würden sich auch dann Kreiswellen ausbilden, wenn die ankommende Welle keine lineare Welle ist. Im Fall der linearen Welle kann man aber ausschließen, dass für die Entstehung der Kreiswellen vorher schon irgendetwas Kreisförmiges existiert haben muss.

So, wir merken uns dieses Verhalten der Wasserwellen, denn wir verlassen jetzt das feuchte Element und kommen zurück zum Licht. Führt man den Doppelspaltversuch mit Laserlicht durch, also mit Licht einer konstanten Wellenlänge, dann ergibt sich das in Bild 2.2 gezeigte Ergebnis.«

Gewohnt schnell zeichnete Elfie alles auf.

»Wie man sieht, habe ich nach dem Doppelspalt auch hier Kreiswellen gezeichnet. Genau genommen sind es jetzt 3D-Kreiswellen, also Kugelwellen, was aber für unsere Überlegungen unbedeutend ist. Ich habe dem Licht also das gleiche Verhalten zugeordnet, wie wir es beim Wasser kennengelernt haben. Das ist zwar richtig, aber wieso darf ich das? Wieso kann ich einfach behaupten, dass sich nach dem Doppelspalt Kugelwellen bilden, denn im Gegensatz zu den gut sichtbaren Kreiswellen beim Wasser kann ich die Lichtwellen ja nicht sehen!«

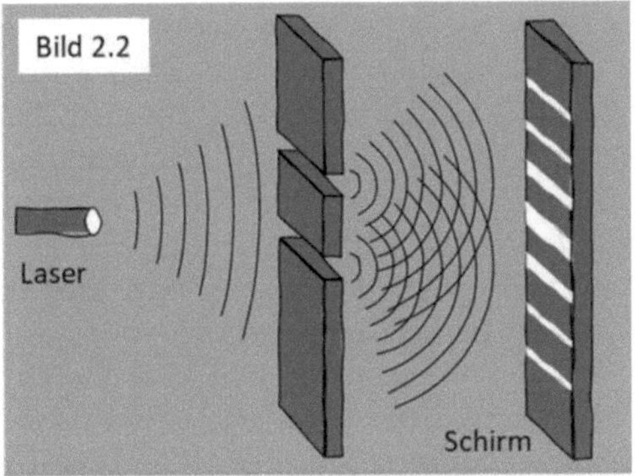

»Also zumindest verstehe ich schon einmal deine Frage, Elfie«, warf Willi ein, »Lichtwellen kann man nicht sehen. Sonst würden wir ja überall um uns herum Wellen sehen. Wenn man Lichtwellen aber nicht sehen kann, dann ist tatsächlich die Frage: Woher weißt du, dass sich nach dem Doppelspalt diese Licht-Kugelwellen gebildet haben?«

»Das Vielstreifenmuster ist das Entscheidende, welches sich auf dem Schirm hinter dem Doppelspalt bildet«, kam sofort Elfies Antwort. »Die abwechselnd hellen und dunklen Bereiche, die dort zu sehen sind, entstehen nämlich, wenn Licht-Kugelwellen sich überlagern.«

»Moment«, unterbrach Wilma, »dass ging mir jetzt ein bisschen schnell. Warum entsteht auf dem Schirm dieses Vielstreifenmuster?«

»Ok«, erklärte Elfie, »dann machen wir jetzt einen kurzen Ausflug in den Bereich der Wellenoptik. Keine Angst, wenn sich jetzt nicht gleich ein Aha-Effekt einstellt, wir müssen diesen Teil nicht bis in die Tiefe verstehen, am Ende reicht uns das Ergebnis. Trotzdem möchte ich Wilmas Frage nicht unbeantwortet lassen.

Dieses Vielstreifenbild auf dem Schirm ist charakteristisch für unseren Doppelspalt. Hätte ich anstatt der zwei Spalte nur einen, drei oder mehr verwendet, dann würde sich zwar ein leicht verändertes Bild ergeben, das Prinzip hinter all den Vielstreifenmustern ist aber stets das gleiche:

In unserem Versuch haben die Wellen nicht nur die gleiche Wellenlänge, sondern auch eine gleichhohe Amplitude, denn der Laser leuchtet mit konstanter Helligkeit. Zur Erinnerung an die Begriffe Wellenlänge und Amplitude lege ich euch das Bild 1.1 hier auf den Tisch.

Wir starten jetzt gedanklich mit dem oberen Spalt in Bild 2.2. Nach dem Spalt bildet sich eine Kugelwelle aus, die sich weiter in Richtung Schirm bewegt. Das gleiche passiert auch bei dem unteren Spalt. Irgendwann werden sich die beiden Kugelwellen treffen. Der Physiker sagt, es beginnt der Überlagerungsprozess. Um zu verstehen, was passiert, wenn zwei Wellen aufeinandertreffen, sich also überlagern, ist es hilfreich, die zwei Extremsituationen zu beschreiben, die ich euch hier unter a) und b) in Bild 2.3 skizziere:

a) Treffen Wellenberg und Wellenberg bzw. Wellental und Wellental aufeinander, dann addieren sie sich jeweils zu einem doppelt so hohen Wellenberg bzw. doppelt so tiefen Wellental. Diese Maxima und Minima erzeugen die hellen Bereiche auf dem Schirm.

b) Treffen Wellenberg und Wellental zusammen, dann addieren sich beide Wellen zu null, sie löschen sich also gegenseitig aus. Dies ergibt die dunklen Bereiche auf dem Schirm, dort kommt kein Licht hin.

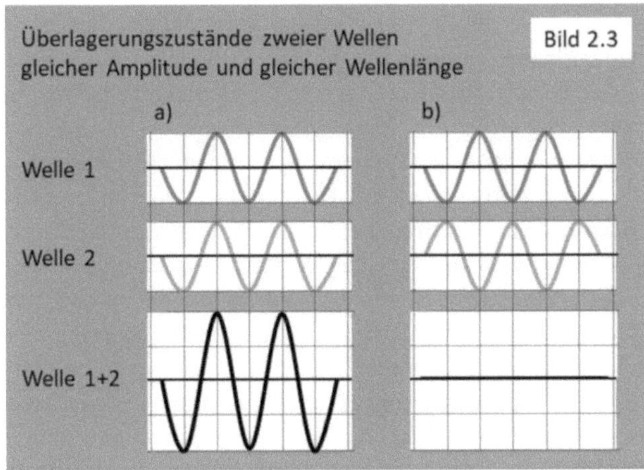

Bei allen anderen Varianten findet eine Mischung aus a) und b) statt. Da diese Überlagerung auf der ganzen Breite der Wellenfront stattfindet, kommt am Schirm eine Mischung aus allen Varianten an, wobei in bestimmten periodischen Abständen auch die beiden Extremzustände a) und b) auf den Schirm treffen. Da der bei a) beschriebene Vorgang die hellen Streifen und der bei b) die dunklen Bereiche hervorruft, entsteht das in Bild 2.2 gezeigte Vielstreifenbild, was der Physiker als Interferenzmuster bezeichnet. Man kann den Schirm nun weiter nach vorn oder weiter nach hinten schieben, das Bild auf dem Schirm wird sich dabei nur geringfügig ändern, das charakteristische Interferenzmuster bleibt erhalten.«

Elfie beobachtete Wilma und Willi, wie sie ganz offensichtlich versuchten, sich das Gesagte in ihrer Vorstellung zu einem einheitlichen Bild zusammenzukneten. Gerade als Wilmas Synapsen – die an verschiedenen Orten gleichzeitig diverse Scharmützel zu überstehen hatten – den Entschluss gefasst hatten, die weiße Fahne zu schwenken, und als Willis Hirnareale den Kampf schon aufgegeben hatten und sich stattdessen mit der Frage beschäftigen, wo sich eigentlich der Grappa befindet, grätschte Elfie dazwischen und sagte:

»Macht euch keine Gedanken! Die Interferenz, also die Überlagerung von Wellen, ist ein großes, ganz eigenes und auch komplexes Thema der Physik. Wir müssen da nicht so tief einsteigen, denn für alles Weitere benötigen wir lediglich die Erkenntnis: Sehen wir bei einem Doppelspaltversuch ein Interferenzmuster auf dem Schirm, wissen wir, die Urheber davon sind Wellen.

Um zu verdeutlichen, wovon wir dieses Interferenzmuster zu unterscheiden haben, führen wir gedanklich ein kleines, weiteres Experiment durch. Wir bleiben dazu bei dem Doppelspalt und schießen mit kleinen, gefärbten Bällchen auf den Doppelspalt. Überall dort, wo die Bälle auftreffen, hinterlassen sie einen Farbfleck. Dadurch erzeugen die Bälle, die durchkommen, auf dem dahinterliegenden Schirm ein bestimmtes Muster. Ich zeichne das einmal schnell als Bild 2.4 hin.«

Elfie skizzierte rasch mit ein paar wie gewohnt geübten Bleistiftstrichen den Versuch.

»Das Ergebnis ist nicht wirklich überraschend«, erklärte sie, während sie das Bild fertig zeichnete. »Auf dem Schirm zeigt sich ein ganz anderes als das eben diskutierte Interferenzmuster, es entstehen nämlich zwei Balken. Und ein solches Balkenbild würden wir immer dann erwarten, wenn man mit Teilchen auf Spalte schießt, wobei sich auf dem Schirm stets je Spalt ein Balken ergeben sollte. Folglich erhält man bei einem Doppelspalt zwei Balken, bei einem Dreifachspalt drei Balken und so weiter, aber eben KEIN Interferenzmuster wie im Fall des Lichts.«

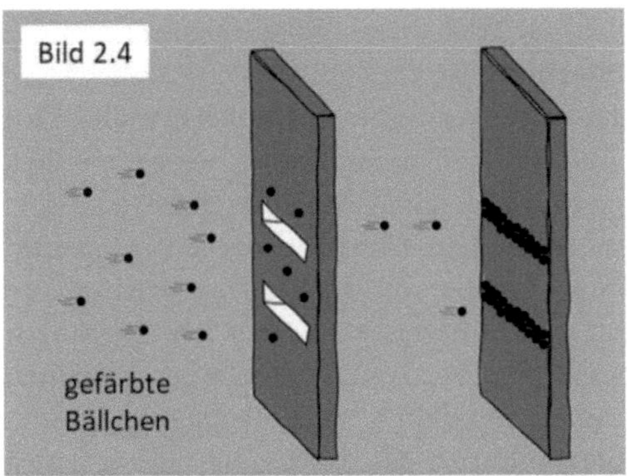

Als Elfie das Bild fertig gestellt hatte, schaute sie zu den beiden anderen und vergewisserte sich, dass zumindest dieser Teil ohne größere Verluste in der Vorstellung der beiden angekommen war.

»Alles roger?«

Beide nickten und Wilma sagte grinsend:

»Alles roger! Pass auf, also ich bin jetzt ein Teilchen, starte links und fliege auf den Doppelspalt zu. Wenn ich ihn nicht treffe, dann bleibe ich an der Doppelspaltwand kleben – Pech gehabt! Wenn ich aber den Spalt erwische, dann fliege ich gerade durch den Spalt durch und treffe hinten auf den Schirm. Meinen Kumpels geht's genauso. Zusammen bilden wir hinten am Schirm ein Abbild der Spalte, und das war's!«

Willi ließ sich nicht lumpen und fügte hinzu:

»Also, ich hab's auch kapiert. Mit diesem Niveau kannst du uns ruhig öfter ein wenig verwöhnen. Apropos verwöhnen, wie wäre es denn mit etwas zum Verwöhnen? Mein Adlerblick sagt mir, dass sich auf dem Tisch leider überhaupt nichts Verwertbares – den festen Zustand betreffend – befindet, und bei den flüssigen Substanzen ist jener Anteil, der quasi einen Quantensprung in der geistigen Flexibilität erzielen könnte, auch deutlich unterrepräsentiert«, wobei Willi beim Wort Quantensprung kurz zu Elfie hinüberblinzelte.

»Das hast du aber schön formuliert, Willi«, fand dessen Vorstoß bei Wilma Unterstützung, »aber ich fackele jetzt nicht lange und hole das Zeug einfach ran.«

»Prima«, pflichtete Elfie den beiden bei, »und nach all dem Auf und Nieder mit den Wellen wird es Zeit für ein etwas ruhigeres Fahrwasser, wobei ich eigentlich weniger das Fahrwasser meine, sondern mehr so ein stehendes Gewässer, und da eigentlich auch weniger das Gewässer an sich, sondern mehr so ein Wässerchen mit was drin.«

»Mann, was seid ihr heute rhetorisch drauf«, antwortete Wilma, die mit dem üblichen Katastrophenpaket schon wieder am Tisch angekommen war und allen eine kleine, aber dennoch völlig ausreichende Menge von der Flüssigkeit einschenkte, die Willi als geistige Unterstützung einforderte, »aber im Gegensatz zu euch rede ich nicht bloß davon. In diesem Sinne, Prost!«

Alle hoben ihre Gläser, stießen gut gelaunt miteinander an und unterhielten sich dann noch eine Weile, wobei Willi eröffnete, froh darüber zu sein, die etwas frustrierende Phase von sich überlagernden Wellen verlassen zu haben, denn ein Gefühl von Seekrankheit schien sich bei ihm schon eingestellt zu haben.

»Ich möchte noch einmal kurz zusammenfassen«, nahm Elfie das Zepter schließlich wieder in die Hand, »was wir uns merken müssen: Sind bei einem Doppelspaltversuch auf einem Schirm ZWEI BALKEN zu sehen, dann haben wir es mit Teilchen zu tun, sehe ich ein INTERFERENZ-MUSTER, dann handelt es sich um Wellen!

Wenn das so weit klar ist, dann kann ich euch mitteilen, dass wir von meiner eingangs gemachten Ankündigung, nämlich dass wir heute ein sehr eindrucksvolles Beispiel zum Welle-Teilchen-Dualismus in Form des Doppelspalt-Experiments kennen lernen werden, nicht mehr weit entfernt sind.«

Beide schauten Elfie fragend an.

»Aber ich dachte eigentlich«, sagte schließlich Wilma, »dass wir genau das doch eben gerade besprochen haben, oder habe ich jetzt etwas völlig missverstanden?«

»Na, entweder hast du jetzt einen Black-out, Elfie«, gab auch Willi seinen Senf dazu, »oder Wilma und ich haben gerade ein Déjà-vu.«

»Nein«, beruhigte Elfie die beiden, »ich kann euch versichern, ihr habt kein Déjà-vu! Wir haben tatsächlich DAS Doppelspaltexperiment noch vor uns, und dafür haben wir nun auch alles zusammen. Wir schießen nämlich jetzt mit Elektronen auf den Doppelspalt. So gesehen sollte das nicht sonderlich aufregend sein, denn was erwarten wir, wenn wir mit kleinen Kügelchen auf einen Doppelspalt schießen?«

»Haben wir ja besprochen«, antwortete Wilma, »pro Spalt sollte sich ein Balken auf dem Schirm ergeben.«

»Und da wir laut Elfie einen Doppelspalt verwenden, sollten also zwei Balken auf dem Schirm zu sehen sein«, ergänzte Willi, »in Bild 2.4 hast du es jedenfalls genauso gezeichnet.«

»Ok«, erklärte Elfie, während sie zeichnete, »ich skizziere euch hier in Bild 2.5 das Ergebnis des Versuchs *Elektronen auf Doppelspalt*.«

In gewohnter Manier zeichnete Elfie das entsprechende Experiment.

»Ihr seht, ich habe die Elektronenquelle etwas martia-
lisch als Elektronenkanone bezeichnet, das ist aber durchaus üblich in diesem Zusammenhang. Also, aus dieser Elektronenkanone werden Elektronen in Richtung des Doppel-
spalts herausgeschossen, und weiter hinten auf dem
Schirm ergibt sich das gezeigte Muster.«

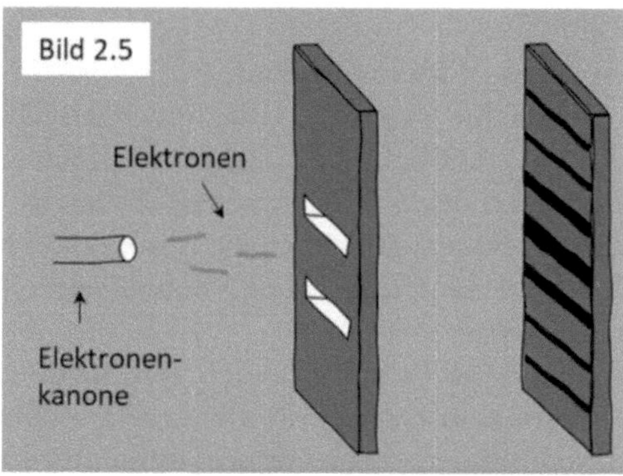

»Da bin ich aber anderer Meinung«, intervenierte Willi,
»hinten auf dem Schirm hast du doch ein Interferenzmuster
gezeichnet, welches sich ergibt, wenn eine elektromagnetische Welle, wie zum Beispiel das Licht, durch einen Doppelspalt geschickt wird. Hast du dich nicht geirrt?«

»Nein, ich habe mich nicht geirrt, Willi«, antwortete Elfie, »aber du hast insofern Recht, als dass das Interferenzbild am Schirm darauf schließen lässt, dass Wellen durch
den Doppelspalt geflogen sind. Trotzdem habe ich mich
nicht geirrt!«

»Wenn du dich nicht geirrt hast, Elfie«, meldete sich nun
auch Wilma zu Wort, »dann heißt das ja, dass sich Elektronen wie Wellen verhalten! Das bringt jetzt aber alles durcheinander.«

»Warte noch einen Moment mit deiner Beurteilung, Wilma«, antwortete Elfie, »ich schiebe noch einen weiteren Versuch nach.

Um herauszufinden, warum ein Interferenzmuster entstanden ist, wenn Elektronen durch einen Doppelspalt geschossen werden, versuchen wir zunächst den Weg zu ermitteln, den ein einzelnes Elektron genommen hat. Dazu befestigen wir an der Doppelspaltwand einen Detektor, der immer dann, wenn ein Elektron durch einen der beiden Spalte fliegt, genau registriert, ob es durch den oberen oder durch den unteren Spalt geflogen ist. Das Ergebnis dieses Versuchs skizziere ich euch hier in Bild 2.6.«

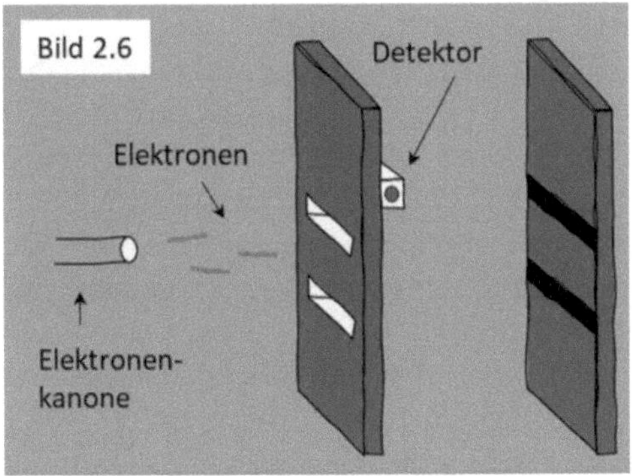

»Wie jetzt«, polterte Willi los, »das sind ja nun wieder zwei Balken und kein Interferenzmuster. Jetzt also plötzlich wieder so tun, als wäre man ein Teilchen. Haben die Elektronen vielleicht ein Identitätsproblem? Sieht mir ganz nach Bewusstseinsspaltung aus, so Dr. Jekyll und Mr. Hyde mäßig.«

»Das ist gar nicht so weit hergeholt«, führte Elfie weiter aus. »Man könnte tatsächlich auf die Idee kommen, den Elektronen an dieser Stelle so etwas wie Bewusstsein anzudichten, denn kaum versucht man, ihnen auf die Schliche zu kommen, verhalten sie sich nicht mehr wie eine Welle, sondern plötzlich wie Teilchen. Also, wir sind jetzt mit diesem Experiment am Ende unserer heutigen Diskussion angekommen, müssen uns aber das, was wir gerade gesehen haben, noch einmal auf der Zunge zergehen lassen, weil es so eine entscheidende Bedeutung hat:

Wenn man mit Elektronen auf einen Doppelspalt schießt, dann verhalten sie sich wie Wellen. Versucht man, sie auf ihrem Weg zu überwachen, um herauszufinden, warum sie sich so verhalten, verhalten sich die Elektronen plötzlich wie Teilchen. Es ist, als wenn Mutter Natur sich hier einfach nicht in die Karten schauen lassen möchte.

Dieses Experiment ist in der Wissenschaft wohlbekannt, allerdings wird es bis heute nicht durchgehend in der gleichen Weise interpretiert. Es gibt aber eine Erklärung, die überall sehr hohen Anklang findet: *Die Kopenhagener Deutung.* Sie wurde 1927 von NIELS BOHR und WERNER HEISENBERG formuliert und basiert auf der von MAX BORN vorgeschlagenen BORNschen Wahrscheinlichkeitsinterpretation der Wellenfunktion.«

»Uiih, jetzt geht's aber ans Eingemachte«, stellte Wilma fest.

»Also, ich werde jetzt das Wichtigste zusammenfassen«, erklärte Elfie, »und dann schauen wir mal …«

»Nur zu«, grinste Willi, »ich leg schon mal die Hand an die Grappa-Flasche.«

»Eigentlich ist es ein Kaltstart«, begann Elfie, die Willis Hinweis mit einem Grinsen zur Kenntnis nahm, »denn mit der Kopenhagener Deutung befinden wir uns schon mitten in der Quantenmechanik! Und als Vorwarnung möchte ich an das Zitat aus unserem letzten Treffen erinnern, nach dem der gleiche NIELS BOHR, der an der Kopenhagener Deutung maßgeblich beteiligt war, einmal sagte, dass man über die Quantentheorie eigentlich nur entsetzt sein kann – aber wir sind ja keine Hasenfüße!«

Alle schüttelten den Kopf, aber auch Wilma rückte schon einmal ihr Grappaglas zurecht.

»Klar ist«, legte Elfie nun los, »dass sich das Elektron bis zum Auftreffen auf die Doppelspaltwand wie eine Welle verhält, was übrigens eine Eigenschaft aller sehr, sehr kleinen Objekte ist. Solche Objekte werden als Quantenobjekte bezeichnet. Elektronen, ganze Atome oder in manchen Fällen sogar Moleküle fallen unter diesen Begriff.

Versucht man nun, ein Quantenobjekt zu beobachten oder zu messen, dann tritt man zu ihm in Kontakt und verursacht eine Wechselwirkung, worauf dieses Quantenobjekt kurzerhand seinen Zustand ändert. Nur um das zu verdeutlichen: Dies unterscheidet sich dramatisch von unserer makroskopischen Welt, denn hier kann man problemlos ein Objekt beobachten, ohne dass es davon beeinflusst wird.

Zurück zum Quantenobjekt: Im wellenartigen Zustand ist das Quantenobjekt an KEINEM konkreten Ort. Als Welle ist sein Aufenthaltsort über einen größeren Bereich verteilt, man sagt auch *verschmiert*, und es ist nur mit einer bestimmten Wahrscheinlichkeit an einem bestimmten Ort vorzufinden. Startet man nun eine Beobachtung, dann greift man in dieses System ein, der wellenartige Zustand des Quantenobjekts wird zerstört und das Quantenobjekt wird zu einem Teilchen. Der Physiker spricht in diesem Zusammenhang vom *Kollaps der Wellenfunktion*!«

»Ich finde«, mischte sich Willi ein, »der Begriff Kollaps beschreibt wohl eher den Gesamtzustand eines potentiellen Delinquenten, der mit dieser Art von Gehirnyoga zum ersten Mal konfrontiert wird.«

»Ich weiß, Willi«, antwortete Elfie, »das ist alles etwas schwer verdaulich, aber es ist einfach nur der Versuch zu erklären, was tatsächlich passiert bzw. was wahrscheinlich passiert ist, denn wirklich sehen kann das ja niemand! Aber noch einmal: Dieser Zusammenbruch der Welleneigenschaften ist doch genau das, was bei unserem letzten Experiment offensichtlich passiert ist: Unser Elektron fliegt quietschvergnügt als Welle durch die Gegend in Richtung Doppelspalt. Ist eine tolle Sache, man ist nirgendwo so richtig und gleichzeitig überall, eben eine Welle – ein Superfeeling … und plötzlich macht es: Zwosch! *Mist, Radarfalle, ich hab's blitzen sehen,* denkt es noch, und Zack – wie vom Frosch zum verwunschenen Prinzen – ist aus der Welle ein Teilchen geworden, weil der Detektorblitz, von dem es erfasst bzw. gezählt wurde, etwas verändert hat.

Ok, etwas physikalischer argumentiert hätte ich jetzt gesagt: Durch die Messung am Detektor haben wir das Elektron dazu gezwungen, seinen Zustand als Quantenobjekt aufzugeben, die Wellenfunktion kollabierte, und – Zack – plötzlich war ein Teilchen da! Dieses Teilchen hat sich dann auf dem Weg zum Schirm genau so verhalten, wie wir das von Teilchen kennen: Ein Balkenmuster ist am Schirm entstanden, – also zwei Balken anstatt eines Interferenzmusters wie zuvor. Und mit diesem Verhalten, – dem Wechsel von der Welle zum Teilchen –, haben wir eine ganz wichtige Grundeigenschaft der Quantenmechanik kennengelernt! So, ich habe fertig!«

Am Tisch herrschte Schweigen.

»Mann, Elfie«, sagte Wilma nach einiger Zeit, »das ist ja schon unheimlich! Wenn wir uns in die Welt dieser kleinsten Objekte begeben, dann ist ja nichts mehr konkret! Alles ist irgendwie wellenartig und nur von Wahrscheinlichkeiten abhängig. Aber wir, also du, der Willi und ich, wir sind doch konkret, wir wabern ja nicht als Welle hier durchs Zimmer. Wie kann das sein? Wir bestehen doch aus diesen kleinsten Teilchen – oder besser – aus diesen Quantenobjekten. Ist das nicht sogar ein Widerspruch?«

»Völlig berechtigte Frage«, antwortete Elfie. »Wir flutschen genau deshalb nicht einfach als Wellen durch die Gegend, weil allein schon die Umwelt, in der wir leben, mit jedem unserer Quantenobjekte wechselwirkt und dadurch dessen Wellenfunktion kollabiert. Man müsste Menschen bis in die kleinsten Einzelteile zerlegen und dann dafür sorgen, dass alle Teile weit auseinanderliegen und keine andere wechselwirkungsfähige Materie in Sicht ist. Dann würden wir, also unsere Einzelteile, wohl als Quantenobjekte existieren. Im Umkehrschluss heißt das: Alle makroskopischen Objekte können keine Quantenobjekte sein, weil sich ab einer bestimmten Größenordnung Wechselwirkungen untereinander und Wechselwirkungen mit umgebender Materie einfach nicht mehr verhindern lassen! Die letzten Sätze sind aber mehr so meine Interpretation, also mein Verständnis zu diesem Sachverhalt. Eine allgemeingültige, etablierte und unwidersprochene Lehrbuchmeinung zu diesem Problem existiert meines Wissens einfach noch nicht.«

»Ich wundere mich gerade«, beendete Willi eine erneute, kurze Phase des Schweigens, »dass ausgerechnet ICH das frage, aber wie geht man denn mit dieser Thematik mathematisch um? Ich meine, ich weiß, dass viele Dinge in dieser Mikrowelt schon berechnet wurden, aber wie macht man das denn? Denn offensichtlich ist ja alles irgendwo und irgendwie auch nirgendwo!«

»Da machst du jetzt aber ein Fass auf, Willi!«, Elfie seufzte ein wenig und atmete tief durch. »Das ist natürlich ein Riesenproblem, und das kann ich auch nicht so aus dem Stehgreif mit wenigen Worten belastbar beantworten. Es ist eine ganz eigene Mathematik, die hier Anwendung findet, eine Mathematik, die auf Wahrscheinlichkeiten basiert. Bausteine dazu liefert die SCHRÖDINGER-Gleichung und die HEISENBERGsche Unschärferelation. Beides kann man nicht in zwei Sätzen abfackeln, aber über beides werden wir noch ausführlich sprechen, und Letzteres ist sogar schon Thema bei unserem nächsten Treffen.

Aber Willi«, beeilte sich Elfie noch anzufügen, »da du schon eine aus deiner Sicht untypische Frage gestellt hast, die man wohl eher mir zugetraut hätte, übernehme ich mal eine Frage, die DU eigentlich hättest stellen müssen: Wo bleibt denn der Grappa? Ok, also nur um das klarzustellen: EINEN Grappa am Abend zu trinken ist für mich schon eine Menge und eher die Ausnahme – aber heute mache ich in Anbetracht der Tatsache, dass es ja wirklich schwere Kost war, eine Ausnahme von der Ausnahme und beantrage ganz förmlich einen zweiten!«

Auch Wilma und Willi fanden diese Ausnahmeregel völlig gerechtfertigt, und um sicherzustellen, dass sie es auch wirklich ernst meinten, schufen sie einfach Fakten. Gleichzeitig wurde damit auch der offizielle Teil ihrer Arbeitssitzung beendet, was aber noch lange nicht das Ende dieses Abends bedeutete. Durch die geistigen Getränke unterstützt waren die Themen diesmal besonders geistreich, und jeder Aspekt verdiente es, auch bis zu Ende diskutiert zu werden.

Schließlich hatte aber auch der schönste Abend irgendwann ein Ende, und so verabschiedete sich Elfie – zu bereits etwas fortgeschrittener Stunde – mit den Worten:

»So, bevor ich jetzt gehe, was nehmen wir denn aus unserem Doppelspalt-Experiment mit? Ganz einfach, in der Welt des Allerkleinsten herrscht Uneindeutigkeit. Es ist die Welt der Quantenobjekte, die weder *nur* Welle noch *nur* Teilchen sind – sie sind beides! Und weil das so ist, tut sich der menschliche Geist oft sehr schwer damit – das gilt auch für die Profis!

Diese Kleinstwelt ist ihrem Wesen nach ungewiss, ein Problem, das sich auch in der HEISENBERGschen Unschärferelation widerspiegelt, mit der wir uns bei unserem nächsten Treffen beschäftigen wollen. Insofern passt es doch sehr gut, zum Abschluss HEISENBERG selbst einmal zu Wort kommen zu lassen, indem wir ihn zitieren mit einer Aussage, die den Geist dieser Thematik sehr gut wiedergibt. Und nicht erschrecken, wahrscheinlich dauert es erst einen Moment, bis dieser Satz bei uns Quantenmechanik-Einsteigern irgendwo im Hirn eine Stelle findet, an der er andocken kann:

Die Beobachtung selbst wählt von allen möglichen Vorgängen den aus, der tatsächlich stattgefunden hat.

WERNER HEISENBERG, Nobelpreis 1932

So, das war der Ausblick für unser nächstes Treffen – und jetzt ist aber wirklich Schluss!

In diesem Sinne, lasst es euch gut gehen, bis bald, ich freue mich schon!«

2.2 Die HEISENBERGsche Unschärferelation

»Super, dass das wieder geklappt hat«, startete Elfie und schaute zufrieden in die Gesichter ihrer Freunde Wilma und Willi. Alle saßen gemeinsam am Küchentisch und schlossen gedanklich noch mit ihrem leckeren Abendessen ab, das sie gerade gemeinsam genossen hatten.

»Ich fand es ganz schön scharf«, sagte Wilma, »ging es euch genauso?«

»Für mich war es vollkommen in Ordnung«, antwortete Willi lächelnd, »aber wenn du auf das hinaus möchtest, was ich vermute, dann schlage ich vor, ich hole schnell noch eine Flasche Wein, denn den werden wir doch sicher noch benötigen.« Und er fügte hinzu: »Übrigens, Elfie, ich hoffe, du hast registriert, die gelbe Mappe und der Schreibkram liegen sogar schon auf dem Tisch bereit.«

Elfie lächelte zurück und sagte: »Sehr gut, Willi, habe ich alles schon gesehen, und was den Wein betrifft, da bin ich ganz deiner Meinung!«

Kaum hatte Elfie den Satz beendet, hatte Willi sogar zwei Flaschen Rotwein auf den Tisch gestellt und murmelte: »… nur zur Sicherheit.«

»Oh, vielen Dank«, erwiderte Elfie, »also nicht nur, dass ihr mir ein herrlich schmeckendes Essen nebst entsprechendem flüssigen Gaumenschmaus serviert habt, ihr habt mir mit der Frage nach der Schärfe des Essens zugleich auch einen rhetorischen Einstieg par excellence zur Verfügung gestellt! Also, aufgepasst: Mir ging es wie Willi, mir war das Essen auch nicht zu scharf, aber nehmen wir einmal an, ich hätte es gern etwas schärfer gehabt, dann hätte ich jetzt sagen können: *Ich fand das Essen etwas unscharf.*«

Kaum hatte Elfie den Satz beendet, verzog sie auch schon das Gesicht, als wenn sie in eine Zitrone gebissen hätte.

»Sorry«, beeilte sie sich zu sagen, »zunächst dachte ich, ich bekäme ganz elegant die Kurve zum Thema, aber nachdem ich es nun laut ausgesprochen habe … vergesst den Einstieg, ich glaube, ich falle einfach mit der Tür ins Haus.«

Elfie räusperte sich kurz und verkündete dann feierlich: »Die HEISENBERGsche Unschärferelation!«

Sie machte eine kurze Pause und schaute, ob Wilma und Willi trotz ihres versemmelten Einstiegs mit ihren Gedanken noch dabeigeblieben waren. Dem grinsenden Gesichtsausdruck nach waren aber beide bester Laune, verfolgten jedes Wort und hingen Elfie quasi an den Lippen.

»Die HEISENBERGsche Unschärferelation …«, fuhr Elfie bedeutsam fort, »… steht für eine monumentale Erkenntnis der Quantenphysik und schließt exakt an das an, was wir bei unserem letzten Treffen als Quintessenz für uns formuliert haben: Quantenobjekte können Welle *und* Teilchen zugleich sein! Man bezeichnet dies als Welle-Teilchen-Dualismus!

Wir wissen«, fuhr sie fort, »dass kleinste Objekte wie Elektronen als Quantenobjekte bezeichnet werden und dass sie als Welle zu beschreiben sind, sofern man nicht versucht, sie zu beobachten oder zu messen. Versucht man aber, sie zu beobachten, tritt eine dramatische Veränderung ein, indem die Welle kollabiert und ein Teilchen entsteht. Das haben wir schon besprochen. Wir haben aber noch nicht besprochen, WARUM eine Beobachtung überhaupt etwas verändert.

Dazu folgendes Experiment: Ich befinde mich in einem absolut dunklen Raum, in dem sich ein Tisch befindet, auf dem ein quietschgelber Tennisball liegt. Kann ich ihn sehen?«

»Wenn es absolut duster ist«, stellte Wilma mit Überzeugung fest, »dann kann man überhaupt nichts sehen, also auch keinen gelben Tennisball.«

»Sehe ich auch so, also, ich meine, ich sehe das auch so, dass man nichts sehen kann«, bekräftigte Willi. Einmal am Zuge, führte er weiter aus: »Also, um es auf den Punkt zu bringen: Man kann im Dunkeln weder nah noch fern sehen – wobei – Fernsehen geht wieder. Dabei möchte ich betonen, dass der Begriff *Fernseher* mitunter falsche Assoziationen weckt, denn entgegen mancher Vermutung kann man mit ihm eben nicht in die Ferne sehen. Allerdings – je nach Sendebeitrag kann Fernsehen durchaus Fernweh erwecken, insofern ist der Fernseher zumindest ein Komplize der Ferne. Der Fernseher sollte aber als selbstleuchtendes Objekt nicht mit dem hier zur Diskussion stehenden Tennisball in einen Topf geschmissen werden, obwohl es Fernsehbeiträge gibt, für die wäre es eine ernstzunehmende Konkurrenz, würde im gleichen Topf ein Tennisball zur Betrachtung zur Verfügung stehen.«

Stille.

»Willi«, versuchte Wilma angemessen zu reagieren, »sind es die Vitamintabletten, der Kaffee oder beides, über deren Dosierung wir sprechen müssen? Oder bist du gar rückfällig geworden und löffelst heimlich wieder Buchstabensuppe?«

»Ich gebe zu«, antwortete Willi, »dass einem ungeübten Geist meine Ausführungen zuweilen wie eine kognitive Provokation erscheinen mögen. Ich kann aber versichern, dass mein Bestreben allein dem Hinweis gilt, dass wir immer noch vor leeren Gläsern sitzen.«

Wilma, schwankend zwischen genervt und amüsiert, sah Willi zwar scharf an, antwortete aber in einem ruhigen und sachlichen Ton. »Lieber Willi, als stolzer Besitzer eines in einigen wissenschaftlichen Bereichen tatsächlich etwas ungeübten, in Fragen des täglichen Überlebens aber durchaus erfolgsgewohnten Geistes gebe ich dir für diese und ähnliche Situationen den folgenden Tipp: Öffne die Weinflasche, frage zuvorkommend, ob man einschenken darf, schenke dann zuerst den Damen und dann dir selbst ein, hebe dann das Glas, spann deine Mundwinkel in der Form, dass sie ein *Schön, dass wir hier zusammensitzen, Prost!* herausbringen können und lächle. Der Sieg wird dir nicht mehr zu nehmen sein.«

Nun war es Willi, der etwas verdattert schaute, kurz überlegte und dann alles genau in der Reihenfolge erledigte, wie ihm geheißen ward.

»Schön, dass wir hier zusammensitzen, Prost!«, sagte er am Ende artig, wobei er besonders nett Wilma zuprostete und ihr einen Kuss auf die Wange gab!

»So …«, sagte Elfie nach einer kurzen Pause, wobei ihr der gerade beendete, sprachgewaltige Meinungsaustausch immer noch ein verstecktes Lächeln ins Gesicht zauberte. Sie zögerte aber noch, ihren Satz weiterzuführen, und schaute stattdessen auf Wilma und Willi, die sich gerade gegenseitig tief in die Augen blickten. Dann plötzlich, wie auf ein geheimes Kommando, lachten beide los und strahlten sich gegenseitig wieder an, als wenn nichts gewesen wäre.

»Willi, du bist einfach unverbesserlich!«, entschärfte Wilma die Situation dann endgültig.

»Und zusätzlich hattest du sogar Recht, Willi …«, stieg Elfie wieder ein, denn sie hielt den Zeitpunkt nun für geeignet, den Gesprächsfaden wieder aufzunehmen. Elfies Eröffnung ließ Wilma zwar kurz etwas verunsichert aufblicken, sie lehnte sich dann aber beruhigt wieder zurück, als Elfie den Satz fortführte, »… als du vorhin sagtest, der Fernseher sei als selbstleuchtendes Objekt bei unseren aktuellen Überlegungen außen vor.«

Dem stimmten Wilma und Willi zu, nachdem sie beim kurzen Nachdenken über diese Feststellung ihr gerade beendetes, rhetorisches Scharmützel gedanklich endgültig beiseite wischten – und schon war man wieder voll im Thema.

»Also«, rekapitulierte Elfie, »wir sind uns einig, in einem absolut dunklen Raum kann man einen Tennisball nicht sehen. So weit, so gut! Neues Experiment«, fuhr Elfie fort, »ich lasse nun Tageslicht hinein und der Tennisball wird mit Licht bestrahlt. Kann man ihn jetzt sehen?«

»Natürlich!«, kam es wie aus einem Munde.

»Ja klar!«, antwortete Elfie. »Der Grund ist, dass der Tennisball das Tageslicht, also die Strahlung, die auf ihn fällt, zum Teil reflektiert, und nur deshalb sieht man ihn. Genauer ausgedrückt behält der Tennisball zwar fast die komplette auf ihn fallende Strahlung, man sagt, er absorbiert sie, einen Teil davon gibt er aber wieder ab, er reflektiert diesen Anteil. Dabei ist die Wellenlänge des reflektierten Lichts genau die Wellenlänge, die unser Auge als Gelb interpretiert, und wir sagen: *Ah, ein gelber Tennisball liegt auf dem Tisch.* Wäre es ein roter Ball gewesen, dann würde der rote Ball alle Wellenlängen absorbieren, bis auf die Wellenlängen um die 700 *nm*. Diese Wellenlängen würde er dann reflektieren, und in dem Moment, wo diese reflektierten Strahlen in unser Auge treten, würde unser Gehirn melden: *Ah, ein roter Ball.*«

»Moment«, unterbrach Wilma, »das bedeutet ja, dass wir einen Körper, der eine bestimmte Farbe hat, nur deswegen in dieser Farbe sehen, weil der Körper alle anderen Farben schluckt und nur diese eine wieder rauslässt, oder?«

Elfie wollte antworten, kam aber nur zu einem bejahenden Nicken, weil Willi nun dazwischen preschte.

»Und jetzt ich! Ich habe nämlich jetzt verstanden, warum ein schwarzer Gegenstand in der Sonne viel heißer wird als ein weißer!«

Siegesgewiss blickte Willi in die Runde.

»Dann leg mal los«, ermunterte ihn Elfie.

»Einen schwarzen Körper sehen wir nur deswegen als schwarz«, startete Willi, »weil er praktisch nichts reflektiert! Keine Strahlung, keine Farben – nichts! Er behält die ganze Strahlung einfach in sich. Und in der Strahlung steckt jede Menge Energie – Onkel EINSTEIN hat damit ja sogar Elektronen aus einer Metalloberfläche rausgehauen. Somit bleibt die Energie im Körper und heizt ihn auf. Bei einem weißen Körper hingegen wird fast alles an Strahlung reflektiert, der Körper behält wenig Energie und wird nicht so warm!

Tja, wer also sonst noch Fragen hat, der wendet sich einfach an Old Willi«, grinste dieser und lehnte sich stolz in seinem Stuhl zurück.

»Ich sehe schon«, freute sich Elfie mit Willi, »wir können uns hier bald abwechseln mit dem Erklären. Ja, alles korrekt, Wilma und Willi! Und ihr habt es selbst so beschrieben: Wenn man einen Körper sieht, dann nur deswegen, weil er entweder selbst leuchtet – das ist klar – oder weil der Körper angestrahlt wird und dann einen Teil dieser Strahlung wieder reflektiert, wobei ein schwarzer Körper nicht nichts reflektiert, aber eben nur ganz wenig.

Grundsätzlich lassen sich die Hauptmerkmale dieser Vorstellungen direkt auf den Mikrokosmos übertragen. Auch dort kann ich einen nicht-selbstleuchtenden Körper nur dann sehen, wenn er angestrahlt wird und er dann etwas reflektiert. Ist das betrachtete Objekt sehr, sehr klein, dann kann man etwas vereinfacht sagen, dass der Energieübertrag durch das Anstrahlen schon so groß ist, dass diese Energie etwas bewirkt. Sie kann zum Beispiel den Aufenthaltsort oder etwas an der Bewegung des Objekts verändern. Daher kann in der Welt des Allerkleinsten – und das ist eben neu – schon die pure Beobachtung eines Objekts eine unerwünschte Manipulation hervorrufen.«

»Verstehe!«, versuchte Wilma es auf den Punkt zu bringen. »Dann KANN ich in diesem Mikrokosmos ja gar nichts einfach nur beobachten. Das ist ja Mist! Wie kann ich denn dann überhaupt etwas herausfinden, wenn ich noch nicht einmal hingucken darf?«

»Das ist genau das Problem«, antwortete Elfie, »und wenn man sich nicht darauf verlassen kann, was man sieht, dann benötigt man eine Theorie, mit der sich zu Experimenten bzw. zu Abläufen in der Natur richtige Vorhersagen machen lassen. Natürlich sollte diese Theorie auch eine richtige Vorstellung von den Vorgängen in diesem Mikrokosmos liefern. Und nun kommt HEISENBERG ins Spiel. Lasst uns sehen, zu welcher Erkenntnis er gekommen ist. Dazu zwei Vorüberlegungen.

Stellen wir uns einfach ein Objekt vor, welches sich bewegt. Aus unserer Erfahrungswelt wissen wir, dass ich nur dann sagen kann, wo es in Zukunft sein wird, wenn ich seinen Startpunkt und die Geschwindigkeit kenne, mit der es sich fortbewegt. Die beiden relevanten Größen sind also ORT und GESCHWINDIGKEIT.«

»Ist klar«, erklärte Willi, »also, wenn ich den Ort kenne, zum Beispiel den Start eines Wanderweges, und die Geschwindigkeit bekannt ist, nehmen wir eine typische Gehgeschwindigkeit von 5 *km/h* an, dann weiß ich, dass sich der Wanderer nach einer Stunde um 5 *km* vom Start entfernt haben wird.«

»Richtig!«, antwortete Elfie.

»Und ist die Richtung dabei egal?«, fragte Wilma.

»Die Richtung steckt in der Geschwindigkeit«, erklärte Elfie. »Dazu kann man zum Beispiel ein gedachtes x-y-Koordinatensystem als Raster über diese Bewegung legen. Dann gibt man an, mit welcher Geschwindigkeit sich das Objekt in x- und mit welcher in y-Richtung bewegt, wodurch sich automatisch die Richtung der Fortbewegung ergibt. Für unsere Überlegungen ist aber die Aufteilung der Geschwindigkeit in x- und y-Komponente nicht notwendig, weshalb wir hier nicht weiter darauf eingehen.

Kommen wir zurück zu HEISENBERG, der ebenso die grundsätzliche Idee verwendete, dass für die Charakterisierung eines Objekts sein Aufenthaltsort und seine Geschwindigkeit zu bestimmen sind. Allerdings verwendete er anstatt der Geschwindigkeit den Impuls, was uns aber nicht so sehr stören sollte, da Impuls und Geschwindigkeit eng miteinander verknüpft sind – insofern waren also alle unsere Überlegungen bisher vollkommen gerechtfertigt. Letztlich ist der Impuls nichts anderes als das Produkt aus Masse und Geschwindigkeit, und man schreibt als Formel

$$p = m \cdot v \qquad (2.1)$$

Dabei ist p der Impuls, m die Masse und v die Geschwindigkeit des Objekts.

Für uns als Laien ist es daher durchaus legitim, dass wir uns den Impuls eines Objekts vorstellen als seine Geschwindigkeit, die mit der Objektmasse gewichtet ist – witziges Wortspiel!

So, das war das Erste, was wir klären mussten, ich fasse zusammen:

Die HEISENBERGsche Unschärferelation stützt sich auf den ORT und den IMPULS des Quantenobjekts.

Als Zweites benötigen wir die Erkenntnisse des Nobelpreisträgers LOUIS-VICTOR DE BROGLIE. Wir wissen, ein Quantenobjekt ist als Welle anzusehen. DE BROGLIE gab dieser Welle den Namen *Materiewelle*. Den Nobelpreis erhielt er für die Erkenntnis, dass jedem Quantenobjekt, also jeder Materiewelle der Wellenlänge λ, ein Impuls p zugeordnet werden kann, und zwar nach der Formel:

$$p = \frac{h}{\lambda} \qquad (2.2)$$

Dabei ist p der Impuls, h das PLANCKsche Wirkungsquantum und λ die Wellenlänge der Materiewelle.

Das ist schon bemerkenswert, denn die Gleichung besagt, dass ich nur die Wellenlänge λ kennen muss – und schon kann ich den für die HEISENBERGschen Überlegungen notwendigen Impuls p der Welle ausrechnen, indem ich die PLANCKsche Naturkonstante h durch die Wellenlänge λ teile.

Damit haben wir alles zusammen, um uns konkret mit der Aussage der HEISENBERGschen Unschärferelation zu beschäftigen. Diese besagt nämlich, dass sich der Ort x und der Impuls p eines Quantenobjekts nicht zeitgleich beliebig exakt bestimmen lassen. Es lässt sich entweder nur der Ort genau bestimmen, dann geht die Information über den Impuls verloren, oder aber man bestimmt den Impuls, verliert dann aber die Information über den Aufenthaltsort.«

»Moment«, wurde Elfie von Wilma unterbrochen, »ich denke, Ort und Impuls muss man kennen, um ein Teilchen exakt beschreiben zu können?«

»Genau!«, antwortete Elfie. »Aber die HEISENBERGschen Erkenntnisse werden uns zeigen, dass genau dies bei einem Quantenteilchen eben NICHT möglich ist. Bei diesen Objekten kann ich ENTWEDER den Ort ODER den Impuls gleichzeitig genau bestimmen. Die jeweils andere Größe geht dabei mehr oder weniger flöten. Und dass wir das nicht besser hinbekommen, bedeutet nicht, dass wir nur zu wenig Übung haben, sondern die Natur lässt einfach keine genauere Bestimmung zu – was wir ja eigentlich auch erwarten mussten, der Welle-Teilchen-Dualismus lässt grüßen!

Natürlich steckt viel Mathematik hinter so einer Aussage, ich möchte aber im Folgenden versuchen, auf rein anschaulichem Wege eine Begründung für dieses Verhalten zu liefern. Als Grundlage für unsere mehr bildhafte Argumentation nutzen wir eine Materiewelle, die wir uns einfach als Welle mit einer bestimmten Amplitude und Wellenlänge vorstellen, so wie ich das als Hilfestellung in Bild 2.7 und 2.8 jeweils im linken Bereich gezeichnet habe. Zur Veranschaulichung der Unschärferelation werden wir zunächst versuchen, den Ort eines Quantenobjekts genau zu lokalisieren, um zu sehen, wie es sich dann mit seinem Impuls verhält. Im zweiten Schritt gehen wir dann den umgekehrten Weg: Wir bestimmen zunächst den Impuls, um dann zu überprüfen, was wir über den Aufenthaltsort des Quantenobjekts aussagen können.

Ok, los geht's: Wenn man versucht, den Ort x des Quantenobjekts exakt zu bestimmen, dann ist – bildlich gesehen – ein Punkt auf der Materiewelle zu suchen. Diesen Vorgang habe ich in Bild 2.7 im rechten Kasten skizziert, wobei der Ort x des Quantenobjekts als Punkt dargestellt ist.

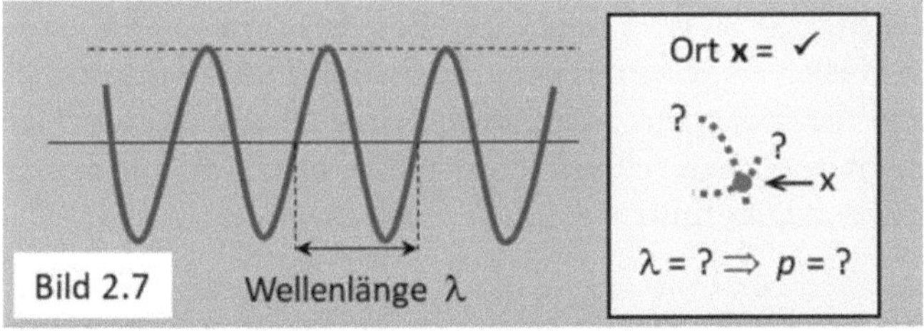

Die gestrichelten Linien sollen symbolisieren, dass alle Informationen zum *Weg* des Quantenobjekts verloren gehen, je genauer man versucht, auf den Punkt x scharf zu stellen, ihn also zu lokalisieren. Fehlende Informationen zum *Weg* bedeuten aber nichts anderes als fehlende Informationen zur *Wellenlänge* λ. Nach DE BROGLIE erhält man somit auch keine Information zum Impuls p des Quantenteilchens. Zusammengefasst kann ich sagen:

Bestimmt man den Ort x des Quantenobjekts, dann ist sein Impuls p nicht mehr exakt bestimmbar, schematisch dargestellt im rechten Kasten in Bild 2.7.«

»Das heißt also«, versuchte Willi, dieses Verhalten sich selbst noch einmal zu erklären, »je mehr man auf den Punkt x fokussiert, je klarer sich also der Ort des Quantenteilchens herauskristallisiert, desto nebulöser wird es in seiner Umgebung. Und die gestrichelten Linien deuten an, dass es dann nicht mehr klar ist, welchen *Weg* das Quantenobjekt genommen hat. Der Kurvenzug ist verschwunden und damit auch die Info über die Welle.«

»Besser hätte ich es nicht sagen können, Willi«, freute sich Elfie über Willis geglückte Analyse.

»Gut!«, führte Elfie weiter aus. »Das war die Beschreibung für die Ortsbestimmung des Quantenobjekts. Versucht man nun andererseits, den Impuls p des Quantenteilchens genau zu bestimmen, dann ist nach DE BROGLIE die Wellenlänge zu ermitteln. Liegt diese in Form einer konkreten Welle vor, wie im rechten Kasten in Bild 2.8 dargestellt, dann ist zwar die Materiewelle klar charakterisiert, das Quantenteilchen selbst kann sich aber irgendwo auf diesem Kurvenzug befinden.

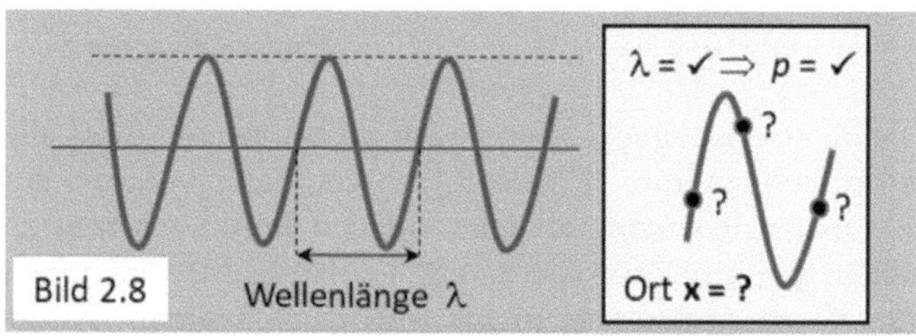

Der Ort des Quantenobjekts ist damit auf dem Wellenzug der Materiewelle nicht bestimmbar, also *verschmiert*, wodurch eine genaue Ortsangabe nicht möglich ist. Zusammengefasst kann ich sagen:

Bestimmt man den Impuls p des Quantenobjekts, dann ist sein Aufenthaltsort nicht mehr exakt bestimmbar, schematisch dargestellt in Bild 2.8.«

»Diese Vorstellung finde ich tatsächlich leichter nachzuvollziehen«, probierte nun auch Wilma ihr Glück. »Wenn ich also versuche, die Wellenlänge zu bestimmen, dann muss ich ja einen größeren Bereich untersuchen. Und wenn ich dann einen Bereich im Auge habe, in den ein kompletter Wellenzug hineinpasst, so dass ich die komplette Wellenlänge *sehen* kann, dann habe ich keine Information mehr darüber, wo sich auf diesem Kurvenzug das Teilchen befindet.«

»Tja«, antwortete Elfie beglückt, »ich sehe schon, da hat es bei euch beiden ja ordentlich geschnaggelt, beiden Erklärungen muss ich nichts mehr hinzufügen, alles Bombe! Allerdings muss ich zur Unschärferelation selbst noch etwas anfügen, denn sie beinhaltet ein klein wenig mehr.

HEISENBERG machte neben der bisher diskutierten eher qualitativen auch eine quantitative Aussage. Die Unschärferelation sagt nämlich noch etwas über die Grenze der Genauigkeit aus, mit der Ort und Impuls eines Quantenobjekts gleichzeitig bestimmt werden können. Dabei tauchen die Größen Δx und Δp auf, wobei das Zeichen Δ als *Delta* ausgesprochen wird. Für das Weitere ist es wichtig, dass ich das Δ kurz erläutere, was ich anhand eines Beispiels tun möchte:

Nehmen wir an, ich sollte für einen Bilderhaken eine Markierung an der Wand anzeichnen, und die gewünschte

Höhe bestimme ich mit einem Zollstock. Beliebig genau lässt sich damit nicht messen, man geht üblicherweise von einer Genauigkeit von ± 1 *mm* aus. Ich hätte aber auch sagen können, der Ort x meiner Markierung hat eine Unschärfe von $\Delta x = 2$ *mm*, denn der Unterschied zwischen $+1$ *mm* und -1 *mm* beträgt genau 2 *mm*. Das Δx ist also ein Maß für die Ungenauigkeit, mit der ich die Position eines Ortes angeben kann, man spricht von der Ortsunschärfe Δx. Entsprechendes gibt es auch für den Impuls, dies ist dann die Impulsunschärfe Δp.

So, nachdem die Bedeutung des Δ geklärt ist, komme ich zum quantitativen Teil der HEISENBERGschen Überlegungen. Die Unschärferelation sagt uns nämlich, welche Genauigkeit die Natur bei einer Messung überhaupt zulässt. Dieser Teil der Unschärferelation lautet:

Das Produkt aus Orts- und Impulsunschärfe $\Delta x \cdot \Delta p$ ist mindestens so groß wie die für die Quantenphysik charakteristische Naturkonstante, das PLANCKsche Wirkungsquantum h mit $h = 6{,}626 \cdot 10^{-34}$ *Js*:

$$\Delta x \cdot \Delta p \geq h \qquad (2.3)$$

Das Zeichen $\geq$ wird als *ist größer oder gleich* gelesen.

Dieser Ausdruck 2.3 wird allgemein als *fundamentale Grenze der Messbarkeit* bezeichnet! Dabei ist zu beachten, dass diese Aussage nichts über die maximal mögliche Messgenauigkeit einer der beiden Größen aussagt, sondern nur etwas über deren Produkt.«

»Elfie«, unterbrach Willi, »kannst du das auch noch einmal auf Deutsch sagen?«

»Selbstverständlich!«, erwiderte Elfie voller Elan. »Es ist ja auch alles ein wenig vertrackt. Die Größe h des

PLANCKschen Wirkungsquantums hat als Naturkonstante ja einen bestimmten Wert. Dieser ist – wie wir ja schon besprochen hatten – sehr, sehr klein und daher etwas schwierig für die Vorstellung. Wir nehmen daher einfach an, dass die Größe h den Wert 20 hätte, und wir nehmen weiter an, den Ort wie eben mit einer Genauigkeit von ±1 angeben zu können, dann wäre Δx wieder gleich 2 – die Einheiten dürfen wir ausnahmsweise komplett vernachlässigen.

Für diesen Fall sagt die HEISENBERGsche Unschärferelation, dass ich bei einer Ortsunschärfe von $\Delta x = 2$ den Impuls p höchstens mit einer Genauigkeit von ±5 messen kann, Δp wäre damit gleich 10. Den Grund dafür liefert die obige Unschärfe-Formel, denn setze ich Δx und Δp in Gleichung 2.3 ein, dann ergibt sich:

$$\Delta x \cdot \Delta p = 2 \cdot 10 = 20$$

Dieses Ergebnis wäre gerade noch erlaubt, denn damit die Formel 2.3 wahr wird, musste das Produkt $\Delta x \cdot \Delta p$ mindestens 20 ergeben – wir hatten ja h als 20 angenommen. Möglicherweise hätte ich den Impuls p für sich allein gesehen rein technisch sogar viel genauer als ±5 messen können – aber nein, keine Chance –, die Unschärferelation sagt mir, dass die Natur das nicht zulassen würde!

Im Experiment würde sich dies dadurch äußern, dass ich – egal welchen Einsatz ich betreibe – bei einer Ortsunschärfe von $\Delta x = 2$ den Impuls niemals genauer als ±5 messen kann.«

»Das würde doch bedeuten«, hakte Willi engagiert nach, »dass zum Beispiel eine Impulsunschärfe von $\Delta p = 5$ zwingend eine Ortsunschärfe von $\Delta x = 4$ oder mehr verlangt, sofern wir h weiter als 20 annehmen, damit $\Delta x \cdot \Delta p = 4 \cdot 5 = 20$ oder mehr ergibt, oder?«

»Willi«, ließ Elfie ihrer Begeisterung über Willis Berechnungen freien Lauf, »aus dir wird ja noch ein richtiger Physiker!«

»Ah ja«, meldete sich nun auch Wilma wieder zu Wort. »Das hast du vorhin damit gemeint, als du sagtest, dass es nicht so sehr auf die Messgenauigkeit der einzelnen Größen ankommt. Entscheidend ist, was herauskommt, wenn ich die Messgenauigkeiten der beiden Größen miteinander malnehme. Das Ergebnis dieser Multiplikation zeigt mir, wie genau ich etwas messen kann.«

»Schon wieder korrekt«, antwortete Elfie, machte eine kurze Pause, und sagte dann, »aber ich glaube, wir haben das Thema jetzt erschöpfend dargelegt.

Was merken wir uns von alledem? Eigentlich ganz einfach:

Erstens: Die HEISENBERGsche Unschärferelation sagt aus, dass man die genaue Angabe des Ortes und des Impulses eines Teilchens, was für dessen genaue Charakterisierung eigentlich notwendig wäre, bei Quantenobjekten nicht gleichzeitig beliebig genau hinbekommt! Ich kann entweder nur den Ort oder nur den Impuls exakt bestimmen, die jeweils andere Größe wird unscharf.

Zweitens: Als fundamentale Erkenntnis in der Quantenmechanik gibt die HEISENBERGsche Unschärferelation eine von der Natur vorgegebene Grenze wieder: Die Genauigkeit, mit der Ort und Impuls eines Quantenobjekts gleichzeitig gemessen werden können, ist begrenzt, und zwar durch das PLANCKsche Wirkungsquantum h!

So, da haben wir doch eine ganze Menge geschafft und das in einer Thematik, die nicht ganz so einfach zu durchdringen ist. Und nicht nur, weil das alles super gelaufen ist, sondern auch, weil es einfach sehr viel Spaß macht, mit euch zu diskutieren, möchte ich noch einmal mit euch anstoßen.«

Auch die anderen beiden hielten das für einen sehr guten Vorschlag und gemeinsam testete man, ob der Wein womöglich etwas von seinem Leckerheits-Faktor eingebüßt hatte, der nach Willi eine derart große Zahl ist, dass es sich gar nicht erst lohnt, diese überhaupt zu erwähnen.

Glücklicherweise stellte sich diese Befürchtung als völlig unbegründet heraus, und daher verlief der weitere Abend sehr entspannt, und man unterhielt sich noch gutgelaunt über die unterschiedlichsten Dinge, bis Elfie sich schließlich verabschiedete mit den Worten:

»Das nächste Mal wird es in der Tat spannend. Wir werden uns mit der SCHRÖDINGER-Gleichung auseinandersetzen. Mein Glück ist, dass ihr noch nicht wisst, von was ich spreche, aber – keine Angst – wir werden das Kind schon schaukeln! Allerdings, Wilma und Willi, wir werden es tatsächlich mit ein paar Formeln zu tun bekommen.«

»Das passt doch gut«, grinste Willi, »wir haben uns ja heute Grappa-technisch sehr zurückgehalten, um nicht zu sagen – wir waren abstinent! Und diesen aufgesparten Joker können wir ja das nächste Mal aktivieren, falls es allzu wunderlich wird.«

»Da hast du Recht«, erwiderte Elfie, »aber Bange machen gilt ja sowieso nicht.

In diesem Sinne, lasst es euch gut gehen, bis bald, ich freue mich schon!«

2.3 Die SCHRÖDINGER-Gleichung und SCHRÖDINGERs Katze

»Hallo ihr beiden«, rief Elfie, als sie um die Ecke bog und sah, wie Wilma und Willi im Hauseingang standen, offensichtlich damit beschäftigt, die Haustür aufzuschließen und den Einkauf hineinzutragen.

»Hallo Elfie, das ist ja schön«, sagte Wilma erfreut, als sie Elfie erblickte.

»Kann ich helfen?«, fragte Elfie, wartete aber nicht erst auf eine Antwort, sondern nahm die übrig gebliebene Einkaufstasche und folgte Willi, der mit dem ersten Teil des Einkaufs schon in Richtung Küche unterwegs war.

»Ja, hallo und danke, Elfie«, rief er über die Schulter, »folge mir einfach, es kommt fast alles in den Kühlschrank.«

»Das passt ja genau«, tönte Wilma aus dem Flur und schloss die Haustür wieder. »Wir wollten gerade alles herrichten, als uns auffiel, dass noch ein paar Kleinigkeiten fehlten. Also sind wir schnell zum Supermarkt um die Ecke, und eh man sich's versieht, schon ist der Einkaufswagen voll. Aber jetzt sind wir definitiv gut ausgestattet.«

Die drei hatten sich ausnahmsweise für eine etwas spätere Uhrzeit verabredet, so dass alle schon zu Abend gegessen hatten und gleich loslegen wollten, sowie Elfie angekommen war.

»Setz dich schon mal an den Küchentisch, Elfie«, rief Wilma aus dem Flur, »wir sind auch gleich so weit.«

Tatsächlich standen auf dem Küchentisch auch schon drei Weingläser bereit sowie die gelbe Mappe und diverse Schreibutensilien.

»The same procedure as last year?«, fragte Willi in Richtung Elfie, wobei er eine Flasche des schon bewährten trockenen Rotweins in die Höhe hielt.

»Von mir aus gerne«, antwortete Elfie vergnügt, während sie sich setzte, »never change a winning team.«

»So«, Wilma atmete erleichtert durch und stellte eine Tüte Knabberzeug und ein paar Schälchen auf den Tisch, an dem Elfie und Willi schon saßen und Willi die Rotweingläser füllte, »ich hatte schon Bedenken, dass unser kleiner improvisierter Einkauf alles durcheinanderwirft, aber jetzt haben wir es ja geschafft. Andernfalls hätten wir heute Abend nämlich keine Erdnüsse gehabt – was für ein Drama!«

Wilma nahm auch gleich ihr gefülltes Glas in die Hand und sagte an die anderen beiden gerichtet:

»Ich weiß, Elfie, eigentlich ist das ja dein Part, aber heute hebe ich einmal als Erste das Glas, stoße mit euch an und möchte nur sagen, dass ich mich wirklich freue, dass wir hier wieder so gemütlich beieinandersitzen.«

»Da kann ich dir nur beipflichten«, antwortete Elfie, »ich habe mich auch schon die ganze Zeit darauf gefreut.«

»Na, und ich erst«, ergänzte Willi, »zumal ich mich erinnern kann, dass Elfie uns heute mit ein paar Formeln verwöhnen möchte. Aber vielleicht erst einmal – Prost!«

Alle drei stießen miteinander an und genossen den ersten Schluck sichtlich.

»Ja, richtig erinnert, Willi«, begann Elfie, »heute geht es um die SCHRÖDINGER-Gleichung. Jemand schon mal was davon gehört?«

»Na klar«, kam prompt Willis Antwort, »mich zu verdächtigen, von DIESER Gleichung noch nichts gehört zu haben, also da muss ich aber erst einmal tief durchatmen! Gut, sie ist vielleicht nicht ganz so eingängig, aber wenn man sie erst einmal verstanden hat … ok, lassen wir das und kommen auf den Punkt! Die SCHRÖDINGER-Gleichung lautet in ihrer ursprünglichen Form: Zwei links, zwei rechts, einen fallen lassen … ach nee, das war ja der Trick beim Gruppenhäkeln, die beiden verwechsele ich immer.

Also noch einmal, SCHRÖDINGER, das war doch der Typ mit dem Propellerhut … ach nee, warte …, das war ja bei Robbi, Tobbi und das Fliewatüüt, aber in genau solch einer wissenschaftlichen Sendung habe ich das doch …, da ging's um …, Mist, ich glaub', ich hab's vergessen!«

Elfie schmunzelte.

»Also, ICH glaube«, sagte Wilma nach einem kurzen Moment der Stille, »bei Willi ist das schlicht die Vorfreude, die ihn immer dann ereilt, wenn es um etwas Mathematisches geht. Als ich ihn vorhin fragte, ob er sich daran erinnere, dass wir heute Abend rechnen werden, da sagte er, ja, er rechne bereits, und zwar mit dem Schlimmsten. Willi hat mehr so eine subtile Art, seine Gefühle der Außenwelt mitzuteilen – still – zurückhaltend –, vielleicht sogar ein wenig schüchtern, so kenne ich meinen Willi!«

Bei den letzten Worten tätschelte Wilma die Hand von Willi und strahlte dabei übers ganze Gesicht. Auch Elfie konnte sich ein Grinsen nicht verkneifen.

»Das kommt davon«, brummte Willi ein wenig vor sich hin, »wenn man seinen persönlichen Pressesprecher am Tisch sitzen hat! Ist eben auch nicht immer von Vorteil.«

»Also, Elfie«, versuchte Wilma das Gespräch nun wieder auf Kurs zu bringen, »von uns beiden hat noch keiner etwas von dieser komischen Gleichung gehört. Klär uns doch mal auf.«

»Hätte mich auch gewundert«, antwortete Elfie, »denn die SCHRÖDINGER-Gleichung ist wirklich sehr speziell. Und gleich noch ein Hinweis: Diese Gleichung lässt sich NICHT direkt herleiten, sie wurde von SCHRÖDINGER damals postuliert, was bedeutet, dass sie – ähnlich wie das PLANCKsche Strahlungsgesetz – durch Probieren und Kombinieren entstanden ist. Ihre Berechtigung erhält sie allein dadurch, dass ihre Ergebnisse die Realität absolut richtig wiedergeben! Ok, herleiten können wir sie also nicht, man kann aber mit plausiblen mathematischen

Argumenten einen roten Faden legen, der ohne Umwege direkt zur Gleichung führt – und genau das tun wir jetzt:

Wir wissen, Quantenobjekte lassen sich durch Wellen beschreiben. Wenn die SCHRÖDINGER-Gleichung in der Lage ist, Quantenobjekte zu berechnen, dann muss sie etwas Wellenartiges beinhalten. Das Bild einer Welle kennen wir, im letzten Abschnitt ist in Bild 2.7 bzw. 2.8 eine solche Welle dargestellt. Eine Möglichkeit, eine solche Welle mathematisch zu beschreiben, bietet die Sinusfunktion.

Nur zur Erinnerung: Aus der Musik ist der Begriff Sinuston A oder Kammerton A bekannt, den man zum Beispiel mit einer entsprechenden Stimmgabel erzeugen kann. Schlägt man diese Stimmgabel an, dann schwingt die Gabel 440-mal pro Sekunde und erzeugt damit eine Schallwelle, die 440-mal pro Sekunde schwingt. Würde man diese Schallwelle sichtbar machen, was im Übrigen mit einer sogenannten Schreibstimmgabel auch sehr gut möglich ist, dann ergäbe sich als Abbild der Schwingung der Verlauf einer Welle ähnlich der in Bild 2.7 bzw. 2.8.«

»Was hat denn das jetzt mit Musik zu tun?«, fragte Willi etwas verunsichert.

»Eigentlich gar nichts«, antwortete Elfie, »ich dachte, es wäre eine Hilfe, wenn man daran erinnert würde, dass man den Zusammenhang zwischen *Schallwelle* und *Sinusfunktion* schon aus der Musik kennt. Ich wollte damit nur begründen, warum es naheliegend ist, dass man zur mathematischen Beschreibung einer Welle die Sinusfunktion nutzt. Falls das keine Hilfe war, dann vergiss die Musik, und wir merken uns einfach: Mit Hilfe der Sinusfunktion kann ich Schwingungen und Wellen beschreiben. Die einfachste Form einer Sinusfunktion als Beschreibung einer Welle lautet:

$$y = sin(x) \qquad (2.4)$$

Setzt man verschiedene Werte für x mit dem Taschenrechner ein, dann ergibt sich für y immer ein Wert zwischen -1 und +1. Überträgt man alles in eine Graphik mit x- und y-Werten, dann erhält man einen wellenartigen Verlauf, ähnlich unseren Graphiken zur Wellenlänge. So, das ist doch schon mal schön.«

»Also schön ist was anderes!«, bemerkte Willi. »Und selbst, wenn ich mir noch ein paar Blümchen dazu denke, wirklich schön wird das nicht.«

»Ok, ok«, antwortete Elfie, »ich wollte ja nur feststellen, dass die Mathematik mit der Sinusfunktion etwas liefert, was noch gut zu kapieren ist, was die meisten noch aus der Schulmathematik kennen und was in unsere Richtung geht. Das sind doch schon drei Wünsche auf einmal – und das ist schön!

Aber leider reicht das noch nicht, denn bei der gezeigten Sinusfunktion in 2.4 ist die Wellenlänge noch starr, und die Welle selbst kann auch noch nicht nach rechts oder links verschoben werden, was aber beides für eine universelle Darstellung notwendig wäre. Ich fasse das jetzt einmal etwas allgemeiner, ergänze das x durch ein t, und überhaupt ersetze ich ein paar Buchstaben durch andere, teilweise griechische, die natürlich auch eine – uns jetzt nicht weiter interessierende – mathematisch-physikalische Bedeutung haben. Es bleibt aber immer noch eine Sinusfunktion, also nichts, vor dem man sich fürchten sollte. Achtung – ich tu's jetzt:

$$\psi(x,t) = \sin\left(\frac{p}{\hbar}x - \frac{E}{\hbar}t\right) \qquad (2.5)$$

Dieser Ausdruck beschreibt immer noch eine Welle, wir haben auf dem Weg von Gleichung 2.4 nach 2.5 nur etwas Mathematik und Physik hineingebracht. Übrigens ist das $\hbar$ kein Schreibfehler, es ist die Kurzform für $h/2\pi$.«

Elfie schaute kurz auf und blickte zu Willi.

»Und, Willi, noch alles in Ordnung?«

»Natürlich!«, antwortete Willi nach einem Moment der Besinnung. »Ich bin doch belastbar!« Er verschränkte die Arme, atmete tief durch und lehnte sich entspannt nach hinten.

»Ich gehe einmal davon aus«, versuchte Wilma sich selbst zu beruhigen, »dass es auch nicht das Ziel ist, dass wir die bisherigen und die kommenden Formeln alle komplett verstehen müssen.«

»Nein«, sagte Elfie, »die Formeln und deren Bestandteile müsst ihr natürlich nicht komplett verstehen, aber ich versuche, die grundlegenden Ideen der SCHRÖDINGER-Gleichung zu skizzieren. Und ähnlich wie damals bei der PLANCKschen Strahlungsformel, die ja auch schon starker Tobak war, möchte ich mit dem Folgenden ein wenig Gefühl dafür erzeugen, was die Jungs- und Mädels-Wissenschaftler damals so alles gemeistert haben. In mir erzeugt das immer so etwas wie Hochachtung oder Bewunderung, und das versuche ich auf diese Weise zu euch rüberzutransportieren. Aber keine Angst, ich halte das alles ganz kurz, versprochen, doch so ein wenig Durchhaltevermögen brauchen wir noch! So, und damit zurück zum Thema!«

Elfie drückte nun aufs Tempo, denn sie wollte einerseits keine langen mathematischen Erklärungen liefern, die hier auch völlig fehl am Platze gewesen wären, andererseits sollte die SCHRÖDINGER-Gleichung auch nicht einfach vom Himmel fallen – ein durchaus ambitionierter Ansatz!

»Auf wirklich wundersame Weise«, führte Elfie hochkonzentriert weiter aus, »kann man nun die Sinusfunktion in Gleichung 2.5 ersetzen durch die sogenannte e-Funktion, sofern man akzeptiert, dass auf diesem Wege eine Größe ins Spiel kommt, die man nur noch rein mathematisch begründen kann. Es handelt sich um die Größe i, wobei i

einen Vertreter der komplexen Zahlen darstellt und das Ergebnis der Quadratwurzel aus -1 ist.«

»Iiiiih!«, kam es aus der Ecke von Willi.

»Ich dachte, aus -1 kann man keine Wurzel ziehen«, bemerkte Wilma völlig unbeeindruckt von Willis offensichtlicher Sympathiebekundung der Zahl i gegenüber, »oder verwechsele ich da etwas?«

»Nein«, antwortete Elfie, »du hast völlig Recht, Wilma. Etwas mathematischer ausgedrückt würde man formulieren, dass die Quadratwurzel aus -1 nicht definiert ist, was aber das Gleiche meint. Trotzdem gibt es eine Möglichkeit, diesem Ausdruck doch ein Ergebnis zuzuordnen, und zwar durch die Einführung einer imaginären Zahl i mit der Eigenschaft $i^2 = -1$.

Was für viele wie eine mathematische Spielerei aussehen mag, entpuppt sich aber als genialer Rechentrick, denn erstaunlicherweise können manche real existierende technischen Probleme durch die Einführung dieser imaginären Größe sehr einfach und elegant gelöst werden, vor allem im Bereich der Elektrotechnik.

Aber zurück zur SCHRÖDINGER-Gleichung. Wir ersetzen nun in Gleichung 2.5 die Sinus- durch eine e-Funktion unter Zuhilfenahme dieser imaginären Zahl i und erhalten die folgende Gleichung 2.6:

$$\psi(x, t) = e^{\frac{i}{\hbar}(px - Et)} \qquad (2.6)$$

Physiker und Mathematiker lieben die e-Funktion, da man sie hervorragend ableiten kann. Genau dies muss man nämlich als Nächstes auch tun, denn Ableiten bedeutet, Änderungsraten zu bestimmen. Und mit der SCHRÖDINGER-Gleichung sollen ja örtliche und zeitliche Veränderungen berücksichtigt werden. Leitet man die Gleichung 2.6

partiell zuerst nach dem Ort und dann nach der Zeit ab und löst dann die eine Gleichung nach dem Impuls p und die andere nach der Energie E auf, dann erhält man etwas pragmatisch und in Kurzform:

$$-i\hbar\frac{\partial}{\partial x} = p \quad und \quad i\hbar\frac{\partial}{\partial t} = E \qquad (2.7) \; und \; (2.8)$$

So, Jungs und Mädels, nicht verzagen, die Ziellinie ist in Sicht, aber jetzt noch einmal ordentlich die Zähne zusammenbeißen, da müssen wir durch:

Da mit Hilfe der SCHRÖDINGER-Gleichung im Wesentlichen Energiewerte berechnet werden, machen wir einen kurzen Einschub und betrachten die Gesamtenergie E, die sich als Summe aus kinetischer und potentieller Energie ergibt. Es gilt also $E = E_{kin} + E_{pot}$. Und mit diesem Energieansatz und den folgenden drei Ersetzungen sind wir auch schon fast im Ziel:

1. Für die kinetische Energie E_{kin} findet man überall in der Literatur den Ausdruck $E_{kin} = \frac{1}{2}\cdot m\cdot v^2$.

2. In diesem Ausdruck kann man durch Umstellen der Gleichung 2.1 die Geschwindigkeit v durch den Impuls p ausdrücken in der Form $v = p/m$.

3. Außerdem verwendet man in der Quantenmechanik für die potentielle Energie E_{pot} das Potential $V(x, t)$.

Mit diesen drei Ersetzungen ergibt sich:

$$E = E_{kin} + E_{pot} = \frac{1}{2}mv^2 + V(x,t) = \frac{p^2}{2m} + V(x,t) \quad (2.9)$$

Wendet man nun noch den Ausdruck 2.9 auf die Wellenfunktion ψ an, indem man beide Seiten mit ψ multipliziert, dann ergibt sich:

$$E\psi = \left(\frac{p^2}{2m} + V(x,t)\right)\psi \qquad (2.10)$$

»Gibt es denn eigentlich noch die Regel mit dem Schnaps?«, meldete sich Willi mit erhobenem Zeigefinger zu Wort.

»Ich glaube auch, dass wir uns langsam einen Grappa verdient hätten!«, gab nun auch Wilma zu bedenken. »Wie viele dieser leckeren Gleichungen kommen denn noch?«

»Gleich können wir über alles reden!«, erwiderte Elfie, der es selbst etwas unangenehm war, solch einen Monolog zu halten, aber mit dem Ziel vor Augen war sie nun nicht mehr zu bremsen. »Wir müssen nur noch die Gleichungen 2.7 und 2.8 in 2.10 und für den Ausdruck i^2 die -1 einsetzen, und dann erhalten wir Gleichung 2.11. Und schon steht sie da, in voller Pracht und Schönheit, zwar nur für den eindimensionalen Fall, aber immerhin: Die SCHRÖDINGER-Gleichung!«

$$i\hbar\frac{\partial}{\partial t}\psi = \left(-\frac{\hbar^2}{2m}\frac{\partial^2}{\partial x^2} + V(x,t)\right)\psi \qquad (2.11)$$

Wilma und Willi starrten mit leerem Blick auf die Formel, während sie von Elfie genau beobachtet wurden.

»Eigentlich solltet ihr innerlich frohlocken«, provozierte sie die beiden ein wenig, »denn mit dieser Gleichung werft ihr schon einmal einen Blick auf den Heiligen Gral der Theoretischen Physik. Anstatt aber zufrieden und selig zu lächeln, macht ihr eher ein Gesicht, als wärt ihr dem Leibhaftigen persönlich begegnet.«

Willi hüstelte ein wenig verlegen. »Und das isses jetzt, oder wie?«, brachte er etwas zögerlich hervor.

»Naja«, ergänzte Wilma, »es ist halt 'ne Formel.«

Elfie ließ sich von den Begeisterungsstürmen der beiden nicht weiter aus dem Konzept bringen. Obwohl sie eigene Notizen hatte, auf die sie zwischendurch immer mal blickte, notierte sie völlig unbeeindruckt jede der Gleichungen gewissenhaft auf einen der Denkzettel zur Ablage in der gelben Mappe. Als sie jetzt auch die SCHRÖDINGER-Gleichung aufgeschrieben hatte, schnaufte sie einmal tief durch und sagte: »So, jetzt könnt' ich aber auch einen Grappa vertragen!«

»Das hättest du aber auch viel leichter haben können«, war Willi plötzlich sofort wieder voller Elan und zauberte wie aus dem Nichts in einer schwungvollen Bewegung eine Flasche Grappa auf den Tisch. »Also mir war schon ab Gleichung 2.5 ganz komisch, seitdem erfülle ich wahrscheinlich schon alle Anforderungen einer entsprechenden medizinischen Indikation.«

»Also, ob nun medizinisch indiziert oder nicht«, unterstrich Wilma auch ihren Bedarf, »ich hätte auch gern so ein Modell, und zwar hier hinein«, wobei sie mit ihrem Zeigefinger auf ihr leeres Grappaglas wies.

Das Einschütten ging schnell, und nachdem alle ein gefülltes Glas Grappa vor sich hatten, ergriff Elfie das Wort:

»So, ihr Lieben, ich weiß, das war anstrengend! Und daher – lasst uns erst einmal anstoßen auf das, was wir gerade geschafft haben. Prost!«

Alle hoben ihre Gläser und stießen gemeinsam an. Als sie das Glas wieder absetzten und Elfie in die Gesichter von Wilma und Willi blickte, war sie einigermaßen beruhigt, denn offensichtlich signalisierte noch keiner von beiden, mit irgendwelchen Abbruchverhandlungen beginnen zu wollen.

»Und ich weiß auch«, führte Elfie weiter aus, »dass man sich von der letzten Viertelstunde nichts so merken kann, dass man es reproduzieren könnte. Trotzdem wollte ich euch wenigstens einen Eindruck vermitteln, mit welcher

Art der mathematischen Darstellung man es in diesem Umfeld zu tun hat. Dabei habe ich nicht zu dick aufgetragen, denn säße ein Fachkundiger mit am Tisch, der hätte wohl bestätigt, dass ich mich manch dreister Vereinfachung und einiger fachlicher Grobheiten schuldig gemacht habe – was aber unsere gemeinsame Leistung in keiner Weise schmälern sollte.«

»Ich hätte mir an einigen Stellen auch etwas mehr Präzision gewünscht«, nahm Willi die Steilvorlage auf, »speziell die Einführung dieser improvisierten Zahl i und die Diskussion zur Frage, ob Wurzel rein oder Wurzel raus – die sind mir beide doch ein wenig zu knapp geraten.«

Elfie wollte eigentlich gleich fortfahren, musste aber zunächst Willis qualifizierten Einwand verdauen, indem sie mit viel Aufwand ihr Lachbedürfnis zuerst weit nach hinten Richtung Gaumen schob und dann hinunterschluckte.

»Dennoch muss ich noch einen Wermutstropfen verteilen«, nahm sie schließlich den Faden wieder auf, »denn die Entwicklung der SCHRÖDINGER-Gleichung ist zwar eine Leistung sondergleichen, die Gleichung selbst ist aber kein wirkliches Ergebnis, sondern erst der Ausgangspunkt für die echten Berechnungen. Sie bildet die Plattform, von der aus konkrete Kalkulationen starten können. Dabei ist die Realität derart komplex, dass man direkte Lösungen sowieso nur für einige Ein-Elektron-Systeme erhält. Für größere Systeme nutzt man – von der SCHRÖDINGER-Plattform ausgehend – Näherungsverfahren, wie zum Beispiel die HARTREE-FOCK-Näherung.«

»Moment«, rief Willi, »also eigentlich habe ich gedacht, wir hätten es jetzt geschafft. Aber jetzt verstehe ich ja schon wieder nur Bahnhof.«

»Mir geht es ganz ähnlich«, sprang Wilma ihm zur Seite, »also ich habe ja noch verstanden und muss es wohl akzeptieren, dass die SCHRÖDINGER-Gleichung selbst eigentlich gar kein Ergebnis ist. Aber alles, was dann kam, also dies mit den Annäherungen oder so ähnlich, sorry, ...«

»... und vor allem ganz zum Schluss«, ergänzte Willi, »ich meine, ich weiß, das mit den Wellen, da geht's zu wie bei einem ordentlichen Seegang, immer hoch und runter, aber was hat das alles mit der Gorch Fock zu tun?«

Elfie hielt kurz inne und sah Willi mit großen Augen an. Wilma und Willi schienen erfreut über diese kleine Pause und lehnten sich entspannt zurück. Wilma dachte bei sich, dass es ja auch nur zu gerecht sei, dass sie beide das Staffelholz des *Denkens mit vielen Fragezeichen* nun an Elfie weitergeben konnten, obwohl auch sie nicht ganz verstand, weswegen Willi die Gorch Fock ins Spiel brachte.

Plötzlich schlug Elfie sich an die Stirn, lachte und sagte an Willi gerichtet: »HARTREE FOCK, Willi, HARTREE FOCK, nicht Gorch Fock! HARTREE und FOCK sind zwei Physiker, die ein nach ihnen benanntes Näherungsverfahren, also ein mathematisches Verfahren zur Lösung quantenmechanischer Probleme, entwickelt haben.

Ok, ihr beiden, ich will das gar nicht zu weit ausführen, ich wollte lediglich festhalten, dass die SCHRÖDINGER-Gleichung selbst nicht das Ziel, sondern den Ausgangspunkt vieler quantenmechanischer Rechnungen bildet. Und überall dort, wo man nicht weiterkommt, verwendet man darauf aufbauende Verfahren, um konkrete Lösungen zu erhalten. Wir werden jetzt aber KEINE weiteren Formeln oder Rechnungen mehr diskutieren ..., auch wenn Willis Durst nach theoretischer Physik ja kaum stillbar scheint«, ergänzte sie, und ein breites Grinsen machte es sich in ihrem Gesicht bequem, wohl auch deshalb, weil sie wusste, mit welcher Formulierung sie nach einer kurzen Pause des Aufatmens wieder beginnen würde.

»Keine weiteren Formeln oder Rechnungen? Natürlich bedauere ich diese Entscheidung sehr«, konnte Willi es sich nicht verkneifen, »denn wie ich eingangs schon erwähnte, ich bin ja belastbar.«

»Soso!«, nahm Elfie Willis Kommentar belustigt zur Kenntnis, und als sie sicher war, dass Wilma und Willi innerlich langsam wieder auf *Erholung* umschalteten, fuhr sie fort. »Aber auch, wenn es sich eigenartig anhört, ich wollte jetzt bei SCHRÖDINGER weitermachen.«

Elfie wartete einen Moment, um einer spontanen Entrüstung Zeit zu geben. Und tatsächlich regte sich fast im selben Moment sichtbarer Unmut bei den beiden, glaubten sie doch, diesen unangenehmen Abschnitt endlich hinter sich gelassen zu haben. Genau in diesem Moment schob Elfie nach, »aber nicht mit seiner Gleichung, sondern mit seiner Katze.«

»Der hatte 'ne Katze?«, entfuhr es Wilma explosionsartig. Und sie ergänzte begeistert, offensichtlich über ihre eigene Idee hocherfreut, »die war doch bestimmt nicht getigert, sondern sie hatte ein Interferenzmuster, oder?«

»Sicherlich geht es jetzt darum«, stellte nun auch Willi – von Wilmas Einfallsreichtum offensichtlich ermuntert – seine Mutmaßungen an, »dass er der Katze beibrachte, wie sie mit so einer blöden Gorch-Fock-Näherung ausrechnen kann, wo die ganzen Mäuse sitzen. Oder noch besser, er erklärte ihr, dass ganz, ganz kleine Mäuse auch nur Wellen sind. Wenn man sie aber beobachtet, dann werden sie real und dann – Happs!«

»Also, er selbst hatte keine Katze«, erklärte Elfie, die entzückt war über die Kreativität ihrer Zuhörer, »obwohl alle Welt, also zumindest die komplette naturwissenschaftliche Welt, seine Katze kennt.«

»Ähh, und wie das?«, stand Wilma das Fragezeichen förmlich ins Gesicht geschrieben.

»Na ja«, antwortete Elfie, »die Katze ist seine Erfindung.«

»Stimmt nicht«, entgegnete Willi, »Katzen gibt's schon seit Pflaumenpfingsten. Oder ist seine Katze etwa so etwas Wellenförmiges? Das gibt's in der Tat noch nicht, also zumindest nicht lebend, höchstens in 'nem Felsen verewigt, so als gewelltes Sandförmchen aus Stein.«

»Du meinst als prähistorischen Fund«, ergänzte Wilma.

»Meine ich doch«, brummte Willi, der eigentlich nicht gern korrigiert wird, »du weißt, ich habe immer so viel verschiedene Worte im Kopf, da kann ich mich dann gar nicht entscheiden, und meistens nehme ich dann das mit der schönsten Farbe.«

»Ja, Willi«, erwiderte Elfie, wobei ihre Gedanken noch bei der letzten Aussage von Willi festhingen und sich nur äußerst widerwillig bereiterklärten, für die nächste Satzbildung wieder unterstützend einzugreifen, »mit deiner wellenförmigen Katze hattest du eigentlich gar nicht so unrecht.«

»Nein!«, gab Willi in LOUIS DE FUNÈS-Manier zurück.

»Doch!«, unterstrich Elfie.

»Ooh!«, entfuhr es Willi.

»Und sie lebte in einer Kiste …«, ergänzte Elfie.

»Nein!«

»Doch!«

»Ooh!«

»… und sie war ganz allein!«

»Wie? Sie war allein und immer in einer Kiste?«

»Ja, immer.«

»Nein!«

»Doch!«

»Ooh!«

»… und sie war tot!«, fügte Elfie hinzu.

»Nein«, sprang Wilma dazwischen, »das arme Kätzchen! Elfie, alles, was du bisher berichtet hast, ließ auf ein lebendiges Kätzchen schließen, und jetzt soll es auf einmal tot sein? Was erzählst du denn da für gruselige Geschichten?«

»Na ja, also so ganz einfach ist das nicht erklärt, obwohl jede meiner eben getätigten Aussagen richtig ist«, versuchte Elfie etwas Licht ins Dunkel zu bringen. »Aber ich glaube, ich muss da etwas ausholen, um das verständlich zu machen.

ERWIN SCHRÖDINGER stellte zwar die Kopenhagener Deutung nicht infrage, trotzdem war sie ihm nicht ganz geheuer, wie wahrscheinlich jedem, der sich etwas näher damit auseinandersetzt. Um sein Dilemma deutlich zu machen, ersann er das Gedankenexperiment, was als SCHRÖDINGERs Katze auf der ganzen Welt bekannt wurde. Es gehört wohl zur Ironie der Geschichte, dass ausgerechnet dieses Gedankenexperiment seither oft verwendet wird, um die Grundgedanken der Kopenhagener Deutung anschaulicher und klarer zu machen, — und nicht um zu zeigen, wie absurd sie eigentlich ist, was ja SCHRÖDINGERs eigentliche Absicht war.

Kern dieses Gedankenexperiments ist eine Katze. Diese Katze steckt in einer undurchsichtigen Kiste, sodass von außen nicht zu erkennen ist, wie es der Katze geht. Mit in der Kiste befinden sich eine giftige Lösung in einer Glasampulle, eine radioaktive Substanz und ein Detektor, der die Radioaktivität messen kann. Irgendwann wird die radioaktive Substanz zerfallen. Dies würde der Detektor messen, der daraufhin über eine Vorrichtung die Glasampulle zerstört, wodurch das Gift freigesetzt wird, welches die Katze tötet. Dieser Mechanismus wird übrigens auch in Gang gesetzt, wenn man die Kiste öffnet. Ein Öffnen der Kiste würde also die Katze sofort töten.«

»Och nee, das arme Kätzchen! Konnte der Katzen nicht leiden, oder warum nimmt der dafür so einen Schmusepeter?«, kam sofort die besorgte Frage von Wilma.

»Mensch, Wilma«, sprudelte Willi sofort dazwischen, »denk doch mal ein wenig praktisch. Nimm einmal an,

SCHRÖDINGER hätte anstatt der Katze so ein dickes Nilpferd genommen. Die sind ja eh immer schlecht gelaunt, und so hätten sie auch mal einen Grund für ihre miese Laune gehabt. Ein Nilpferd kriegst du aber nicht einfach in so eine Box reingestopft. Und selbst wenn du dies schaffen würdest, es wird dann alles schrecklich groß und schwer, aufwändig und unhandlich. Also, das Nilpferd ist eine schlechte Idee und fällt damit aus. Dann nehmen wir halt an, er hätte eine Schneibienzüge genommen.«

»Eine Schnei… was?«, fragte Wilma.

»Eine Schneibienzüge«, wiederholte Willi.

»Eine Schneibienzüge kenn ich nicht, was soll denn das sein?«

»Siehst du«, war Willi nicht mehr zu bremsen, »kennt keine Sau, deshalb funktioniert das auch nicht. Wenn's also flott ohne Hebekran und ohne Tierlexikon gehen soll, bleiben nur noch Hund, Katze, Hamster und Wellensittich. Beginnen wir mit dem Hund. Der kann bellen, was auch außerhalb der Box deutlich zu hören wäre, also – ungeeignet! Kommen wir zum Wellensittich. Der fliegt in der dunklen Box umher und irgendwann vor die Wand – Bumm – Experiment beendet. Bleiben nur noch Hamster und Katze. So, und jetzt mal ehrlich, *SCHRÖDINGERs Hamster*, das klingt doch eher nach Brehms Tierleben, aber nicht nach ernsthafter Wissenschaft – und schon landen wir beim Stubentiger! So einfach ist das!«

»Och Willi«, hielt Wilma sofort dagegen, »darum geht es doch gar nicht. Warum überhaupt Tiere, oder warum überhaupt Lebewesen?«

»Damit genau das passiert!«, antwortete Elfie. »Man ist sofort betroffen, und schon setzt man sich mit dem Thema auseinander. Funktioniert doch! Aber noch einmal – es ist und war immer ein Gedankenexperiment. Noch kein Lebewesen ist dadurch zu Schaden gekommen oder gar gestorben. Aber kommen wir zu dem, worauf SCHRÖDIN-GER hinweisen wollte.

Was passiert beim Zerfall einer radioaktiven Substanz? Betrachtet man ein einzelnes Atom, dann zerfällt es zu einem zufälligen und nicht vorhersagbaren Zeitpunkt und sendet dabei Strahlung aus. Diese würde dann der Detektor registrieren, die Giftampulle würde zerstört und die Katze stirbt.

Was aber passiert BIS zum Zerfall eines Atoms? Wir wissen, ein Atom ist ein Quantenobjekt, und Quantenobjekte existieren in einem Zwischenzustand, indem sie Welle UND Teilchen zugleich sind, wodurch auch unser Atom Welle UND Teilchen zugleich ist, bis es zerfällt. Damit ist unser Atom aber nicht nur Welle UND Teilchen zugleich, sondern es ist auch zugleich *nicht zerfallen* UND *zerfallen*.

Nun hängt der Zustand der Katze direkt vom Zustand des Atoms ab, folglich muss auch die Katze in diesem Zwischenzustand sein, nämlich lebendig UND tot zugleich. Dies steht aber im krassen Widerspruch zur Lebenserfahrung in unserer makroskopischen Welt, in der eine Katze entweder lebendig ODER tot ist.

SCHRÖDINGER wollte mit diesem berühmten Gedankenexperiment genau dieses Dilemma aufzeigen: Einerseits liefert die Kopenhagener Deutung für die mikroskopische Welt unbestritten richtige Ergebnisse und korrekte Vorhersagen, andererseits führt sie zu einer absolut grotesken Situation, wenn man sie direkt mit unserer makroskopischen Welt zusammenbringt.«

»Ich verstehe«, antwortete Wilma, »für die Welt im Allerkleinsten ist die Kopenhagener Deutung unbestritten, da ist sie offensichtlich wahr! Überträgt man sie in unsere makroskopische Erfahrungswelt, dann führt sie zu einer widersprüchlichen Situation. Diese Übertragung von der

Mikro- in die Makrowelt muss aber doch erlaubt sein, denn beides ist ja UNSERE Welt.«

»Genau, Wilma«, ergänzte Elfie, »und daher funktioniert das Gedankenexperiment *SCHRÖDINGERs Katze* so gut, weil man damit die Eigenartigkeit der Gedanken der Kopenhagener Deutung klar veranschaulichen kann — was dann aber bei genauerem Hinsehen schnell zu der widersprüchlichen Situation mit unserer Erfahrungswelt führt.

Es ist aber nicht so einfach, eine eindeutige Lösung für dieses Dilemma zu finden. Es bleibt unklar, welche Prozesse im Detail ablaufen, um aus der Unbestimmtheit der atomaren Bausteine einen konkreten, real existierenden Körper entstehen zu lassen. Zu diesem Problem wurde schon eine Reihe von wissenschaftlichen Beiträgen veröffentlicht. Das Einzige, was man wohl sicher sagen kann, ist, dass es für makroskopische Körper diesen Zwischenzustand nicht gibt. Wir hatten ja schon im Zusammenhang mit den Doppelspaltversuchen festgestellt, dass ab einer bestimmten Objektgröße unvermeidbare Wechselwirkungen der Quantenteilchen zu einem Kollabieren des Wellenzustands und damit zu real existierenden Teilchen führen. Somit ist plausibel, dass makroskopische Körper dieses Zwischenzustandsproblem überhaupt nicht kennen. Die Detailprozesse vom mikroskopischen, wellenförmigen Quantenobjekt hin zum makroskopischen Körper sind aber bis heute noch hoch nebulös.«

»Also, jetzt mal Butter bei die Fische«, warf Willi ein, »ich bin ja ganz deiner Meinung, Elfie, die Katze ist eine Katze, also nichts Gewelltes, und entweder ist sie hin — das wäre schade — oder eben nicht. Und was da im Detail passiert, das sollen die Herren Wissenschaftler erst einmal unter sich klären. Punkt! Übrigens, dieses ständige hin und her zwischen Mikro und Makro macht echt durstig.«

»Genau«, bekam er von Wilma Unterstützung, »was haltet ihr davon, einen guten Schluck von unserem Roten zu nehmen?«

»Sehr gute Idee«, stimmte Elfie zu, »wir haben ja auch alles besprochen und die Katze ist in Sicherheit. Aber Moment, eine Frage habe ich doch noch: Willi, was ist denn nun eine Schneibienzüge?«

»Keine Ahnung«, antwortete Willi achselzuckend.

»Wusste ich's doch«, rief Wilma, »dieses Tier gibt's also überhaupt nicht, oder?«

»Ich glaube nicht«, antwortete Willi, »also ich kenne es jedenfalls nicht! Die Buchstaben zusammen ergeben aber so eine schöne Farbe«, grinste er.

»Ich will das gar nicht weiter vertiefen«, schaltete sich Elfie schnell dazwischen, »ich glaube aber, Willi, deine farbigen Buchstaben können wir ohne einen versierten Psychologen nicht weiter entschlüsseln. Da möchte ich lieber die Idee mit dem Anstoßen weiter verfolgen.«

Sie hob ihr Glas, welches Willi wie die anderen schon aufgefüllt hatte, dann stießen sie gemeinsam an, und es entstand eine muntere Unterhaltung über Katzen, Hamster und sonstige Kreaturen. An die Schneibienzüge traute sich allerdings keiner mehr heran.

»So«, übernahm Elfie nach einer Zeit noch einmal das Kommando, »was nehmen wir denn von heute mit?«

»Also ganz ehrlich«, begann Wilma, »von den ganzen Rechnungen und Formeln habe ich eigentlich nichts gehabt. Selbst wenn die erste Formel vielleicht sogar noch ging«, ergänzte sie, als sie dabei auf den Denkzettel schaute, »die wurden ja von Zeile zu Zeile immer grässlicher.«

»Und vor allem«, schaltete sich Willi ein und zeigte dabei auf den Denkzettel, »ist dieser Zettel ja voll mit Zeichen, die eher nach einer Übersetzung des Sündenfalls vom

Hebräischen ins Altgriechische aussehen als nach Mathematik oder Physik.

Aber …«, fügte er noch hinzu, »…das muss ich allerdings sagen, ich finde es andererseits wirklich erstaunlich, dass es Leute gibt, die mit so etwas rumrechnen, also Hut ab! Wahrscheinlich ist das eine ganz eigene Welt, in die man sich damit begibt.«

»Völlig richtig«, antwortete Elfie, »es ist tatsächlich eine eigene Welt – oder besser – eine eigene Sprache, die Sprache der theoretischen Physik, von der ich leider auch viel zu wenig verstehe. Um ihre Bedeutung zu erkennen, sollte man wissen, dass es mit ihr zum Beispiel möglich ist, das Verhalten von Dingen, die sich unserer Anschauung fast vollständig entziehen, richtig zu beschreiben. Oder es konnten damit Teilchen vorhergesagt werden, welche erst sehr viel später experimentell nachgewiesen wurden, um nur ein paar Highlights zu nennen. Diese Sprache ist damit für das Verständnis und zur Erklärung unserer Welt ein überaus wichtiges und unverzichtbares Werkzeug.

Aber genug damit! Gibt es denn dann überhaupt etwas Verwertbares, das wir aus unserem heutigen Treffen mitnehmen können?«

»Naja«, versuchte Wilma ihre erste Antwort etwas zu relativieren, »als ich sagte, dass die Formeln immer grässlicher wurden, dann stimmt das zwar, ich habe jetzt aber wenigstens so eine Idee, wie sich diese Herren Physiker, die sich mit diesem Thema beschäftigen, schriftlich austauschen, das hatte ich vorher nicht!

Aber …«, fügte sie mit einem Strahlen im Gesicht hinzu, »… ich habe heute trotzdem etwas gelernt! Und zwar ist mir durch die Katze von Onkel SCHRÖDINGER deutlich geworden, welche Probleme sich ergeben, wenn man sich mit diesem Allerkleinsten beschäftigt – und dies nur, weil diese Quantendingsda sich einfach nicht benehmen können! Natürlich sind sie einerseits real, denn sonst würde es uns ja nicht geben, andererseits sind sie nur wahrscheinlich irgendwo, vielleicht aber auch gerade irgendwo anders, je nachdem, wie sie lustig sind. Und das ist ja schon spannend – oder auch erschreckend, kommt drauf an, von welcher Seite man das sieht.«

»Und mir ist klar geworden«, konnte Willi nun auch endlich seine Sicht der Dinge loswerden, »warum ich am Morgen nach einer Feier im Spiegel immer so komisch aussehe.«

»Aha«, antworteten Wilma und Elfie fast zeitgleich und schauten sich dabei fragend an. Willi beobachtete sie wortlos grinsend.

»Und?«, hakte Elfie schließlich nach.

»Man muss sich dazu nur einmal in die Situation der kleinsten Teilchen in meinem Körper versetzen«, erklärte Willi, der nun langsam in Fahrt kam. »Die deutliche Flüssigkeitsaufnahme am Abend zuvor veranlasst bei mir körperintern eine lustige Schwimmveranstaltung, bei der die Teilchen quietschfidel überall umherplantschen. In dieser lustigen Runde kommen dann einige auf den Trichter, dass Wellenreiten eine prima Idee wäre. Kaum haben die Ersten damit angefangen, schon ziehen die anderen nach. Und wie sie da so von Welle zu Welle reiten – schwupps, fühlen sie sich wie im wellenartigen Zustand.«

Einen Moment lang sagte keiner etwas, denn Wilma und Elfie waren offensichtlich damit beschäftigt, eine Willis Schilderungen entsprechende Videosequenz vor ihrem geistigen Auge abzuspielen, was zumindest schon einmal für leichte Erheiterung sorgte.

»Ok«, sagte Wilma, »ich weiß, dass ich es noch bereuen werde, die Frage gestellt zu haben, aber gut: Und warum siehst du denn dann am nächsten Morgen im Spiegel so eigenartig aus?«

»Na, ganz einfach«, erklärte Willi, der nun auf den Höhepunkt seiner Geschichte zusteuerte, »alles ist ja so weit ok, den Teilchen geht es gut, und mir geht es gut. Dann stehe ich auf und gehe ins Bad – immer noch alles ok! Aber kaum schaue ich in den Spiegel, schon fühlen sich die Teilchen beobachtet ... und ... alles kollabiert! Also ehrlich, das ist kein schöner Anblick, das kann ich euch sagen!«

Spätestens als sich vor Wilmas und Elfies geistigem Auge Willis kollabierender Gesichtsausdruck konkretisierte, war es um ihre Fassung geschehen. Sie lachten und johlten um die Wette, und jeder hatte eine bessere Idee, kollabierende Gesichtszüge anschaulich zu beschreiben. An eine weitere Unterhaltung mit wissenschaftlichen Inhalten war nun nicht mehr zu denken. Und auch, als sich die Gemüter langsam wieder beruhigten, bot im weiteren Verlauf des Abends diese Geschichte immer wieder neuen Gesprächsstoff. Dabei wurden sowohl alle denk- wie auch die undenkbaren Situationen durchdiskutiert, bei denen man nicht ausschließen konnte, dass im Falle ihres Eintretens die eine oder andere Körperzone ebenfalls zum Kollabieren neigen würde. Als Folge fanden sich plötzlich alle Beteiligten völlig unverhofft in den Premierenveranstaltungen ausgesuchter Kopf-Kino-Kurzfilme wieder – allesamt heiteren Charakters ohne langatmige Monologe und natürlich stets mit Happy End! Der Rest des Abends verging daraufhin wie im Fluge, bis schließlich Elfie doch noch einmal versuchte, den Gesprächsfaden wieder aufzunehmen.

»Ganz ehrlich, ich hätte kein besseres Schlusswort finden können als Willi, der es mit seinem körperinternen Welle-Teilchen-Dualismus schon auf den Punkt gebracht hat. Denn genau dieser Dualismus ist es, den wir vom heutigen Abend als Big Point mitnehmen sollten. Aber wir haben ja nicht nur das! Zusätzlich gibt es noch Willis kollabierendes Spiegelbild, welches bei mir – und bestimmt auch bei Wilma – einen festen Platz in unserer Großhirnrinde erobern konnte. Und schließlich schnurrt da auch noch SCHRÖDINGERs Katze, die nach der eindringlichen Diskussion über gewellt oder getigert bei jedem von uns ihre Kratzspuren hinterlassen hat. So gesehen muss ich mir wohl tatsächlich keine Sorgen machen, dass heute Abend jemand physikalisch gesehen mit leeren Händen dastehen könnte.«

Elfies prüfender Blick in die gut gelaunten und eifrig nickenden Gesichter der beiden machte sie zuversichtlich, mit ihrer Annahme richtig gelegen zu haben. Sie holte tief Luft und fuhr fort: »Dann ist ja alles in bester Ordnung! Bei unserem nächsten Treffen geht es übrigens um die sogenannte Quantenverschränkung, ein Thema, welches super zu dem bisher Besprochenen passt. Ich werde mich jetzt auf den Heimweg machen und hoffe, dass ihr heute genauso viel Spaß hattet wie ich.

In diesem Sinne, lasst es euch gut gehen, bis bald, ich freue mich schon!«

2.4 Die Quantenverschränkung

»Ich finde es toll, dass wir drei hier wieder zusammensitzen«, sagte Elfie, »und ja, wir haben heute unser sechstes Treffen. Willi fragte mich nämlich vorhin beim Essen, als du gerade den Rotwein holtest, Wilma, ob ich wüsste, wie oft wir uns schon getroffen haben.«

»Ich hätte ja auch einfach in unsere gelbe Mappe schauen können«, erwiderte Willi, »sie liegt ja schon hier, aber Elfie wusste es auch so. Übrigens finde ich es schon bemerkenswert, dass unsere Gespräche so gut funktionieren. Ich meine, wir drei kennen uns ja schon lange, da hatte ich keine Bedenken, aber Physik den ganzen Abend – das ist zwar oft spannend, aber manchmal eben auch ziemlich anstrengend.«

»Um das Spannende ging es uns aber doch, Willi!«, korrigierte Wilma. »Wir waren immer der Meinung, dass ein guter Krimi zwar sehr kurzweilig sein kann – und das überprüfen wir ja auch regelmäßig –, es gibt aber auch Dinge zwischen Himmel und Erde, da wäre es wirklich schade, würde man nichts davon erfahren. Und das naturwissenschaftliche Feld ist zwar nicht das einzige, was da etwas zu bieten hat, aber es bietet schon 'ne Menge.«

»Und mir gefällt dabei«, ergänzte Elfie, »dass ich das Gefühl habe, dass euch unsere Themen auch wirklich interessieren. Ihr kauft ja eigentlich die Katze im Sack, denn ihr wisst ja vorher nicht so genau, worum es an so einem Abend geht. Ich glaube aber auch, dass die Tatsache, dass unsere Treffen zeitlich ziemlich weit auseinanderliegen, positiv zum Gelingen unserer Abende beiträgt.«

»Hin und wieder ärgere ich mich sogar«, fuhr Willi fort, »dass ich mich an so manches, was wir besprochen haben, nicht mehr so recht erinnern kann. Vieles ist ja nicht so ganz leichte Kost, und da bringt man schnell mal etwas durcheinander. Ich habe sogar manchmal Angst, dass ich irgendwann morgens aufwache und alles vergessen habe, erstaunlicherweise kommt aber vieles wieder zurück, wenn wir hier gemeinsam sitzen und uns unterhalten.«

»Also, ich glaube«, versuchte Elfie ihre Sichtweise zu schildern, »dass man sich von so einem Abend sowieso nicht alles merken kann, wenn man nicht täglich oder zumindest regelmäßig damit zu tun hat. Aber eigentlich ist das auch nicht unser Ziel! Ich denke, es ist schon ganz viel gewonnen, wenn man zu verschiedenen Dingen eine Idee abspeichert –, quasi ein einprägsames Bild, an das man sich genau dann erinnert, wenn man entsprechende Stichworte hört. Manche Bilder sind dann konkreter, dann war wohl das Besprochene für einen persönlich interessanter, andere sind etwas verwaschener.

Aber wenn man einmal das große Besteck auspackt, dann würde ich sagen, dass das Weltbild, welches man hat, durch sehr vieles beeinflusst wird. Auch von Dingen, die man mehr so im Gefühl hat, ohne sie messerscharf erklären zu können. Dieses Weltbild setzt sich aus verschiedenen Anteilen zusammen, von denen man einen Anteil als *naturwissenschaftliches Grundverständnis* bezeichnen könnte. Und an diesem Anteil arbeiten wir an unseren Abenden. Unser heutiges Thema, die Quantenverschränkung, ist im Übrigen ein prima Beispiel dafür, dass es Bereiche gibt, bei denen man ohne weitere Informationen und nur mit einem gesunden Menschenverstand ausgestattet nicht sehr weit käme.«

»Mensch, Elfie«, sagte Willi, den Blick auf Elfie und Wilma gerichtet, »das klang ja wie's Wort zum Sonntag. Eigentlich möchte ich dem auch nichts weiter hinzufügen, außer vielleicht, dass Wilma natürlich Recht hat, wenn sie meint, dass es uns tatsächlich genau darum geht, interessante Dinge über unsere Welt zu erfahren. Du hast es klasse beschrieben, Elfie, ich könnte es aber auch ein wenig einfacher formulieren, wenn man vielleicht nur das kleine

Besteck bemühen möchte: Unsere Abende sind ein wenig wie Krimi schauen, nur interaktiver, dafür mit weniger Blut und dennoch spannend.«

Und nach einer kurzen Pause ergänzte Wilma: »Und jetzt sind wir auf die Quantenverschränkung gespannt!«

»Ok ...«, antwortete Elfie, »... dann wollen wir mal loslegen! Die Quantenverschränkung ist eine spezielle, durch Experimente gut bestätigte Eigenschaft der Quantenmechanik. Es handelt sich dabei um ein Phänomen, welches unsere Vorstellung von Raum und Zeit stark in Frage stellt. Und noch ein Hinweis: Verwenden Physiker die Begriffskombination *Raum und Zeit*, dann denkt man unwillkürlich an die Spezielle Relativitätstheorie, mit der wir uns später ja noch etwas ausführlicher befassen wollen. Für die Quantenverschränkung gilt dies aber nicht, denn sie hat zunächst nichts mit der Speziellen Relativitätstheorie zu tun.

Um nun genauer zu verstehen, worum es sich bei der Quantenverschränkung handelt, begeben wir uns wieder in den Mikrokosmos und stellen uns ein Elektron vor. Für diese Überlegung ist es hilfreich, das Elektron nicht als Welle, sondern als Teilchen anzusehen –, in diesem Zustand ist es ja in der Natur ebenfalls anzutreffen.

Wir stellen uns das Elektron nun also als kleines Kügelchen vor. Elektronen haben eine Eigenschaft, die als *Spin* bezeichnet wird. Den Spin wiederum kann man prima als Drehung des Elektrons um sich selbst ansehen, wobei es nur zwei Möglichkeiten gibt. Entweder, das Elektron dreht sich von unten nach oben, wir bezeichnen dies als *Spin up*, oder genau andersherum von oben nach unten, was wir als *Spin down* bezeichnen wollen. Übrigens hätte ich auch eine Rechts-Links-Drehung als Erklärung für den Spin verwenden können, denn da es sich bei Kugeln um rotationssymmetrische Objekte handelt, ist das für unsere Betrachtungsweise gehopst wie gesprungen.«

»Merke«, hob Willi den Zeigefinger, »die spinnen, die Elektronen.«

»Betrachtet man nun ein Elektron mit Spin up«, fuhr Elfie fort, ohne weiter auf Willis Äußerung einzugehen, »und ein zweites mit Spin down, dann hat das System den Gesamtspin null, und man sagt: Die Elektronen sind verschränkt.«

»… und darüber hinaus sind sie auch noch beschränkt«, posaunte Willi hervor, der nun langsam Spaß an den putzigen Gesellen fand.

»Du wirst lachen, Willi«, entgegnete Elfie, »von wegen beschränkt, die sind gar nicht so dumm, unsere kleinen Elektronen, denn wenn ich nämlich den Spin von einem Elektron herumdrehe, dann dreht sich der Spin von seinem verschränkten Partner ebenfalls, so dass der Gesamtspin des Systems wieder null ist – allerdings völlig ohne Zeitversatz!«

»Oh, da hast du natürlich Recht, Elfie«, erwiderte Willi amüsiert, »also vom IQ her gesehen liegen sie damit deutlich über dem eines Toastbrotes, denn das kann das Toastbrot definitiv nicht.«

»Willi«, schaltete sich jetzt auch Wilma ein, »du hörst nicht gut genug zu. Denn andernfalls wäre es dir nicht entgangen, dass Elfie ihre Stimme in ihrem letzten Satz genau zweimal anhob. Zum einen war das bei der Spin-Umkehr des zweiten Elektrons der Fall, aber noch deutlicher war dies zu hören, als sie sagte: *ohne Zeitversatz.*«

»Wilma«, freute sich Elfie, »du bist aber auch bei der Sache, Donnerwetter! Ja, und Wilma, du hast Recht! Aber bleiben wir ganz kurz bei meiner ersten Stimmanhebung. Ich bin mir zwar nicht sicher, wie man das IQ-technisch einzuordnen hat, Willi, aber diese Spin-Umkehr führt das zweite Elektron auch aus, selbst wenn es meilenweit vom anderen entfernt ist – also ohne das erste Elektron *zu sehen.*«

»Uih«, entgegnete Willi, »dann befinden wir uns ja im Bereich der Hexerei!«

»Ich hab's doch schon immer gesagt«, nahm Elfie Willis Äußerung begeistert auf, »Willi, an dir ist ein großer Wissenschaftler verloren gegangen. Mit deiner Einschätzung der Übersinnlichkeit liegst du nämlich ganz eng bei dem, was EINSTEIN seinerzeit formulierte. Seiner Meinung nach handelt es sich bei der Quantenverschränkung nämlich um eine *spukhafte Fernwirkung*.«

»Albert ist übrigens mein zweiter Vorname«, gab Willi schlagfertig zurück, »und eigentlich bin ich Raketenwissenschaftler im Silicon Valley, aber tut mir einen Gefallen und lasst meine Tarnung nicht auffliegen.«

»Hmm, meines Wissens sitzen aber im Silicon Valley eigentlich gar keine Raketenwissenschaftler«, gab Elfie zu bedenken.

»Deshalb ist doch die Tarnung so genial«, flüsterte Willi unter vorgehaltener Hand.

»Alles klar«, flüsterte Elfie zurück, »ich denke, Wilma und ich sind uns da einig, unsere Lippen sind versiegelt.«

»Das will ich meinen«, flüsterte nun auch Wilma mit, »zumindest wollen das meine Auftraggeber so.«

Kurze Pause.

»Auftraggeber? Wer soll denn das sein?«, flüsterte Elfie noch leiser zurück.

»Die SWR«, kam die Antwort geflüstert.

»Rundfunk? Also der SWR, oder?«

»Nein, die SWR, also die *Stiftung für wirre Raketenwissenschaftler*.«

Noch eine kurze Pause, nun aber durchsetzt mit länger anhaltendem Gekicher.

»Warum flüstern wir eigentlich?«, fragte Elfie im Flüsterton.

»Na, wegen der Abhöranlagen«, mischte sich jetzt Willi wieder ein, aber noch leiser als Elfie.

»Aha«, hauchte Elfie.

»Und was machen wir jetzt?«, fragte Elfie so leise, wie sie nur konnte.

»Wir sollten die Abhöranlagen überlisten!« Willi klang jetzt sehr entschlossen.

»Wie denn?«, fragte Wilma, eigentlich auch ganz leise, zwischendurch erklang aber immer mal ein feines, unterdrücktes Glucksen.

»Ganz einfach«, flüsterte Willi noch viel leiser zurück, »genau zugucken und mir nachmachen.«

Kurze Pause.

»Fertig?« Willi schaute kurz hoch – beide Damen hingen nun an seinen Lippen.

Plötzlich sprang Willi auf und schrie PROST, klirrte wie wild mit seinem Glas an die Weinflasche und verursachte einen Heidenlärm. Elfie und Wilma verstanden schnell, sprangen ebenfalls auf und taten es ihm nach. Sie prosteten sich gegenseitig zu, hin und zurück, jubelten und tanzten wild um den Tisch, und so ergab sich für Außenstehende ein Bild, das weder auf den ersten noch auf den zweiten Blick Ähnlichkeiten mit einer naturwissenschaftlichen Unterhaltung aufwies –, so kann man sich irren.

»Oh, war das anstrengend!«, begann Elfie ein wenig später, als sie wieder saßen und noch mit kurzen und teilweise auch länger auflodernden Kicherattacken zu kämpfen hatten. »Mir tut noch alles weh vom Lachen!«

Sie machte eine kurze Pause.

»Aber die frohe Botschaft lautet doch: Keine auf Quantenmechanik basierende Abhörelektronik der Welt ist einem solch perfiden Angriff durch Schallwellen gewachsen. Das bedeutet, dass soeben jede in diesem Haus befindliche Abhörelektronik einer spontanen Übersteuerung zum Opfer gefallen sein muss.«

»Das will ich aber auch hoffen«, ergänzte Willi, »so anstrengend, wie das war. Und ich muss sagen, dass unsere Darbietung schon fast an das Niveau eines Inspektor Clouseau herangereicht hat. Hut ab! Übrigens …«, fügte er mit Blick auf die fast leere Weinflasche an, »mir ist gerade klargeworden, dass die Aussage *Für eine funktionierende Spionageabwehr fehlen uns die liquiden Mittel* für mich in einem völlig neuen Licht erscheint.«

Kaum ausgesprochen, hatte Willi an der eigenen Aussage so viel Spaß, dass er begann, wieder in sich hineinzujuchzen.

»Stimmt, da hast du Recht, Willi«, versuchte Wilma einen Moment später sich wieder am Stück zu artikulieren, »so gesehen scheint mir die Eigenschaft, trinkfest zu sein, keine schlechte Voraussetzung für eine Karriere bei der Spionageabwehr.«

Auch diese Bemerkung fand allgemein Gefallen, und es wurde weiter in den verschiedensten Tonhöhen und mit unterschiedlichster Intensität gequietscht, gekichert und gegluckst, allerdings schon auf leicht reduziertem Lautstärkeniveau. Schließlich kehrte dann langsam wieder Ruhe ein.

»Mann o Mann«, startete Elfie einen Versuch, sich wieder zurückzukämpfen, »und ich habe jetzt die Aufgabe, den Bogen wieder zurück zu unserem Thema zu schlagen — nicht so einfach!«

Elfie hielt einen Moment inne, um sich zu sammeln.

»Ok, ich versuch's jetzt«, fuhr sie dann fort. »Unsere geheime Mission ist noch nicht ganz erfüllt. Ok, also geheim war sie ja eigentlich nicht, ich sollte lieber sagen, wir haben unsere Untersuchung zur spukhaften Fernwirkung noch nicht ganz abgeschlossen. Genau! Da waren wir nämlich stehen geblieben.«

Elfie blickte zu den beiden anderen, deren Resonanz auf diese Aussage blieb aber noch sehr überschaubar.

»Und, geht's jetzt wieder?«, fragte Elfie nach.

»Jaja«, antwortete Wilma langsam wieder ernst, »ich habe auch alles mitbekommen, was du gesagt hast, wir waren bei der spukhaften Fernwirkung.«

Willi nickte, nun auch wieder gefasst, wischte sich aber noch ein paar Tränen aus den Augenwinkeln.

»Also«, Elfie war nun wieder ganz bei der Sache, »da haben wir diese Fernwirkung, die Tatsache also, dass das eine Elektron scheinbar *weiß*, in welchem Zustand sich das andere befindet – was eigentlich schon erstaunlich genug ist. Das wirklich Verblüffende dabei ist aber, dass diese Absprache zwischen den beiden Elektronen in Echtzeit passiert, also komplett ohne den kleinsten zeitlichen Versatz – und das über beliebig große Distanzen! Zur Verdeutlichung dieser Eigenschaft wird oft das Gedankenexperiment beschrieben, bei dem sich das eine Elektron auf der einen Seite und das andere auf der anderen Seite des Universums befindet. Eine sich mit Lichtgeschwindigkeit bewegende Information zwischen den beiden Elektronen würde Milliarden von Jahren unterwegs sein. Der Spin des zweiten Elektrons passt sich aber auch hier dem des ersten Elektrons im selben Moment an – zeitgleich! Und das ist ein Riesenproblem! Denn nach EINSTEIN kann sich nichts schneller als das Licht bewegen, die Quantenverschränkung würde demnach den Gesetzen der Speziellen Relativitätstheorie widersprechen, wodurch an den Grundfesten der modernen Physik gerüttelt würde.«

»Wenn das doch nur ein Gedankenexperiment ist«, unterbrach Wilma, »woher weiß man denn dann, ob das überhaupt stimmt?«

»Weil man durch Messungen exakt nachweisen kann, dass die Quantenverschränkung genau diese Eigenschaft hat«, antwortete Elfie. »Das Gedankenexperiment hilft nur, die Tragweite dieser Erkenntnis besser zu verdeutlichen.«

»Hexerei, ich sag's doch«, kommentierte Willi.

»Glücklicherweise gibt es einen Ausweg aus diesem Dilemma«, nahm Elfie das Gespräch wieder an sich. »Wir verwenden nämlich eine naheliegende, letztlich aber unzutreffende Vorstellung von Raum und Entfernung. Der Fehler besteht darin, die beiden Elektronen als zwei verschiedene Objekte zu betrachten. Daher ist es falsch zu sagen, man verändert das eine Elektron, und DARAUFHIN verändert sich das andere. Richtiger wäre zu erkennen, dass man es mit EINEM zusammenhängenden Objekt zu tun hat. Dieses Objekt besteht aus einem Spin up- und einem Spin down-Elektron – es ist aber nicht teil- oder trennbar. Verändert man auf der einen Seite etwas, verändert man das ganze Objekt und dreht es gewissermaßen.

Dass man es mit EINEM Objekt zu tun hat, mit einer Art Hantel, so wie ich es in Bild 2.9 kurz skizziert habe, das kann man sich wahrscheinlich noch recht gut vorstellen.

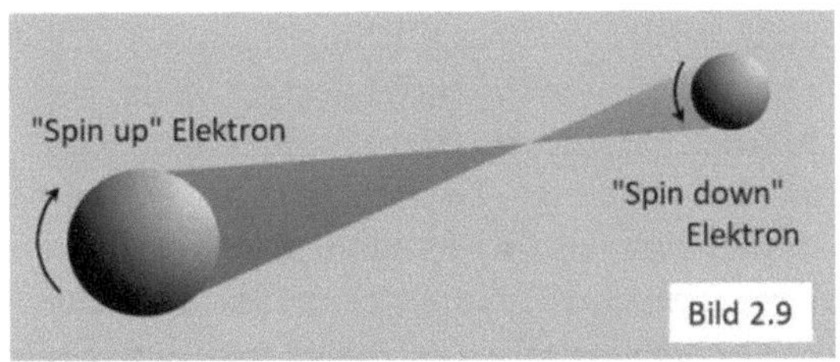

Schwierig wird es, wenn man zulässt, dass dieses Objekt wahnsinnig groß sein darf – jedenfalls nach unserer Vorstellung von Größe. Dieses Objekt könnte tausende Kilometer groß sein – oder – noch viel größer, es könnte sich über Millionen von Lichtjahren erstrecken, es wäre immer noch ein zusammenhängendes Objekt und als solches nicht teilbar oder in Teilen veränderbar.

Mit dieser Erklärung entfällt die Annahme, die Elektronen müssten mit Über-Lichtgeschwindigkeit miteinander kommunizieren, wodurch auch der Widerspruch zur Relativitätstheorie entfällt. Eigentlich ist nun alles gut, wäre da nicht unser Vorstellungsproblem mit den riesigen Distanzen, über die sich das Objekt erstrecken kann.

Hier hilft vielleicht die Idee, dass dieses Problem gar nicht real existiert, sondern dass es erst in unserem Kopf entsteht. Vielleicht ist unsere Vorstellung von *Raum* irreführend, vielleicht ist *Raum* nur ein Gebilde, was uns vortäuscht, dass Dinge getrennt voneinander sind. In Wahrheit könnten auch extrem weit voneinander entfernte Objekte problemlos miteinander verbunden sein, wodurch sie eine Einheit bilden und damit auch nur als eine Einheit anzusehen sind.«

»Das sind aber viele könnte, hätte und wäre«, warf Willi ein, »weiß man das nicht besser, oder gibt es vielleicht Beispiele aus anderen Situationen, wo man sagen könnte: *Das ist doch genauso wie …?*«

»Ja, tatsächlich«, erwiderte Elfie, »so etwas gibt es. Und ihr alle kennt es, glaube ich zumindest, es ist das sogenannte Hütchen-Spiel. Bei diesem Spiel befinden sich drei identische Hütchen auf einem Tisch, und unter einem der Hütchen befindet sich ein Gegenstand, zum Beispiel eine Kugel oder ein Geldstück. Nun werden die Hütchen virtuos auf dem Tisch verschoben, so dass man am Ende nicht mehr weiß, unter welchem Hütchen sich der Gegenstand befindet. Errät man es richtig, hat man gewonnen.

Damit wir alle das gleiche Spiel im Kopf haben, habe ich einmal eine typische Szene in Bild 2.10 gezeichnet, wobei ich als Gegenstand eine Kugel verwendet habe.

Mathematisch betrachtet ist die Chance, die Kugel unter einem der drei Hütchen zu finden, 1:3, was einer Wahrscheinlichkeit von rund 33% entspricht. Würde jemand – als Hilfestellung – ein Hütchen anheben und die Kugel würde sich NICHT darunter befinden, dann bleiben nur

noch zwei Hütchen übrig. Die Gewinnchance ändert sich
schlagartig zu fifty-fifty, die Wahrscheinlichkeit zu gewinnen beträgt jetzt 50%.

Wäre nun das Hütchen, welches als Hilfestellung angehoben wird, tausende von Kilometern oder gar Lichtjahre
entfernt, dann würde sich auch hier exakt in dem Moment,
in dem es angehoben wird, die Gewinn-Wahrscheinlichkeit
des Spiels OHNE ZEITVERSATZ auf 50% verbessern,
unabhängig davon, wie weit dieses dritte Hütchen von den
beiden anderen entfernt ist.

Auch hier hat keine Kommunikation zwischen den einzelnen Elementen stattgefunden, sondern das Hütchen-
Spiel muss als eine räumliche Einheit angesehen werden,
unabhängig von den tatsächlichen Distanzen.«

»Es ist ja schon erstaunlich«, bemerkte Wilma, »dass ein
Glücksspiel wie das Hütchen-Spiel, das ja mitunter auch
von etwas zwielichtigen Gestalten betrieben wird und das
man nicht unbedingt als eine Glanzleistung der menschlichen Schöpfungskraft bezeichnen würde –, ohne diesen
Menschen, die dieses Spiel beherrschen, zu nahe treten zu
wollen –, dass ein solches Spiel quasi die Speerspitze der

Erklärungen bildet, der Quantenverschränkung das Spukhafte auszutreiben.«

»Zwielichtige Gestalten hin oder her«, entgegnete Willi, »ist mir eigentlich völlig Wumpe, aber ich glaube, ich hab's kapiert! Das finde ich gut, und deswegen finde ich die Erklärung auch gut.«

»Na prima«, freute sich Elfie, »wenn das alles so verstanden ist, dann können wir ja auch den letzten Schritt machen und wieder einen Bogen zurück zur Quantenmechanik schlagen.«

»Du bist aber auch erst wieder froh«, orakelte Willi, »wenn Wilma und ich hier wieder mit meterhohen Fragezeichen im Gesicht sitzen, oder?«

»Nein, nein, natürlich nicht«, beeilte sich Elfie, das richtigzustellen, »natürlich bin ich froh über jedes verschwundene Fragezeichen. Und außerdem sind wir doch schon ganz dicht dran, keine Angst, das geht jetzt wie's Brezelbacken. Wir stellen uns einfach anstatt der drei Hütchen ein paar mehr vor. Einige Hundert ... oder tausende ... oder noch besser, wir sollten uns einfach unendlich viele vorstellen!«

»Da geht's doch schon wieder los!«, brummte Willi.

»Ok, ok, wir stellen uns tausende vor«, schränkte Elfie schnell ein, »ist völlig ok, tausende sind super! Und wir wissen«, fuhr sie fort, »dass nur unter einem von ihnen die Kugel ist, die wir suchen. Ich könnte auch sagen, nur unter einem ist am Ende das Elektron, das sich, rein statistisch gesehen, unter jedem der Hütchen befinden könnte.«

»Jetzt wird's schon wieder ein wenig fieselig!«, versuchte Willi seinem Unmut Luft zu machen.

»Ach komm, Willi«, mischte sich Wilma ein, »das geht aber noch, das kann man sich doch gut vorstellen.«

»Ja, und wir sind doch auch schon am Ziel«, versuchte Elfie Willis Bedenken zu entkräften, »denn solange ich keines der Hütchen umdrehe, kann das Elektron unter jedem der Hütchen stecken, es kann also überall sein – Achtung, jetzt kommt's – es ist also über einen größeren Bereich verschmiert, als wäre es eine Welle!

Und wenn ich das Elektron unter einem der Hütchen entdecke, dann *führe ich eine Messung durch*, die Wellenfunktion kollabiert, das Elektron materialisiert sich und die Wahrscheinlichkeit, es irgendwo anders zu finden, ist schlagartig auf null zurückgegangen. Dabei findet dieses *auf null gehen* zeitgleich bei allen restlichen Hütchen statt, völlig egal, wie viele es sind und wie weit voneinander entfernt sie sich befinden!«

Kurzes Schweigen.

»Dies ist nur eine etwas andere Darstellung«, ergänzte Elfie, »ein etwas anderes Bild für unseren Welle-Teilchen-Dualismus. Wir wissen eigentlich nicht, welches von unseren bisher besprochenen Bildern wirklich stimmt, es handelt sich ja sowieso nur um Versuche, etwas anschaulich zu machen, für das uns eigentlich ein Sinn fehlt.«

»Allerdings fehlt der uns«, unterbrach Willi, »und mir fehlen auch noch zwei, drei andere rechts und links davon – aber ich muss zugeben, Elfie, ich habe den Eindruck, als wenn ich der ganzen Problematik zumindest ein kleines Stückchen näher gekommen bin.«

»Ja, aber dann hat sich das doch schon alles gelohnt!«, freute sich Elfie.

»Und mir geht es ähnlich!«, ergänzte Wilma. »Das eine Elektron, welches man betrachtet, ist eben nur unter einem der Hütchen. Und wo, das entscheidet Mutter Natur so, wie sie möchte. Diesen Sachverhalt kann man zwar auch mit Hilfe einer Welle ausdrücken, die Geschichte mit den Hütchen finde ich aber griffiger.«

»Na wunderbar«, strahlte Elfie, »dann haben wir doch schon unser Ergebnis, das wir aus unseren heutigen Unterhaltungen mitnehmen können – mehr kann man sich doch überhaupt nicht wünschen.

Natürlich liegen jetzt nirgendwo mikroskopisch kleine Hütchen in der Gegend rum. Sie bilden nur eine Unterstützung für unsere Vorstellung. Sie repräsentieren die Tatsache, dass irgendwo etwas im Verborgenen liegt, als wäre es unter einem Hütchen versteckt – und unter welchem, das weiß man nicht. Wie beim richtigen Hütchen-Spiel ist dieses *etwas*, also zum Beispiel unser Elektron, eben nur mit einer bestimmten Wahrscheinlichkeit an einem bestimmten Ort. Und in dem Moment, wo die Natur sich entscheidet, an welchem Ort es sich befindet, ist sowieso auf einen Schlag alles weg, was auf Hütchen hört. Wir brauchen also diese Hütchen nur als Denkhilfe und nicht als reale Objekte.«

Elfie machte eine kurze Pause, schaute in die Gesichter von Wilma und Willi, die trotz der Erfolgserlebnisse schon etwas müde wirkten, und sagte:

»Tja, meine Lieben, ich finde es super, dass wir auch dieses Thema so gut miteinander durchgestanden haben. Obwohl …, ich hoffe, dass durchgestanden eigentlich kein guter Begriff dafür ist. Wir haben das Thema zusammen sehr erfolgreich erlebt, das ist hoffentlich der bessere Ausdruck. Wir sind dabei alle etwas schlauer geworden, und ich bin heilfroh …«, Elfie machte eine kurze Pause und ergänzte dann mit einem breiten Grinsen, »dass wir sicherstellen konnten, dass unsere geheimen Botschaften nicht durch irgendwelche Observationsgerätschaften in fremde Hände geraten sind.«

Das war das Stichwort, bei dem Wilma und Willi schlagartig wieder munter wurden, und so entbrannte noch eine muntere Diskussion über die eine oder andere geheime Nachricht, über die selbst die Anwesenden nicht oder nur in Teilen informiert waren und von denen natürlich nichts an die Außenwelt gelangen durfte.

Am Ende war man sich dann schließlich einig, dass auf spukhafte Weise die Uhrzeit mächtige Sprünge nach vorn getan hatte. Und als Elfie gerade dabei war, sich zu verabschieden, fiel ihr ein, noch gar nichts zum Thema ihres nächsten Treffens gesagt zu haben, und sie erklärte:

»Das mit der fortgeschrittenen Zeit nehmt mal nicht so ernst. Wir werden sehen, dass man die Zeit nicht so ohne weiteres als verlässlichen Maßstab ansehen sollte. Um diese Aussage aber besser verstehen zu können, müsste man sich etwas intensiver mit der Speziellen Relativitätstheorie auseinandersetzen – und genau das machen wir bei unserem nächsten Treffen! Dieses Thema ist mit Sicherheit eine ernsthafte Konkurrenz für jeden guten Krimi, und ich bin mir sicher, ihr werdet es genau so sehen.

In diesem Sinne, lasst es euch gut gehen, bis bald, ich freue mich schon!«

3 Zeit und Raum sind nicht, wie es scheint

Von der Speziellen Relativitätstheorie und von der Allgemeinen Relativitätstheorie

»Kaum zu glauben, wie die Zeit vergeht«, sagte Elfie, als alle wieder am Tisch saßen, »und kaum zu glauben, wie gut dieser Satz zu unserem heutigen Thema passt! Wir wollen uns heute nämlich über die Spezielle Relativitätstheorie unterhalten, und – so viel kann ich euch schon verraten –, da wird der Begriff *Zeit* eine Schlüsselrolle spielen.«

Elfie war wieder zu Besuch bei ihren Freunden Wilma und Willi, und gemeinsam diskutierte man über nicht ganz alltägliche Phänomene, die aber bei genauerem Hinsehen eigentlich überall im Alltag existieren.

»Erinnert ihr euch?«, begann Elfie und zeigte dabei auf die schon bereitgelegte gelbe Mappe, in der ja alle wichtigen Gesprächsinhalte aufgeschrieben waren. »Bei unserem ersten Treffen hatte ich euch einen kurzen Überblick gegeben, über welche Dinge wir sprechen würden. Dabei ging es um Naturerscheinungen, die zwar unser tägliches Leben mitbestimmen, man erkennt sie aber nicht so ohne weiteres, denn man ist entweder zu groß oder zu langsam.

Den Aspekt *zu groß* haben wir in den letzten Abschnitten besprochen, denn dort haben wir uns mit der Welt des Allerkleinsten beschäftigt, in der es in der Tat etwas sonderbar zugeht. Es ist daher auch nicht verwunderlich, dass die Quantenmechanik, welche die Vorgänge in diesem Bereich korrekt beschreibt, selbst auch etwas sonderbar ist. Wir sind aber ziemlich unerschrocken einfach mal quer durch diese Miniaturlandschaft geprescht. Dabei konnten wir feststellen, dass die Energie nicht kontinuierlich, sondern nur in kleinsten Paketen vorliegt, also gequantelt ist. Wir haben erfahren, dass Quantenobjekte, solange man sie in Ruhe lässt, nur mit einer gewissen Wahrscheinlichkeit an einem bestimmten Ort anzutreffen und damit eher als Wellen anzusehen sind. Werden sie jedoch beobachtet oder sonstigen Wechselwirkungen ausgesetzt, dann verwandeln sie sich plötzlich von einer Welle in ein Teilchen und werden blitzartig zu einem realen Objekt. Wir lernten darüber hinaus, dass die Natur eine Grenze für die Messgenauigkeit von Quantenobjekten setzt, und wir mussten feststellen, dass sich kleinste Objekte manchmal über riesige Entfernungen erstrecken und trotzdem als EIN Objekt anzusehen sind. Schließlich haben wir gesehen, dass ein Herr SCHRÖDINGER zwar eigenartigste und wenig einladende Mathematik verbreitet, zu seiner Katze, diesem kleinen Schnurrmonster, konnten wir hingegen ein sehr freundschaftliches Verhältnis aufbauen.

Vor diesem Hintergrund bin ich guter Hoffnung, dass uns ähnlich erfreuliche Erlebnisse erwarten, wenn wir uns nun mit dem Aspekt *zu langsam* beschäftigen.«

»Das klingt so«, bemerkte Wilma, »als wenn wir richtig was geschafft hätten. Und wenn ich deine Zusammenfassung höre, Elfie, dann habe ich tatsächlich zu jedem Punkt deiner Beschreibung ein mehr oder weniger konkretes Bild im Kopf.«

»Das wäre doch toll«, antwortete Elfie erfreut, »wenn tatsächlich so viel hängen geblieben wäre.«

»Meine Analyse ist vielleicht nicht ganz so positiv«, erwiderte Willi, »ich hatte eher gehofft, dass ich die Beine hochlegen könnte und du, Elfie, würdest mir die Rätsel dieser Welt als kleine Schnittchen servieren, immer mal unterbrochen von einem gemeinsamen Schluck von dem guten Roten, um den Flüssigkeitshaushalt wieder auf Vordermann zu bringen. Offensichtlich muss man sich aber wirklich auf bestimmte Gedankengänge richtig einlassen, sonst ist man schnell abgehängt, auch wenn du es schaffst, Elfie, – und das möchte ich dir hoch anrechnen –, fast ohne Formeln auszukommen.

Allerdings auch nur fast …«, ergänzte Willi mit einem breiten Grinsen, »… aber keine Angst, über alles, was mit Onkel SCHRÖDINGERs Katzengleichung und der ominösen Gorch-Fock-Näherung zu tun hat, will ich hier mal den Mantel des Schweigens legen.«

»Die Kritik zum Thema SCHRÖDINGER-Gleichung muss ich mir wohl gefallen lassen, Willi«, versuchte Elfie sich zu rechtfertigen, »da gab es viele Formeln, und nichts davon war so gestaltet, dass man sich das hätte merken können. Andererseits hätte ich es schade gefunden, viel über die Quantenmechanik zu hören, DIE Gleichung der Quantenmechanik aber nie gesehen und nichts weiter über sie erfahren zu haben. Was den Rest angeht, so gebe ich dir Recht, Willi«, fuhr Elfie fort, »viele unserer Themen kratzen doch sehr an dem, was man sich überhaupt noch irgendwie vorstellen kann. Und dann ist es in der Tat anstrengend, entsprechende Hirnverbiegungen durchzuführen, um den verschiedenen Erklärungsansätzen auch nur einigermaßen folgen zu können. Aber auch hierzu kann man ein berühmtes Zitat anführen, in welchem EINSTEIN genau dieses Problem anspricht. Das Problem nämlich, dass die Evolution unser Gehirn wohl so geschaffen hat, dass man für den täglichen Überlebenskampf in der Savanne gut gerüstet ist, vielleicht aber nicht unbedingt, um sich grundlegende Gedanken über das Wie, Warum und Woher zu machen. Seine Stellungnahme dazu lautet:«

Falls Gott die Welt geschaffen hat, war seine Sorge sicher nicht, sie so zu machen, dass wir sie verstehen können.

ALBERT EINSTEIN, Nobelpreis 1921

»Es ist ja auch Wilmas und mein Wunsch gewesen«, antwortete Willi, »genau über diese Dinge zu sprechen, ich habe lediglich den Einsatz ein wenig unterschätzt, den ich bringen muss, um hier am Ball zu bleiben. Aber – ehrlich gesagt – bin ich rückblickend auch ein wenig stolz auf das, was wir schon diskutiert haben. Und eigentlich geht es mir wie Wilma, denn auch ich habe zu den meisten Dingen, die du vorhin aufzähltest, eine Idee oder ein Bild im Kopf, um was es dort geht. Erfreulicherweise ist nämlich tatsächlich nicht alles vollkommen spurlos an mir vorübergegangen. Es ist eben nur ein wenig anstrengender als gedacht.«, fügte er mit einem Lächeln hinzu.

»Aber damit kann man doch leben«, erwiderte Elfie, »und du weißt, zu Dingen, die man sich erarbeitet hat, entwickelt man oft ein viel wertigeres Verhältnis als zu denen, die einem einfach so zufliegen.

Aber wie dem auch sei, ich möchte mich jetzt wie angekündigt mit euch über die Spezielle Relativitätstheorie unterhalten, und auch hier werden wir unser Hirn ein wenig malträtieren müssen.«

»Elfie und Willi«, meldete sich Wilma zu Wort, »ich schlage vor, dass ich für dieses Thema – auf welches ich mich wirklich freue – erst einmal ein wenig Hardware herbeischaffe. Der Willi hatte den Wein ja schon bereitgestellt, den kann er schon einmal einschenken, ich hole jetzt schnell das Knabberzeug, und dann legen wir los.«

Dieser Aspekt genoss auf Anhieb bei allen die volle Unterstützung, und so brauchten sie noch einen Moment, bis Elfie schließlich loslegen konnte:

»So, Leute, es ist so weit – festhalten: Die Spezielle Relativitätstheorie!«

3.1 Die Spezielle Relativitätstheorie

»Eine zentrale Größe bei der Speziellen Relativitätstheorie, kurz SRT genannt, ist die Geschwindigkeit«, begann Elfie, »und eine wichtige Eigenschaft dieser Größe ist, dass Geschwindigkeiten sich ungestört überlagern. Anschaulich bedeutet es einfach: Geschwindigkeiten addieren sich! Wie das gemeint ist, möchte ich euch an einem einfachen Beispiel erklären, und wie immer schreibe ich alles auf einen unserer Denkzettel:

In diesem Beispiel steht Willi in der Innenstadt und sieht eine Straßenbahn mit der Geschwindigkeit $v_S = 20$ km/h an sich vorbeifahren. Er beobachtet außerdem, dass sich ein Fahrgast in der Straßenbahn mit einer Geschwindigkeit von $v_F = 5$ km/h in Fahrtrichtung nach vorn zum Fahrer bewegt. Meine Frage ist, mit welcher Geschwindigkeit sieht Willi den Fahrgast an sich vorbeifahren?«

»Meine Antwort gliedert sich in zwei Teile«, begann Willi engagiert. »Erstens gehe ich davon aus, dass du froh warst, Willi als Beobachter gewinnen zu können, denn es ist ja heutzutage sauschwer, qualifiziertes Personal zu bekommen, und zweitens 25 km/h.«

Wilma nickte und grinste.

»Eine etwas ausführlichere Version des zweiten Teils deiner Antwort hätte natürlich auch lauten können«, erwiderte Elfie, »dass sich die Geschwindigkeiten von Straßenbahn und Fahrgast einfach addieren. Man rechnet daher $v_S + v_F = 20$ $km/h + 5$ $km/h = 25$ km/h, was aber nichts daran ändert, dass du vollkommen Recht hast, Willi.«

»Läuft ja wie geschnitten Brot«, strahlte Willi, »Superthema, die SRT!«

»Genau, deshalb kommen wir auch gleich zu den Hintergründen der SRT«, führte Elfie weiter aus, »oder besser, wir befinden uns knapp 20 Jahre vor der Veröffentlichung der SRT, und zwar sind wir im Jahr 1887. Zu dieser Zeit war der Begriff Geschwindigkeit und alles in seinem Umfeld gut bekannt, allerdings machte die Lichtgeschwindigkeit ein paar Probleme. Da diesem Begriff innerhalb der SRT eine Schlüsselrolle zukommt, notiere ich ihn auf einem unserer Denkzettel …«

3.1.1 Die Lichtgeschwindigkeit

»Ganz kurz etwas Geschichtliches: Schon GALILEO GALILEI äußerte um 1600 die Vermutung, dass das Licht zu seiner Ausbreitung Zeit benötigt, was damals keinesfalls der gängigen Vorstellung entsprach, nach der das Licht einfach nur da war. Der Däne OLE RØMER bestimmte 1676 daraufhin aus astronomischen Beobachtungen für die Lichtgeschwindigkeit einen Wert von $c = 2,1 \cdot 10^8 \; m/s$, der von LÉON FOUCAULT im Jahr 1851 durch eine geniale Drehspiegelkonstruktion auf $c = 2,98 \cdot 10^8 \; m/s$ verbessert wurde, bevor ALBERT ABRAHAM MICHELSON im Jahr 1883 durch eine Weiterentwicklung der FOUCAULT-Methode den heute bekannten Wert von $c = 2,997925 \cdot 10^8 \; m/s$ ermitteln konnte.

Damit war zwar bekannt, dass sich das Licht mit einer sehr hohen Geschwindigkeit ausbreitet, jedoch war die Art der Fortbewegung nicht weiter festgelegt. Im aktuell betrachteten Jahr 1887 war die gängige Vorstellung, dass sich das Licht als Welle ausbreitet. Zeitlich liegen wir noch deutlich vor dem EINSTEINschen Photoelektrischen Effekt von 1905, der Welle-Teilchen-Dualismus beim Licht war also noch kein Thema. Licht war eine Welle und damit etwas, was schwingt. Diese allgemein anerkannte Wellenvorstellung funktionierte in fast allen Bereichen problemlos, allerdings führte sie an einer bestimmten Stelle zu einer unangenehmen Frage: Wenn das Licht von der Sonne zur Erde gelangt und dabei durch die Leere des Weltalls fliegt, WAS schwingt denn da eigentlich?«

»Da stellt sich doch erst einmal die Frage«, antwortete Wilma, »sind denn in unserem Weltall zwischen Erde und Sonne gar keine Teilchen?«

»In unserer Erdatmosphäre beinhaltet ein Kubikzentimeter Luft in Meereshöhe etwa $2{,}5 \cdot 10^{19}$ Teilchen«, erwiderte Elfie. »Wie wir schon besprochen hatten ist das eine Zahl, die mit den Ziffern 2 und 5 beginnt und nach der 5 noch 18 Nullen hat. Das ist viel! Das Weltall hingegen besitzt ein sehr gutes Vakuum, man geht von etwa einem einzigen Teilchen pro Kubikzentimeter aus. Bildhaft befindet sich also in einem Würfel mit der Kantenlänge 1 *cm* gerade mal ein Teilchen. Das ist sehr wenig – viel zu wenig, als dass da etwas als schwingender Träger für das Licht infrage käme. In der Not nahm man an, das Weltall sei angefüllt mit einer Art Matschepampe. Die Pampe selbst war unsichtbar, und es war völlig unklar, aus was sie bestehen sollte. Aber ihre Bestandteile dienten dem Licht als schwingungsfähige Substanz, und somit konnte sich das Licht ausbreiten. Allerdings war Matschepampe kein guter Begriff, deshalb nannte man es *Lichtäther*. Stetig wurde an Experimenten gearbeitet, den Lichtäther nachzuweisen.«

»Ich finde Wissenschaftler großartig«, fügte Willi etwas süffisant hinzu, »kaum kommt man nicht weiter, dann erfindet man einfach etwas, nennt das Ding *Wurbs*, und schon geht's weiter.«

»Ja«, antwortete Elfie, »als Wissenschaftler brauchst du Phantasie, und besonders offen ist man für kreative Ideen, die abseits der breitgetretenen Pfade verlaufen. Aber man darf sich nicht täuschen: Wenn es dann um den Nachweis geht, dass diese Idee auch als Lösung des Problems allgemein akzeptiert werden soll, dann werden sie penibel – äußerst penibel, und dann muss alles stimmen, vor allem die dazugehörige Mathematik. Und wenn die gängige

Mathematik den klaren Nachweis nicht ermöglicht, dann muss die Mathematik eben weiterentwickelt werden, bis der Nachweis klappt. So geschehen bei der Allgemeinen Relativitätstheorie, aber dazu kommen wir ja später noch.

So, nun aber zurück zum Licht bzw. zur Lichtgeschwindigkeit, denn in diesem Zusammenhang gab es neben dem vermuteten Lichtäther noch eine zweite spannende Frage, die sich am anschaulichsten durch das folgende Gedankenexperiment beschreiben lässt:

Eine Taschenlampe befindet sich in der Hand eines stehenden Beobachters, eine andere ist auf einem fahrenden Zug montiert, der mit 150 *km/h* fährt. Beide Taschenlampen leuchten in die Fahrtrichtung des Zuges. Sind beide Lichtstrahlen gleich schnell?«

»Nun ja«, antwortete Willi, »liebe Elfie, du wärst gut beraten gewesen, den Willi wieder als Beobachter einzusetzen, denn der hatte vorhin ja schon das richtige Näschen, aber ich verrate dir das Ergebnis trotzdem! Es gibt nämlich eine physikalische Regel, nach der sich Geschwindigkeiten addieren, und danach ist das Licht auf dem Zug um 150 *km/h* schneller!«

»Das wird aber schwer zu messen sein!«, gab Wilma zu bedenken.

»Willi«, erklärte Elfie, die nun beiden antworten wollte, »ob deine Antwort grundsätzlich richtig ist, das können wir erst ein wenig später entscheiden. Und Wilma, ja, du hast Recht, egal ob Willi mit seinem Statement richtig liegt oder nicht, der Unterschied wäre auf jeden Fall viel zu schwer zu messen gewesen. Aber warum, dazu sollte ich euch erst einmal über den Wert der Lichtgeschwindigkeit etwas genauer informieren, damit man sich besser vorstellen kann, über was wir hier eigentlich sprechen.

So, Achtung, jetzt kommt's: Wenn man den vorhin erwähnten Zahlenwert für die Lichtgeschwindigkeit von $c =$

2,997925 · 10^8 m/s etwas anschaulicher darstellt, dann legt das Licht in einer Sekunde rund 300.000 km zurück, was ungefähr 1 Milliarde km/h entspricht. Als Zahl sind das 1.000.000.000 km/h. Es war utopisch, an die Umsetzung eines entsprechenden Versuchs zu denken, bei dem ein Unterschied zwischen 1.000.000.000 km/h und 1.000.000.150 km/h nachzuweisen gewesen wäre, bei dem zusätzlich auch noch ein Zug mit Volldampf durch die Landschaft prescht.«

Wilma und Willi nickten nachdenklich.

»Man müsste die Taschenlampe auf etwas deutlich schnellerem als den Zug anbringen«, versuchte Willi das Problem auf den Punkt zu bringen, »aber so etwas gab es doch damals noch nicht, oder?«

»Eindeutig jein«, antwortete Elfie, »jedenfalls nicht auf der Erde.«

»Der Raumflug war aber doch noch lange nicht erfunden!«, warf Wilma sofort ein.

»Naja«, erwiderte Elfie und setzte eine bedeutungsvolle Miene auf, »also EINEN Raumflug gab es schon …«, kurze Pause, »… und zwar den der Erde um die Sonne! Die Jungs waren nämlich clever, die wussten damals schon, dass die Geschwindigkeit der Erde um die Sonne etwa 100.000 km/h beträgt.«

»Mann, dagegen ist ja ein Starfighter 'ne flügellahme Hupfdohle«, bemerkte Willi beeindruckt.

»Und warum merken wir nichts von dieser Geschwindigkeit?«, wollte Wilma wissen.

»Das ist eine schöne Frage«, antwortete Elfie entzückt, »ich würde sogar so weit gehen zu sagen, dass es sich dabei um eine leckere Frage handelt. Leckere Fragen sind nämlich Fragen, bei denen man sofort Lust auf mehr zu diesem Thema bekommt. Und obwohl die Frage so lecker ist, muss ich die dazugehörige Diskussion auf etwas später verschieben – leider –, aber schön ist sie, und lecker, und obendrein ist es auch noch eine ganz wichtige Frage! Also, etwas später mehr dazu.

So, ich mach's jetzt kurz«, legte Elfie los, »das folgende Experiment zur Untersuchung der Lichteigenschaften ist als ein besonders bemerkenswerter und folgenreicher Versuch in die Physikgeschichte eingegangen. Es handelt sich um das berühmte MICHELSON-MORLEY-Experiment, dessen Versuchsaufbau ich euch in Bild 3.1 skizziert habe:

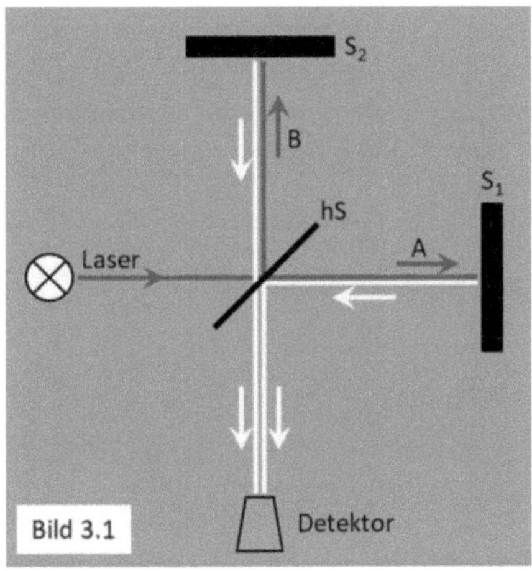

Die Erklärung, wie der Versuch funktioniert, erklärt auch gleichzeitig seine Grundidee: Ein Laserstrahl verläuft durch einen halbdurchlässigen Spiegel hS. Dadurch wird der Strahl in zwei Teilstrahlen A und B aufgespalten, die jeweils rechtwinklig zueinander verlaufen, zu erkennen an den dunklen Linien. An beiden Enden werden die Strahlen durch die Spiegel S_1 und S_2 zurückgespiegelt, dies sind die weißen Linien. Gemeinsam laufen sie wieder durch den halbdurchlässigen Spiegel zurück und treten dann in den Detektor ein, der das Interferenzbild der beiden Laserstrahlen analysiert. Keine Angst, wir müssen jetzt nicht verstehen, wie das Interferenzbild zustande kommt, wir müssen uns von dem gesamten Versuch eigentlich nur merken, dass man mittels Interferenzbild auf bestimmte Eigenschaften der beiden Laserstrahlen zurückschließen kann.

Das Entscheidende ist nun, dass der komplette Versuch drehbar aufgebaut ist, wodurch eine Einstellung gefunden werden kann, bei dem zum Beispiel Strahl B in die Richtung zeigt, in der sich die Erde mit 100.000 *km/h* bewegt, während Strahl A dann automatisch rechtwinklig dazu verläuft.

Dies lässt sich auch mit zwei Flugzeugen vergleichen, die bei starkem Wind unterwegs sind. Dabei soll Flugzeug B in Windrichtung unterwegs sein, während sich Flugzeug A senkrecht zum Wind bewegt, wie ich in Bild 3.2 dargestellt habe:

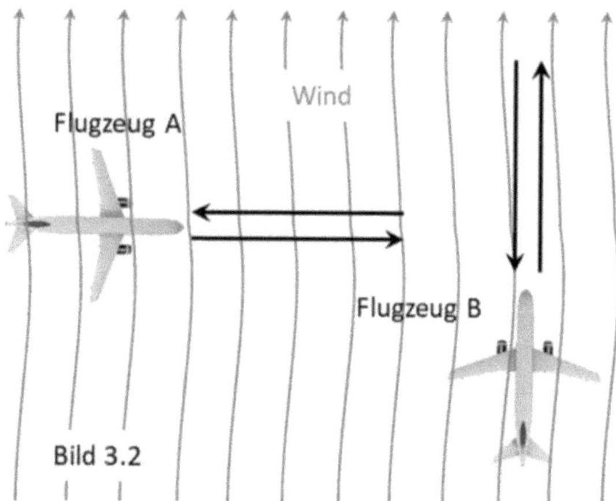

Es ist offensichtlich, dass Flugzeug B auf dem Hinweg – vom Wind unterstützt – deutlich schneller als auf dem Rückflug fliegen würde, während Flugzeug A auf dem Hin- und Rückflug etwa gleich schnell sein sollte. Würde man intuitiv zu der Auffassung gelangen, dass sich die beiden

Effekte aufheben und beide Flugzeuge für gleich lange Strecken gleiche Zeiten benötigen, dann wird man durch rein geometrische Überlegungen eines Besseren belehrt. Man kann nämlich ausrechnen, dass Flugzeug A tatsächlich etwas weniger Zeit als Flugzeug B benötigen würde. Für uns aber ist entscheidend: Die beiden Flugzeuge sind bei gleich langen Strecken unterschiedlich lang unterwegs!

Übertragen wir dies wieder auf den MICHELSON-MORLEY-Versuch, dann würde der Laserstrahl B gegenüber dem als ruhend angesehenen Lichtäther auf dem Hinweg schneller sein, da sich ja seine Geschwindigkeit zu den 100.000 *km/h* der Erde hinzuaddiert, während er auf dem Rückweg gegen diese Geschwindigkeit der Erde fliegt. Der Laserstrahl A würde hingegen – analog zum Flugzeug A – quer zur Bewegungsrichtung der Erde fliegen. Wie auch die beiden Flugzeuge würden beide Laserstrahlen damit unterschiedliche Zeiten benötigen, was durch ein entsprechendes Interferenzmuster im Detektor eindeutig nachweisbar wäre. Genau das war jedenfalls die allgemeine Erwartungshaltung.
Und genau das ist NICHT eingetreten!

Man hat den Versuch gedreht und gewendet, in verschiedenen Forschungslaboratorien aufgebaut und gemessen, zu unterschiedlichen Jahreszeiten und auf verschiedenen Kontinenten durchgeführt, und in ALLEN Fällen war das Ergebnis das gleiche: Die Laserstrahlen kamen absolut zeitgleich am Detektor an, es konnte nicht die kleinste Zeitdifferenz ermittelt werden. Und dies ließ nur einen einzigen Schluss zu: Das Licht war IMMER gleich schnell, egal, ob es zusätzlichen Schwung durch die 100.000 *km/h* der Erde bekommen hatte oder nicht. Entsetzen bei den Wissenschaftlern!«

»Das Entsetzen kann ich verstehen«, bekundete Wilma ihr Mitgefühl, »oder kommt jetzt gleich die Auflösung und alles ist wieder gut?«

»Was heißt hier Entsetzen«, beschwerte sich Willi, »das klingt doch schon wieder nach Hexerei, das hatten wir doch schon einmal. Also ehrlich, wie soll ich mir das denn vorstellen? Da kommt ein Lichtstrahl angeflogen, und weil's bergab geht oder er sonst irgendwie gut drauf ist, gibt er richtig Kante! Und plötzlich, ehe er sich's versieht, gibt's was auf die Nuss, weil er zu schnell war. Also bremst er wieder ab und trottet gemütlich mit seinen was-weiß-ich-wie-viel *km/h* weiter. Das kann man doch nicht ernsthaft glauben, … und …. wer soll denn das überwachen? Wer haut denn dem Licht auf die Finger, wenn es mal wieder zu schnell unterwegs war? Das ist doch alles Mumpitz!«

»Ihr habt ja so Recht«, antwortete Elfie, »und weil alle das nicht glauben wollten, hat man den Versuch sogar noch bis in die 1960er Jahre wiederholt, mit immer besseren Versuchsaufbauten und immer genaueren Messmethoden — das Ergebnis blieb unverändert. Der Lichtgeschwindigkeit ist es völlig schnurz, wie schnell sich die Lichtquelle bewegt, sie hat immer den exakt gleichen Wert!

So, und damals hat das keine Socke verstanden, sondern man nahm vielmehr an, dass dem Ganzen ein grundsätzlicher Fehler zugrunde liegt, den man irgendwann entdecken würde. Und bis dahin nimmt man diese eigenartige Konstanz der Lichtgeschwindigkeit einfach mal als gegeben hin. Eigentlich haben fast alle so gedacht, bis auf einen, und das war ALBERT EINSTEIN. Der hatte sich als einer der ganz wenigen die Mühe gemacht und überlegt, ob dieses Ergebnis eigentlich irgendwelche besonderen Konsequenzen hätte, falls es sich als richtig herausstellen würde. Und tatsächlich, Konsequenzen gab es, und die hatten es auch ordentlich in sich!

Bevor wir uns diese Überlegungen genauer betrachten, müssen wir noch den Begriff des *Inertialsystems* klären, der bei EINSTEINs Überlegungen eine zentrale Rolle spielt. Und dazu kommen wir auf die leckere Frage zurück, die Wilma vorhin stellte. Ich stelle sie jetzt noch einmal an Wilmas Stelle, allerdings ganz leicht abgewandelt. Meine Frage lautet:

Merkt man eigentlich einen Unterschied, ob man sich schnell oder langsam bewegt?«

»Aber sure«, antwortete Willi sofort in akzentfreiem Schulenglisch, »when I drive with my good old Rostschlurre – you remember – very fast over the Highway, Wilma always falls the Essen aus'm Gesicht, you know, but when I drive schön langsam, she looks like the blühende Leben.«

»Mensch, Willi«, kam sofort Wilmas Reaktion, »aber das ist doch nur, weil du ja auch immer fährst wie so 'n Walter Röhrl für BAföG-Empfänger.«

»Ehrlich, Wilma«, erwiderte Elfie, »das glaube ich dir ungesehen! Aber Willi, vielleicht ist Autofahren auch kein gutes Beispiel! Ich stelle mir eher ein Fahren vor, bei dem es im Idealfall keine Erschütterungen oder Vibrationen gibt, also nur so ein Gleiten. Was denkt ihr, merkt man dann einen Unterschied?«

Wilma und Willi überlegten kurz und zuckten mit den Schultern.

»Ich glaube eher nicht«, begann Wilma laut zu denken, »denn von den 100.000 *km/h*, mit der unsere Erde um die Sonne fliegt, wusste ich bisher nichts, weil man sie ja offensichtlich auch nicht spürt.«

»Völlig richtig«, antwortete Elfie, »wir als Menschen haben tatsächlich keinen Sinn dafür zu entscheiden, ob wir uns gleichförmig bewegen oder nicht. Es kommt sogar noch besser: Es gibt auch kein technisches Hilfsmittel, mit dem sich ein Unterschied zwischen dem ruhenden Zustand und einer gleichförmigen Bewegung nachweisen ließe. Aber Achtung, wir sprechen von einer gleichförmigen Bewegung, also einer Bewegung mit KONSTANTER Geschwindigkeit. Es wäre etwas völlig anderes, wenn wir schneller oder langsamer würden, das könnten wir spüren, und das wäre auch eindeutig messbar.

So, damit können wir jetzt den Begriff *Inertialsystem* wie folgt beschreiben: Ein System, das ruht, ist nicht unterscheidbar von einem System, welches sich gleichförmig bewegt. Diese beiden Systeme sind physikalisch absolut gleichberechtigt. Solch gleichberechtigte Systeme werden als *Inertialsysteme* bezeichnet. Mit diesem Begriff des Inertialsystems hat EINSTEIN im Jahr 1905 zwei sogenannte Postulate aufgestellt, welche die Grundlage für seine Spezielle Relativitätstheorie bildeten:

1. In allen Inertialsystemen gelten die gleichen physikalischen Gesetze.

2. Die Lichtgeschwindigkeit besitzt in allen Inertialsystemen den gleichen Wert.

Somit ist das Jahr 1905 tatsächlich weltbewegend, zumindest, was die naturwissenschaftliche Welt betrifft: EINSTEIN hat in diesem einen Jahr mit dem Photoelektrischen Effekt und der damit verbundenen Entdeckung des Welle-Teilchen-Dualismus einerseits die Lichtäther-Theorie überflüssig gemacht – denn jetzt weiß man, dass die Photonen schwingen, es brauchte also keine Matschepampe mehr – und zudem hat sein zweites Postulat, welches er als Grundbaustein für seine Spezielle Relativitätstheorie formuliert hat, die Richtigkeit des Ergebnisses des MICHELSON-MORLEY-Experiments untermauert: Die Konstanz der Lichtgeschwindigkeit!

Damit wirbelten EINSTEINs Erkenntnisse wie ein Hurrikan durch die etablierte Physik und ebneten dabei so ganz nebenbei ganze Theorie-Landschaften ein. Und das war noch nicht alles! Mit der Veröffentlichung der Speziellen Relativitätstheorie pflügte EINSTEIN dann noch einmal so richtig um, was bisher in der Physik als gesichertes, unverrückbares Grundverständnis galt. Dies betrifft vor allem den Begriff der *Zeit*.«

»Das klingt doch alles ein wenig nach Science-Fiction«, bemerkte Wilma, »und, Elfie, du hast den Begriff der Zeit so herausgestellt. Dazu fällt mir immer die gleiche Frage ein: Gibt's denn jetzt nun Zeitreisen oder nicht?«

»Schnickschnack«, entgegnete Willi, »wir haben ja gerade gehört, EINSTEINs Theorie gibt es seit 1905, also seit mehr als 100 Jahren. Würde es durch diese Erkenntnisse möglich sein, zum Beispiel in die Zukunft zu reisen, dann hätte das doch in der Zwischenzeit schon längst jemand mal gemacht.«

»Aber vielleicht scheiterte es ja bisher nur an ein paar technischen Problemen«, erwiderte Elfie, »schauen wir uns doch einmal Schritt für Schritt an, was die SRT eigentlich sagt. Und zu der Frage der Zeitreisen kommen wir etwas später, Wilma«, fügte sie noch schnell hinzu.

»Da gibt es zunächst einmal das Problem mit der Gleichzeitigkeit, und weil dieser Begriff für die SRT entscheidend ist, notiere ich ihn auf unserem Denkzettel, und zwar so, wie es EINSTEIN selbst formulierte ...«

3.1.2 Die Relativität der Gleichzeitigkeit

»Die Begrifflichkeiten muss ich natürlich etwas genauer erklären. Die Gleichzeitigkeit ist ein Begriff, den die Physiker bisher *absolut* verwendeten, wobei *absolut* das Gegenteil von *relativ* meint. Wenn alle Beobachter unabhängig von ihrem Ort und ihrer Geschwindigkeit zum gleichen Ergebnis kommen, dann handelt es sich um etwas Absolutes, bewerten sie einen Effekt unterschiedlich, dann geht es um etwas Relatives. Schlägt zum Beispiel ein Blitz ein, dann stimmen in der Regel alle darin überein, dass der schnell fahrende Autofahrer den Blitz zum gleichen Zeitpunkt sieht wie der in einiger Entfernung stehende Beobachter. *Gleichzeitigkeit* wird daher allgemein als eine absolute Größe angesehen. Dagegen ist der schon viel verwendete Begriff *Geschwindigkeit* eine relative Größe, denn unterschiedliche Beobachter kommen zu unterschiedlichen Ergebnissen. Als Beispiel hatten wir eine Person genannt, die sich in einer mit 20 *km/h* fahrenden Straßenbahn mit 5 *km/h* in Richtung Schaffner bewegt. Diese Person würde behaupten, dass sie sich mit 5 *km/h* bewegt. Der außerhalb stehende Willi hatte diese Person jedoch mit 25 *km/h* an sich vorbeifahren sehen.«

»… was der Willi natürlich auch völlig korrekt erkannte, möchte ich an dieser Stelle nur noch einmal betonen«, merkte dieser an.

»Nach EINSTEIN«, fuhr Elfie fort, zeigte aber in Richtung Willi den erhobenen Daumen, was der zufrieden zur Kenntnis nahm, »haben wir es beim Begriff der Gleichzeitigkeit nun aber auch mit einer relativen Größe zu tun. Diese *Relativität der Gleichzeitigkeit* hat er selbst durch einen Gedankenversuch veranschaulicht, ganz ähnlich dem, wie ich euch hier in Bild 3.3 dargestellt habe.

Zwischen zwei Raumschiffen A und B befindet sich ein Blitzlicht. Raumschiff A befindet sich zur Blitzlampe in Ruhe, Raumschiff B bewegt sich relativ zur Blitzlampe von rechts nach links mit $v = 0{,}9 \cdot c$, also mit 90% der Lichtgeschwindigkeit c. Der Blitz wird genau dann ausgelöst, wenn sich die in der Mitte beider Raumschiffe befindlichen Markierungen (•) genau gegenüberstehen. Der Kreis zeigt die

Kugelwelle an, mit der sich das Licht um die Blitzlampe herum ausbreitet, das Bild zeigt also einen Zustand, kurz nachdem der Blitz erfolgte. Das Raumschiff B ist seitdem schon ein Stück weitergeflogen.

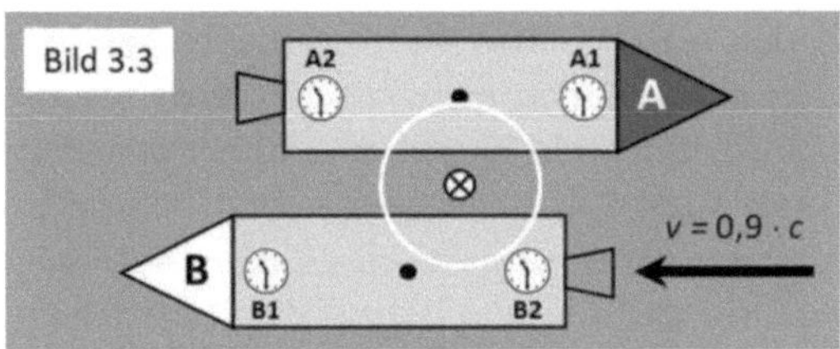

Man erkennt, dass die beiden Beobachter A1 und A2 im ruhenden Raumschiff A, repräsentiert durch die Uhren, den Blitz gleichzeitig erkennen werden. Im sich bewegenden Raumschiff B wird jedoch der Beobachter B2 das Ereignis als Erster wahrnehmen, und zwar noch VOR den Beobachtern A1 und A2. Als Letzter wird schließlich der Beobachter B1 den Blitz zu sehen bekommen. Würde man alle Beobachter fragen, wann sie den Blitz gesehen haben, würden insgesamt drei verschiedene Zeitpunkte genannt werden – und jeder hätte Recht! Damit ist die absolute Gleichzeitigkeit von Ereignissen nicht mehr gegeben.«

»Aber Moment«, warf Wilma ein, »das ist doch nur, weil das Raumschiff B so verdammt schnell fliegt.«

»Ja natürlich«, antwortete Elfie, »ich hatte ja eingangs schon erwähnt, dass die EINSTEINschen Relativitätseffekte in unserer Erfahrungswelt nur so lange keine Rolle spielen, solange wir uns langsam genug bewegen. In allen Fällen, wo ausreichend hohe Geschwindigkeiten auftreten, – und das ist durchaus schon bei einigen aktuellen technischen Einrichtungen der Fall –, schlagen diese relativistischen Effekte voll zu Buche und müssen entsprechend berücksichtigt werden.

Was merken wir uns also im Zusammenhang mit der absoluten Gleichzeitigkeit? Die Antwort ist: Es gibt sie nicht! Ok, wir hier auf unserer *Zeitlupenerde*, wir sind eben so langsam, dass wir diese zeitlichen Unterschiede nicht bemerken – aber sie sind da! Der vorhin erwähnte Blitz zum Beispiel, der schlägt eben nur für diejenigen Betrachter gleichzeitig ein, die sich gleich weit vom Einschlagpunkt entfernt aufhalten. Alle anderen sehen ihn etwas früher oder etwas später. Wir halten also fest: Ein korrektes Verständnis unserer Welt und unseres Universums setzt einen korrekten Umgang mit dem Begriff der Gleichzeitigkeit voraus.«

Elfie machte einen kurzen Moment Pause, um zu sehen, ob noch alle an Bord waren. Zu ihrer Beruhigung blickte sie in zwei strahlende Gesichter, die ganz offensichtlich begierig waren, mehr zu erfahren. Mit so viel Rückenwind ausgestattet holte sie kurz Luft und fuhr fort.

»So, dann kommen wir nun von der Gleichzeitigkeit auf den allgemeinen Begriff der Zeit und schauen, wie sich die SRT darauf auswirkt. Dazu führte EINSTEIN ein tolles Gerät ein, die sogenannte Lichtuhr!«

»Klingt cool«, unterbrach Willi, »gibt's die auch als Armbanduhr?«

»Die Frage wirst du dir gleich selbst beantworten können«, antwortete Elfie, »wenn ich euch ihre Funktionsweise erkläre. Bei der Lichtuhr handelt es sich um eine Art Glassäule, an deren oberem und unterem Ende jeweils ein Spiegel angebracht ist. In dieser Glassäule befindet sich ein – durch einen extrem kurzen Lichtimpuls erzeugter – Lichtpunkt, der zwischen den beiden Spiegeln immer hin und her saust. Dieser Lichtpunkt fliegt zwar mit Lichtgeschwindigkeit, wir betrachten die ganze Szenerie aber mit einer Super-Slow-Motion-Kamera und können so den Lichtpuls sehr schön erkennen. In der Darstellung 3.4 ist der Weg des Lichtpunkts als weißer Pfeil dargestellt.

Zur Vereinfachung nehmen wir an, dass der Lichtpunkt für den Weg von Spiegel 1 zu Spiegel 2 und wieder zurück genau eine Sekunde benötigt, wobei das Wiederankommen an Spiegel 1 mittels Kontrolllampe an der Lichtuhr durch ein kurzes Aufblinken angezeigt wird. In der oberen Darstellung blinkt daher das Lämpchen im Takt von einer Sekunde. In dieser Darstellung ist die Lichtuhr ortsfest, was bedeutet, sie bewegt sich NICHT!

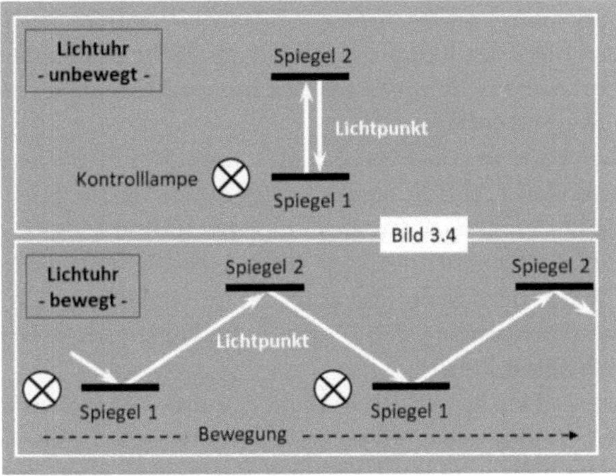

Im Gegensatz dazu bewegt sich im unteren Bild die Lichtuhr mit fast Lichtgeschwindigkeit an einem ruhenden Beobachter von links nach rechts vorbei. Übrigens verwendet man in diesem Kontext gern die Formulierung *mit fast Lichtgeschwindigkeit*, anstatt zu sagen, *fast mit Lichtgeschwindigkeit*. Das ist zwar sprachlich etwas holprig, hat sich aber so etabliert. So, zurück zur Erklärung: Wenn jetzt der Lichtpunkt bei Spiegel 1 startet und sich in Richtung Spiegel 2 bewegt, dann bewegt sich währenddessen auch die Lichtuhr am ruhenden Beobachter vorbei. Für ihn bewegt sich daher der Lichtpunkt in einer Diagonalen von links unten

149

nach rechts oben zu Spiegel 2, was einen deutlich längeren Lichtweg als zuvor ergibt, gut zu erkennen am längeren weißen Pfeil im unteren Teil von Bild 3.4.

Wenn sich der Lichtweg verlängert hat, dann MUSS sich auch die Zeit *verlängert* haben, denn der Lichtpunkt hat immer die gleiche Geschwindigkeit, er kann sich nämlich nicht schneller als mit Lichtgeschwindigkeit bewegen. Das *verlängern* der Zeit bedeutet, dass eine Sekunde nun etwas länger dauert. Sprachlich besser wäre es, von einer *Zeitdehnung* oder einer *Verlangsamung der Zeit* zu sprechen, denn das Aufleuchten des Lämpchens wird aus Sicht des ruhenden Beobachters nicht mehr im Sekundentakt erfolgen, sondern länger benötigen.

Was bedeutet das? Es bedeutet, dass die Zeit in der sich bewegenden Lichtuhr aus Sicht des ruhenden Beobachters langsamer vergangen ist, Zeit ist damit relativ!«

Einen Moment herrschte Stille, der Gesichtsausdruck von Wilma und Willi ließ aber darauf schließen, dass bei beiden der zwischen den Ohren befindliche Hauptrechner unter Volllast lief.

»Irgendwie kapier' ich es nicht, … also … so überhaupt nicht«, meldete sich Wilma zu Wort. »Wobei …, der erste Teil, der geht ja noch. Lass mich das Ganze noch einmal Schritt für Schritt durchgehen.

Die obere Darstellung ist klar. Gebongt! Kommen wir zur unteren. Dort bewegt sich der Lichtpunkt für den ruhenden Beobachter nicht einfach gerade nach oben, sondern schräg nach rechts oben, weil sich die Lichtuhr selbst eben auch bewegt. Es ist so, als wenn man auf einem Blatt Papier einen Strich nach oben zeichnet, während gleichzeitig das Papier unter dem Stift weggezogen wird.«

»Genau!«, warf Elfie kurz dazwischen. »Ein sehr guter Vergleich!«

»Und dieser Lichtweg, also der weiße Pfeil ist jetzt länger als der vorherige, als noch alles unbewegt war. Auch das ist noch klar, dies sieht man ja in Bild 3.4. Aber warum vergeht dann die Zeit langsamer?«

»Ich glaube, ich weiß«, antwortete Elfie, »wo das Problem liegt. Man muss nämlich wissen, dass es einen ganz speziellen Zusammenhang zwischen der Lichtgeschwindigkeit und der Zeit gibt.«

»Aha«, unterbrach Willi, »das ist in der Tat ein Problem, denn das ist mir noch gar nicht klar!«

Auch Wilma zeigte mit einem leichten Stirnrunzeln, dass ihr dieser Umstand offensichtlich ebenfalls neu war.

»Ok«, sagte Elfie, »was haltet ihr von Folgendem? Wir haben jetzt Freitagabend, und ich sehe schon, das Thema *Zeit* braucht Zeit – hihi, wie der Name schon sagt! Wir können jetzt weitermachen, dann geht's aber bis in die Puppen, und irgendwann ist dann wahrscheinlich auch mal der Akku leer – oder aber, wir verabreden uns einfach für morgen und machen dann genau hier weiter. Aber – hättet ihr denn morgen überhaupt Zeit?«

»Also für die Zeit haben wir doch immer Zeit«, frotzelte Willi, »stell dir vor, man hätte keine Zeit mehr für die Zeit, wo kämen wir denn dann hin? Obwohl, ich habe ja gerade gelernt, dass man sich nur schnell genug bewegen muss, um sich auf diese Weise innerhalb der dann langsamer vergehenden Zeit zusätzliche Zeitfenster zu verschaffen. Und die müssten dann natürlich auch geputzt werden, was wiederum zusätzlichen Zeitaufwand bedeuten würde, oder aber, um Zeit zu sparen, lässt man sie reinigen, natürlich gegen Bezahlung. Und schon sind wir beim Thema Geld und der wohlbekannten Erkenntnis: *Zeit ist Geld* – eine Erkenntnis, die sich ganz offensichtlich direkt aus der Speziellen Relativitätstheorie ableiten lässt.

Tja, und Geld ist natürlich in diesen – wie in allen – Tagen ein kostbares Gut, fast so kostbar wie Zeit, und die haben wir ja.«

Wilma und Elfie blickten sich etwas irritiert an.

»Ich glaube«, ergriff Wilma das Wort, »was Willi dir sagen wollte, Elfie, ist, dass wir morgen Zeit haben und den Abend gern mit dir verbringen möchten.«

»Sehr schön«, erwiderte Elfie, »ich bekomme langsam auch etwas Übung im Dechiffrieren der verbalen Schöpfungsattacken à la Willi, aber ich glaube, wenn ich etwas mehr ZEIT gehabt hätte, hätte ich seine Antwort genauso interpretiert wie du.«

Einen kurzen Moment war Ruhe, dann aber mussten alle lachen, und so verbrachte man noch gemeinsam ein Weilchen, bis Elfie schließlich sagte:

»So, dann haben wir ja jetzt einen Plan, und genau so machen wir's. Ich komme morgen wieder zur gewohnten Zeit vorbei – da war sie ja schon wieder, die *Zeit*, man könnte wirklich meinen, alles würde sich nur um sie drehen – ja, und dann geht's weiter mit der, … na, ihr wisst schon!«

»Super, Elfie«, antwortete Wilma, »und heute übernehme ich das:

In diesem Sinne«, formulierte Wilma mit feierlicher Stimme, »komm gut nach Hause, bis morgen, wir freuen uns schon!«

Der nächste Abend

»Alles klar«, begann Elfie, als alle wieder gemeinsam am Tisch saßen und Wilma und Willi gespannt auf den zweiten Teil der Speziellen Relativitätstheorie warteten, »ich hoffe, ihr seid fit! Ich rede jetzt auch nicht lange um den heißen Brei herum, sondern starte gleich durch. Wir sind gestern bei der Feststellung stehengeblieben, dass es einen Zusammenhang zwischen der Lichtgeschwindigkeit und der Zeit gibt. Und genau den wollen wir jetzt etwas näher betrachten:

Wie ihr wisst, ist das Licht zwar schnell, sehr schnell sogar, aber eben nur endlich schnell. Wenn mich jetzt jemand aus einer Raumstation beobachten würde und ich würde JETZT den Arm heben, dann würde es einen kleinen Moment dauern, bis dieses *Elfie-hebt-den-Arm* Bild die Raumstation erreichen würde. In einem Gedankenexperiment soll nun parallel dazu ein Astronaut mit einem Raumschiff starten, welches sich mit Lichtgeschwindigkeit von der Erde entfernt und sozusagen neben dem Lichtsignal *Elfie-hebt-den-Arm* mitfliegt. Würde der Astronaut aus dem Fenster seines Raumschiffs schauen, dann hätte er ständig dieses Standbild *Elfie-hebt-den-Arm* vor Augen, denn zusammen mit diesem Signal entfernt er sich ja von der Erde. Ich kann also auch sagen, für den Astronauten steht die Erdzeit still! Könnte dieses Raumschiff sogar schneller als das Licht fliegen, dann würde er weiter vorn fliegendes Licht einholen und würde Dinge sehen, die vor seinem Start auf der Erde passiert sind, er würde also in die Vergangenheit schauen. Gut – das geht nicht, denn nichts kann sich schneller als das Licht bewegen, aber für unser Gedankenexperiment durften wir so etwas mal kurz annehmen. Also hören wir jetzt auf mit dieser Raserei, bremsen gedanklich wieder etwas ab und bewegen uns nun wieder schön gemütlich mit Lichtgeschwindigkeit.

Sich so schnell wie das Licht zu bewegen heißt demnach, dass die Zeit stillsteht – ihr erinnert euch an das Standbild, das der Astronaut beim Rausschauen aus dem Raumschiff sieht! Demnach hängen also *Lichtgeschwindigkeit* und *Zeit* direkt miteinander zusammen.

Aber ich möchte noch einen Schritt weitergehen und komme noch einmal zurück zum Lichtsignal *Elfie hebt den Arm*, welches sich mit Lichtgeschwindigkeit von der Erde wegbewegt. Das Signal legt also pro Sekunde fast 300.000 *km* zurück. Umgekehrt kann ich auch sagen, dass nach einer vom Lichtsignal zurückgelegten Strecke – also einem Lichtweg – von rund 600.000 *km* etwa 2 Sekunden vergangen sein müssen. Nach einem Lichtweg von etwa 900.000 *km* sind dann 3 Sekunden vergangen, weswegen ich auch sehr plakativ formulieren kann: *Lichtweg entspricht Zeit!* Diesen Ausdruck werde ich gleich noch mehrfach verwenden!«

»Stopp!«, intervenierte Willi. »Erst einmal bis hierher. Ich merke gerade, wie mein Gehirnbizeps nach einer kurzen Pause schreit. Aber wenn ich mich selbst richtig verstehe, was durchaus nicht immer der Fall ist, dann bin ich auch ganz kurz vor einem Aha-Effekt. Und ob dem wirklich so ist, das muss ich jetzt überprüfen.«

Willi schaute mit leuchtenden Augen in die Richtung von Elfie, dann zu Wilma und wieder zurück, so dass beide ihn wiederum gespannt anschauten.

»So etwas Ähnliches kennen wir doch schon aus der Astronomie«, fuhr Willi fort. »Man sagt doch, dass der Blick in den Sternenhimmel ein Blick in die Vergangenheit ist. Als Begründung wird angeführt, dass das Licht der Sterne, was uns gerade erreicht, teilweise schon sehr lange unterwegs war. Und je länger das Licht unterwegs war, je länger also der Lichtweg war, desto weiter schauen wir in der Zeit zurück. Also auch hier der Zusammenhang: *Lichtweg entspricht Zeit.*«

»Ja, aber das ist doch ein Knaller«, konnte Elfie ihre Begeisterung kaum zügeln, »da ist ja deine Erklärung noch besser als meine! Super, Willi, genauso ist es.«

»Tja«, erwiderte Willi, »während ihr des Nachts in eure Kopfkissen schnorchelt, schlägt die Stunde von Astro-Willi! Zusammen mit meinem guten, alten Feldstecher sitze ich dann am Wohnzimmerfenster mit Blick in den Sternenhimmel, um fremde Galaxien zu erforschen, neues Leben und neue Zivilisationen. Viele Lichtjahre von der Erde entfernt dringe ich in Galaxien vor, die nie ein Mensch zuvor gesehen hat.«

»Du schaust eindeutig zu viel *Raumschiff Enterprise*«, sah Wilma Willi etwas verunsichert an und ergänzte, »aber mal im Ernst, schaust du dir wirklich mitten in der Nacht die Sterne an?«

»Na ja, also nicht so häufig«, antwortete Willi, »aber hin und wieder sehe ich des Nachts bei meinen routinemäßigen Überprüfungen der Ablaufdaten diverser Weinachts- oder Oster-Überbleibsel im Vorbeigehen einen sternenklaren Nachthimmel, und dann ist's um mich geschehen. Ich hab' zwar keine Ahnung, was ich da sehe, aber es ist faszinierend, was man allein schon mit so einem stinknormalen Fernglas alles erkennen kann. Und wenn mir dann klar wird, dass ich vielleicht gerade einen Stern ansehe, von dem nur noch das Licht unterwegs ist, und der Stern selbst schon gar nicht mehr existiert, dann läuft mir immer ein leichter Schauer über den Rücken.«

»Ja, Willi«, erwiderte Elfie, »dann bist du ja schon fast ein richtiger Hobby-Astronom, und der Zusammenhang zwischen Lichtweg und Zeit war dir schon irgendwie klar, er ist nur noch nicht so konkret in dein Bewusstsein vorgedrungen.«

»Also über dein privates Engagement kont zur Vernichtung etwaiger Süßigkeiten-Reste sollten wir später noch einmal in Ruhe sprechen, Willi«, wollte Wilma den Sachverhalt an dieser Stelle nicht weiter vertiefen, »aber lasst uns zurück zum Thema kommen. Ich glaube nämlich, dass man in bestimmten Momenten nicht nachlassen darf. Vorhin dachte ich zwar, jemand sollte mal das Brett entfernen, was da vor meinem Kopf rumdümpelte, aber Astro-Willi hat tatsächlich bei mir einen *Ach-so-ist-ja-klar* Moment erzeugt, und wenn ich dann nicht am Ball bleibe, dann verschwindet dieses schöne Gefühl gleich wieder im Nirwana. Daher, danke Willi! Und Elfie, mach mal weiter.«

»Ja, aber gern« sprang Elfies Motor sofort wieder an, »natürlich bleiben wir jetzt am Ball, und wenn wir unser *Lichtweg entspricht Zeit* schön knusprig und frisch im Hinterkopf behalten, dann ist nämlich auch die Lichtuhr besser zu verstehen. Zur Erinnerung: Bei der ruhenden Lichtuhr dauerte der Weg des Lichts vom unteren zum oberen Spiegel genau eine Sekunde, also hier schon wieder: *Lichtweg entspricht Zeit*! Ist der Lichtpunkt auf der Hälfte der Strecke angekommen, dann wäre eine halbe Sekunde vergangen, denn: *Lichtweg entspricht Zeit*!

Genau dies hat uns auch Willi mit seinem Astronomie-Vergleich demonstriert, nämlich dass das Licht von unterschiedlich weit entfernten Sternen aufgrund der unterschiedlichen Lichtwege unterschiedlich lang unterwegs war. Oder, man hätte auch umgekehrt sagen können, dass das Licht von Objekten mit dem gleichen Abstand zur Erde gleiche Lichtwege besitzt und deshalb das Licht gleich lang unterwegs ist. Und jetzt kommt's, und das ist neu — Achtung:

Die Bewegung der Lichtuhr bewirkt, dass TROTZ DES GLEICHEN ABSTANDS DER SPIEGEL ZUEINANDER DER LICHTWEG SICH ÄNDERT! Er wurde länger, oder besser gesagt, er wurde gedehnt.«

Das Wort *gedehnt* sprach Elfie auch sehr gedehnt aus und machte dazu eine entsprechende Handbewegung, welche die Bedeutung des Wortes noch einmal unterstrich. Dann ließ sie dem Gesagten eine kurze Pause, damit es sich einen gemütlichen Platz im Oberstübchen suchen konnte, um es sich dort bequem zu machen.

»Wenden wir auch hier unsere Regel *Lichtweg entspricht Zeit* an«, fuhr sie behutsam fort, »dann müssen wir jetzt formulieren: *Einem gedehnten Lichtweg entspricht eine gedehnte Zeit.* In der bewegten Lichtuhr wurde also die Dauer einer Sekunde gedehnt. Ich könnte auch sagen, der Zeitpfeil *eine Sekunde* wurde auseinandergezogen, eine Sekunde in der bewegten Lichtuhr dauert nun länger als eine Sekunde in der ruhenden. Und dies bedeutet: Die Zeit in der sich bewegenden Lichtuhr vergeht langsamer.«

»Ja, ja«, erwiderte Willi, »es klebt noch so ein wenig beim Denken, aber ich komme so langsam auf den Trichter.«

»Lasst uns noch ein wenig mit der gedehnten Zeit beschäftigen«, führte Elfie weiter aus, »das hilft uns, langsam Oberwasser zu bekommen.

Wir stellen uns nun vor, dass zusätzlich zum ruhenden Beobachter ein zweiter Beobachter hinzukommt, der sich aber mit der Lichtuhr mitbewegt, also ein sich bewegender Beobachter. Und für den Moment sollten wir die etwas sperrigen Begriffe *ruhender Beobachter* und *sich bewegender Beobachter* ersetzen durch *Erdling* und *Astronaut.* Die Lichtuhr befindet sich beim Astronauten.

Also, der Astronaut fliegt mit fast Lichtgeschwindigkeit und seiner Lichtuhr am Erdling vorbei. Während für den Erdling seine Zeit ganz normal vergeht, vergeht aus SEINER SICHT die Zeit des Astronauten dort oben deutlich langsamer, zu erkennen am gedehnten Lichtweg des Lichtpunktes in der Lichtuhr. So weit waren wir schon, wir haben jetzt nur den Astronauten zur Lichtuhr hinzugetan. Wichtig dabei ist, dass es nicht irgendeine Messung ist, die etwas Langsameres anzeigt, sondern es ist tatsächlich DIE ZEIT, die aus Sicht des Erdlings dort oben langsamer verläuft. Würde der Astronaut dort oben zum Beispiel ein drei-Minuten-Ei kochen, dann würde dies aus seiner Sicht auch genau drei Minuten benötigen, bis es fertig ist. Aus Sicht des Erdlings jedoch würde dieses Ei viel länger brauchen, weil aus seiner Sicht dort oben eben alles langsamer abläuft.«

»Wieso sagst du andauernd ... *aus Sicht des Erdlings*«, unterbrach Wilma, »das klingt, als sei dies nur scheinbar so, und in Wirklichkeit ist alles wie gehabt, denn der Astronaut merkt doch nichts von dieser langsameren Zeit bei ihm da oben, oder?«

»Das ist richtig«, antwortete Elfie, »der Astronaut merkt davon nichts, denn für ihn läuft die Zeit im Raumschiff normal weiter. Aber lass mich kurz noch etwas zu dieser Satzkonstruktion sagen, die immer beginnt mit: *Aus Sicht des ...*: Nehmen wir an, der Astronaut soll aus dem Fenster auf die Erde blicken und beschreiben, was er sieht. Er würde nun eine umgedrehte Schilderung liefern. Aus seiner Sicht ruht er und der Erdling bewegt sich mitsamt der Erde mit fast Lichtgeschwindigkeit an ihm vorbei, weswegen aus seiner Sicht die Zeit auf der Erde nun deutlich langsamer vergeht. Beide Beschreibungen sind aber korrekt, denn es gibt kein Bezugssystem, das für alle richtig ist. Das System *Erde* und das System *Raumschiff* sind zwei gleichberechtigte Inertialsysteme, die sich mit fast Lichtgeschwindigkeit relativ zueinander bewegen. Eine in sich stimmige und widerspruchsfreie Beschreibung der Vorgänge kann aber immer nur aus Sicht EINES der Systeme erfolgen. Aktuell beziehen wir alles auf das System *Erde*. Es ist daher notwendig, Formulierungen wie *aus Sicht des Erdling* oder *aus Sicht des Systems Erde* zu verwenden.«

Elfie unterbrach kurz, um dem Gesagten ein wenig Zeit zu geben, sich zu setzen. Ein kurzer Blick in die Gesichter von Wilma und Willi verriet ihr aber, dass sich das Gesagte nicht nur setzte, sondern sich gleich zum Schlafen legte und Gefahr lief, einfach weggeträumt zu werden. Bevor sie also weitermachen konnte, musste sie zunächst etwas gegen die vielen Fragezeichen unternehmen, die da noch unterwegs waren.

»Ich gebe zu«, fuhr sie daher fort, »dass diese Sichtweise der unterschiedlichen Inertialsysteme immer sehr akademisch klingt –, sie ist es aber eigentlich gar nicht. Folgende Situation kennt ihr doch bestimmt: Man sitzt im Zug am Bahnhof und wartet, dass er endlich losfährt. Auf dem Nebengleis steht ebenfalls ein Zug. Endlich bewegt sich etwas, aber leider ist es der andere Zug, der startet. Da man gerade sowieso nichts anderes zu tun hat, schaut man ihm zu, wie er langsam an einem vorbeigleitet, und plötzlich fährt auch noch der Bahnhof an einem vorbei! Man stutzt – und dann kommt die Erkenntnis: Es war doch der eigene Zug, der losgefahren ist, und man fährt schon eine Weile, ohne dass man dies gemerkt hat.«

»Natürlich«, bestätigte Wilma, »das ist mir schon häufiger passiert.«

»Dieses Beispiel hinkt zwar etwas«, erklärte Elfie weiter, »denn der Zug wird ja beschleunigt und bewegt sich dadurch nicht gleichförmig, so wie das für ein Inertialsystem eigentlich gefordert ist. Allerdings fällt die Beschleunigung so gering aus, dass wir tatsächlich nicht feststellen können, wer sich bewegt. Wir ignorieren daher diese extrem geringe Beschleunigung für den Moment. Wenn wir dies tun, dann könnte man nämlich physikalisch formulieren, dass sich hier zwei Inertialsysteme relativ zueinander bewegen.«

»Ich glaube ja«, begann Willi, »dass Physiker immer Formulierungen suchen, die total sperrig waagerecht im Raum stehen. Leider ist der Weg durch mein Ohr bis zum Hirn aber nur für aufrecht stehende Dinge durchlässig, und da braucht's immer jemanden, der das erst einmal dreht. Und das hast du gerade getan, Elfie. Ich bin jetzt dem, wie man sich ein Inertialsystem vorzustellen hat, schon einmal einen deutlichen Schritt nähergekommen.«

»Das ging mir ebenso«, nickte Wilma, »und ich verstehe jetzt auch die unterschiedlichen Sichtweisen. Nehmen wir an, Zug A steht und Zug B fährt los. Da für die Insassen aus A und B aber nicht erkennbar ist, wer nun fährt, würde jeder von sich behaupten, dass er ruht, und der andere würde sich bewegen. Bezogen auf Erdling und Astronaut ist in einem Fall der Erdling der Meinung, dass er ruht, und das Raumschiff würde sich bewegen. Aus Sicht des Raumfahrers ist es aber gerade umgekehrt, denn der würde sagen, dass der Erdling mitsamt Erde gerade eben wie ein Irrer an ihm vorbeigerast sei, während er ganz ruhig am Fenster stehen und die Sterne zählen würde.«

Elfie strahlte, doch bevor sie etwas sagen konnte, fuhr Wilma fort und wies dabei auf Bild 3.4 in der gelben Mappe.

»Und ich muss noch etwas ergänzen: Wenn ich mir diese Darstellung genau anschaue, dann ist die Zeit offensichtlich immer dort verlangsamt, wo sich etwas bewegt. Daher sagt im ersten Fall der Erdling, dass die Zeit beim Raumfahrer langsamer verstreicht, und im zweiten Fall ist der Raumfahrer der Meinung, die Zeit würde beim Erdling langsamer vergehen.«

»Ja, aber Wilma«, rief Elfie beglückt, »da bist du aber so was von vorne dabei! Das war ja, wie soll ich sagen, alles picobello erklärt. Ich habe dem nichts weiter hinzuzufügen.«

»Natürlich hatte auch ich eine ganz ähnliche Formulierung auf der Pfanne«, ergänzte Willi etwas mürrisch, »aber genauso natürlich habe ich der Dame den Vortritt gelassen – alte Schule eben!«

»Das ist doch wunderbar«, schnalzte Elfie mit der Zunge, »dann überfordere ich ja niemanden, wenn ich jetzt den nächsten Schritt mache und sage, dass wir bei diesen Betrachtungen immer zwischen zwei Zeiten zu unterscheiden haben. Da gibt es, genau wie du es formuliert hast, Wilma, einerseits die Zeit des Ruhenden und andererseits die Zeit, die aus Sicht des Ruhenden in dem bewegten System vergeht. Und an dieser Stelle muss ich einen kleinen Einschnitt machen. Es würde nämlich alles ein klein wenig einleuchtender, wenn wir das Ganze mit ganz, ganz wenig, also mit einem niedlichen, kleinen Quant an Mathematik aufpeppen würden, was meint ihr?«

»Superidee«, antwortete Willi sofort wieder gut gelaunt, »ich hol schon mal den Schnaps«, stand auf und machte damit klar, dass es sich nicht um eine leere Drohung handelte!

»Und ich die Gläser«, rief Wilma, schon auf halbem Weg zum Küchenschrank.

»Na, das nenne ich mal ein eindeutiges Votum«, scherzte Elfie, während sich die anderen beiden schon wieder setzten und den Grund ihres Aufbruchs auf dem Tisch abstellten, »ich hatte schon Bedenken, dass ihr Vorbehalte gegenüber der klaren Sprache der Mathematik hättet, aber das scheint ja definitiv nicht der Fall zu sein. Sehr schön – also aufgepasst – wir haben jetzt ZWEI Zeiten! Die dazu notwendigen Überlegungen kann man mit dem Begriff *Zeitdilatation* überschreiben. Dieser Ausdruck stellt eine zentrale Aussage im Rahmen der SRT dar. Daher notiere ich ihn und eine weitere lustige Spielart dieser Thematik fein säuberlich auf unserem Denkzettel, also …«

3.1.3 Die Zeitdilatation und das Zwillingsparadoxon

»Als ich sagte, dass wir ein klein wenig Mathematik benötigen, meinte ich, dass ich auf dem Denkzettel gleich eine Formel notieren werde, bei der zwischen zwei Zeiten unterschieden wird. Dabei handelt es sich einerseits um die Zeit, die für einen ruhenden Beobachter vergeht, was wir im Folgenden mit t_{ruh} bezeichnen wollen. Andererseits gibt es noch die Zeit, die AUS SICHT des ruhenden Beobachters für einen sich bewegenden Beobachter vergeht, was wir mit t_{bew} bezeichnen wollen. Wir verwenden diese Begriffe nun wieder anstatt Erdling und Astronaut, da unsere Überlegungen ganz allgemein gelten sollen. Dies bedeutet, dass auch das Vertauschen der Rollen *ruhend* und *bewegt* grundsätzlich möglich sein muss, denn aus Sicht eines sich bewegenden Beobachters ist er ja der ruhende und der andere bewegt sich. Nach der SRT kommt es nämlich nur auf die relative Bewegung der beiden zueinander an, also auf die Relativbewegung zweier Inertialsysteme. Wenn das so weit klar ist, dann wollte ich euch in diesem Zusammenhang ein Angebot zur Freundschaft machen.«

Elfie machte eine Pause, während Wilma und Willi sie erwartungsvoll anschauten.

»Klingt grundsätzlich gut«, ergriff schließlich Willi das Wort, nachdem Elfie keine Anstalten machte, sich näher zu äußern, »obwohl du deine Aussage nach meinem Geschmack ruhig noch so ein klein wenig spezifizieren könntest.«

»Aber gern«, antwortete Elfie, »ich mache euch ein Angebot zur Freundschaft, indem ich mir vorgenommen habe, in Zukunft immer dann, wenn wir an eine solche Stelle kommen, euch weitere Angebote zur Freundschaft zu unterbreiten.«

Wieder Ruhe.

»Aha«, erwiderte Willi, »jetzt wird's klar.«

Noch einmal Ruhe.

»Wie jetzt«, ergriff nun Wilma das Wort, »mir ist überhaupt nichts klar. Um was für ein Angebot geht es denn jetzt, und sind das mehrere Angebote oder doch nur eines, oder was?«

»Ja, ich gebe es zu«, antwortete Elfie amüsiert, »ich spreche in Rätseln, aber das Angebot meine ich ernst, und zwar geht es um Folgendes: Ich sehe doch schon immer das Entsetzen, wenn ich beginne, etwas rechnen zu wollen. Das ist einerseits verständlich, andererseits liegt dem aber auch eine völlig unnötige Angst vor der Mathematik oder vor Formeln zugrunde. Zusätzlich versagen wir uns auch so manchen Aha-Effekt, der mit Zahlen schneller und eindeutiger zu erreichen wäre als durch bloße Worte. Ich habe mich daher entschlossen, beides zu machen!«

Elfie schaute in Wilmas und Willis Gesicht und strahlte.

»Ich find's gut ...«, war es wieder Willi, der die Stille beendete, »... ich kapier's nur nicht.«

»Wie willst du denn beides machen«, hatte nun auch Wilma dicke Fragezeichen auf der Stirn, »und vor allem, WAS denn beides?«

»Also mein Plan sieht so aus«, begann Elfie, die jetzt die Katze aus dem Sack ließ, »mein Angebot zur Freundschaft besteht darin, dass wir uns ab jetzt bis auf weiteres auf die qualitative Beschreibung der Phänomene beschränken, jedenfalls soweit es geht. Und dort, wo vielleicht wirklich Formeln notwendig sind, verwenden wir sie zwar kurz und knapp, verzichten aber auf jegliche Herleitung oder mathematische Begründung für ihre Existenz. Das ist mein erstes Angebot!

Und mein zweites Angebot bezieht sich auf unseren letzten gemeinsamen Abend, der ja irgendwann einmal kommen wird. Dieser letzte Abend hat als Thema *Elfies Angebote zur Freundschaft*, und dort werden wir uns fast ausschließlich mit den Dingen beschäftigen, die wir vorher umkurvt haben. Wir werden uns also an diesem Abend im Wesentlichen mit ein paar kleinen bis mittelkleinen Rechenscharmützeln und mit den dazugehörigen, leckeren Formeln beschäftigen. Ziel ist es, dass dieser Abend ein

Angebot zum Aufbau einer Freundschaft mit der Mathematik wird!«

Wieder Ruhe.

»Jetzt hab' ich's«, kam nach einem Moment der Besinnung Willis Reaktion, »akzeptierst du auch einen gelben Urlaubsschein?

Nein, das war natürlich nur ein Scherz«, ergänzte er mit einem versöhnlichen Lächeln, »vielleicht ist das wirklich eine gute Idee. Denn nehmen wir einmal an, der letzte Abend würde tatsächlich gar zu eigenartig werden, dann könnten wir ja immer noch die Reißleine ziehen und frühzeitig mit dem Ausklang der Veranstaltung beginnen. Und irgendeinen schönen Ausklang wird es geben, Elfie, das ist mal klar! Wilma und mir hat das alles trotz mancher Mühen so viel Spaß bereitet, dass wir uns für den Abschluss noch irgendetwas Schönes überlegen werden.«

»Nun sprecht doch nicht andauernd über das Ende«, beschwerte sich Wilma, »also ich finde Elfies Idee auch gut, und außerdem sehe ich diesem letzten Abend, über den ich ja noch gar nicht sprechen möchte, sogar mit Optimismus entgegen! Ich fand nämlich unsere bisherigen Ausflüge in die Mathematik gar nicht so schlimm. So, jetzt will ich aber nichts mehr hören vom letzten Abend.«

»Sehr schön«, nahm Elfie wieder Fahrt auf, »dann sind wir uns ja einig. Ich möchte noch einmal kurz wiederholen, wo wir stehengeblieben sind. Wir haben aus den Lichtuhr-Überlegungen die Erkenntnis gezogen, dass man tatsächlich zwischen zwei Zeiten unterscheiden muss, sofern wir mit Geschwindigkeiten nahe der Lichtgeschwindigkeit operieren. Und da sich unsere Lichtuhr mit fast Lichtgeschwindigkeit bewegt, müssen wir unterscheiden zwischen:

• der Zeit t_{ruh}, die für einen ruhenden Beobachter vergeht

- der Zeit t_{bew}, die AUS SICHT des ruhenden Beobachters für den sich mit der Lichtuhr bewegenden Beobachter vergeht.

Wie wir am besagten Abend *Elfies Angebote zur Freundschaft* sehen werden, kann man mathematisch recht einfach eine Formel herleiten, die den Zusammenhang zwischen diesen beiden Zeiten beschreibt. Diese Formel lautet:

$$t_{bew} = t_{ruh} \sqrt{1 - \left(\frac{v}{c}\right)^2} \qquad (3.1)$$

Dabei steht die Geschwindigkeit v für jene Geschwindigkeit, mit der sich das Objekt bewegt, zum Beispiel ein Raumschiff. Bewegt sich das Raumschiff sehr langsam im Vergleich zur Lichtgeschwindigkeit c, ist also v sehr klein gegenüber c, dann ergibt die Gleichung, dass t_{bew} fast identisch zu t_{ruh} ist, denn der Term unter der Wurzel ergibt dann nahezu den Wert eins, und die Wurzel aus eins ist eins. Je langsamer sich das Raumschiff bewegt, desto größer ist die Übereinstimmung zwischen t_{bew} und t_{ruh}, und irgendwann macht es keinen Sinn mehr, zwischen ihnen zu unterscheiden. Dies entspricht auch unserer Alltagserfahrung, denn niemand macht nach einer Autofahrt einen Uhrenvergleich mit jemandem, der nicht mitgefahren ist, nur um auszuschließen, dass sich durch die Fortbewegung der Ablauf der Zeit verändert haben könnte.

Das ändert sich deutlich, wenn man sich sehr schnell bewegt. Nehmen wir ein Raumschiff, welches mit 86,6% der Lichtgeschwindigkeit fliegt. Ich habe genau diese Geschwindigkeit gewählt, weil aus Sicht des ruhenden Beobachters dann ziemlich genau nur halb so viel Zeit für den sich bewegenden Beobachter vergeht. Sind für den ruhenden Beobachter beispielsweise 6 Stunden vergangen, dann sind aus seiner Sicht für den sich bewegenden Beobachter gerade einmal 3 Stunden ins Land gegangen, was man mit der Formel 3.1 genau nachrechnen kann.«

»Das mag ja alles sein«, unterbrach Wilma, »aber das ist doch alles Theorie. Es gibt keine Raumschiffe, die schnell genug sind, um zu überprüfen, was die Spezielle Relativitätstheorie hier vorhersagt. Also kann ich das alles glauben oder auch nicht!«

»So wie dir geht es natürlich vielen Leuten«, antwortete Elfie, »und auch die meisten der damaligen Physikerkollegen von EINSTEIN haben auf diese Aussagen der SRT zunächst sehr zurückhaltend reagiert – wir hatten ja schon über die zögerliche Haltung der Nobelpreisjury gesprochen.

Das Problem bei der Bezeichnung *Spezielle Relativitätstheorie* ist zudem, dass der Begriff *Theorie* enthalten ist. Dies wird oft falsch interpretiert, nämlich so, als gäbe es noch Zweifel an der Gültigkeit der SRT. Tatsächlich zählt sie aber mit zu den am besten und am häufigsten bewiesenen physikalischen Theorien überhaupt. Man kann die SRT daher auch problemlos als gültiges und unbestrittenes physikalisches Gesetz bezeichnen. Ein besonders eindrucksvoller Nachweis ist zum Beispiel das HAFELE-KEATING-Experiment. Dazu wurden 1971 vier Cäsium-Atomuhren an Bord eines Linienflugzeugs gebracht. Nach einem Flug zweimal um die Erde wurden diese Atomuhren dann mit denen verglichen, die auf der Erde verblieben waren – mit dem Ergebnis, dass die Uhren im Flugzeug tatsächlich um winzige Bruchteile von Sekunden langsamer gingen! Und mit einer Differenz von einigen Nanosekunden handelte es sich exakt um die Zeitdifferenz, die von der SRT vorhergesagt wurde.

Dieses Experiment wurde später noch einige Male unter veränderten Bedingungen und erhöhter Messgenauigkeit wiederholt, immer mit dem gleichen Ergebnis, nämlich einer 100%igen Bestätigung der SRT.

Also auch, wenn es dem gesunden Menschenverstand widerspricht, die Zeit verläuft tatsächlich NICHT immer gleich, sondern sie hängt davon ab, wie schnell sich zwei Inertialsysteme relativ zueinander bewegen. Das stört zunächst niemanden, solange alle brav in ihrem Inertialsystem bleiben. Spannend wird es aber dann, wenn jemand von einem in das andere System wechselt. Plötzlich ist diese Person dann weniger oder mehr gealtert als eine Vergleichsperson, je nachdem, welche Person gefragt wird.

Und um diesen Effekt zu verdeutlichen, werden wir uns jetzt mit dem sogenannten Zwillingsparadoxon beschäftigen. Es handelt sich dabei um ein Gedankenexperiment, bei dem ein Zwilling sehr schnell – zum Beispiel mit 80% der Lichtgeschwindigkeit – von der Erde wegfliegt, während der andere auf der Erde zurückbleibt. Nehmen wir an, dass der Astronauten-Zwilling wieder auf der Erde landet, nachdem dort 40 Jahre vergangen sind. Um wie viel Jahre ist aber nun der Raumfahrer gealtert? Mit Hilfe der Gleichung 3.1 lässt sich errechnen, dass in diesen 40 Jahren der Astronauten-Zwilling gerade einmal um 24 Jahre älter geworden ist. Die beiden Zwillinge haben nun einen Altersunterschied von 16 Jahren!«

»Also, Elfie«, warf Wilma ein, »wenn das wirklich so ist – und davon muss ich ausgehen, nach all dem, was wir erfahren haben –, dann ist das doch schauerlich! Da kann man ja nur hoffen, dass Raumschiffe niemals so schnell werden.«

»Was heißt hier schauerlich«, erwiderte Willi, »es ergeben sich doch ungeahnte Möglichkeiten!«

»Wieso das denn?«, wollte Wilma wissen.

»Ganz einfach«, antwortete Willi, »ich zahle als Jugendlicher meine ganzen Ersparnisse in eine Kapitalversicherung ein und dann verschwinde ich für 100 Jahre im Weltall. Und da ich mir ein besonders schnelles Raumschiff auswählte, komme ich kaum gealtert zurück, sehe also noch schnuckelig aus und habe ein Vermögen.«

Einen kurzen Moment sagte keiner etwas.

»Ich vermute einmal«, beendete Wilma die Ruhe, »dass sich die Finanzprodukte in der Zukunft an diese Möglichkeiten anpassen werden, und daher wird dies wohl keine wirklich erfolgversprechende Strategie sein.«

»Unabhängig von den denkbaren Finanzierungsmöglichkeiten der Zukunft«, fuhr Elfie fort und versuchte, das Gespräch wieder mehr in ein physikalisches Fahrwasser zu steuern, »sprechen die Regeln der Zeitdilatation eine so eindeutige Sprache, dass das Ergebnis unseres Zwillingsparadoxon-Beispiels allgemein als richtig anerkannt ist.

Als Paradoxon wird es aber dennoch angeführt, weil es in diesem Fall nicht möglich ist, die Sichtweisen der beiden Zwillinge zu vertauschen, was aber die SRT eigentlich fordert. Auf den ersten Blick scheint der Rollentausch sogar noch zu funktionieren, denn aus Sicht des Raumfahrers ruht dieser in seinem Raumschiff, während sich sein auf der Erde verbliebener Zwillingsbruder mit großer Geschwindigkeit von ihm entfernt. Jetzt aber greift das Paradoxe, denn nun müsste der auf der Erde verbliebene Zwilling der jüngere sein. Zur Erklärung erinnere ich kurz an vorhin und zitiere Wilma: *Die Zeit vergeht dort langsamer, wo sich etwas bewegt.* Daher müsste also aus Sicht des Raumfahrers die Zeit auf der Erde langsamer vergangen sein. Das führt aber zu einem Widerspruch, denn in der Realität kann natürlich nur einer der beiden der Jüngere sein.

Es gibt aber eine Auflösung des Paradoxons, und die ist verbunden mit dem Begriff des Inertialsystems. Laut SRT ist der Rollentausch nämlich nur dann gestattet, wenn es sich bei den betrachteten Systemen um Inertialsysteme handelt. Zum Verständnis will ich noch einmal daran erinnern, dass Inertialsysteme sich dadurch auszeichnen, dass sie sich zueinander gleichförmig, also mit konstanter Geschwindigkeit bewegen. Wird aber ein System abgebremst oder beschleunigt oder wird eine Richtungsänderung durchgeführt, dann verliert dieses System die Eigenschaft, ein Inertialsystem zu sein. Zurück zu unserem Raumfahrer: Um zur Erde zurückzukehren, musste er zu irgendeinem Zeitpunkt abbremsen und wenden, wodurch sein System plötzlich kein Inertialsystem mehr war, was zur Folge hatte, dass von da ab ein Rollentausch unmöglich wurde. Somit bleibt das beschriebene Ergebnis des Zwillingsparadoxons bestehen, der Widerspruch existiert nicht mehr, und der Raumfahrer bleibt der jüngere.

Es liegt in der Natur der Sache, dass man sich mit all diesen Vorgängen sehr schwer tut, sie liegen einfach zu weit außerhalb unserer Erfahrungswelt. Umso erfreulicher ist es, dass es eine einfache Formulierung gibt, in der alles enthalten ist, was wir uns aus diesem Abschnitt merken sollten. Die Faustregel lautet:

Bewegte Uhren gehen langsamer.«

»Also, wenn bewegte Uhren tatsächlich langsamer gehen«, meldete sich Willi zu Wort, »und ich wäre zum Beispiel regelmäßig mit Interkontinentalflügen unterwegs, dann müsste ich doch meine superteure Rolex in die Tonne treten, oder?«

»Ganz so schlimm ist es nicht«, beruhigte Elfie. »Nehmen wir an, ein Pilot würde nonstop 30 Jahre lang täglich einen Transatlantikflug absolvieren, dann lässt sich berechnen, dass er am Ende um etwa 0,2 Millisekunden weniger gealtert wäre als jemand, der die ganze Zeit auf der Erde verblieben ist. Solange wir Menschen uns also nicht deutlich schneller als mit der für einen Transatlantikflug angenommenen rund 1.000 km/h bewegen, haben relativistische Effekte auf unser Lebensalter praktisch keinen Einfluss. Die gute Nachricht ist daher, dass wir im täglichen Leben aktuell nicht zwischen zwei Zeiten t_{ruh} und t_{bew} unterscheiden müssen, sondern es bleibt erst einmal bei der guten alten EINEN Zeit.«

»Und wie verhält es sich denn nun mit den Zeitreisen?«, erinnerte Wilma noch einmal an ihre schon gestellte Frage.

»Richtig …«, antwortete Elfie, »… da war doch noch was. Wie wir ja am Beispiel des Zwillingsparadoxons gesehen haben, ist es durchaus möglich, in die Zukunft zu reisen – aber nur in der Form, als dass man sich dazu in ein sehr schnelles Raumschiff setzen und eine Zeit mit hoher Geschwindigkeit im Weltraum rumgurken muss. Während dieser Zeit altert man weniger als die Daheimgebliebenen und kann bei einer späteren Rückkehr Jahre in der Zukunft erreichen, die einem durch das normale Altern verwehrt geblieben wären.«

»Das scheint mir aber eine sehr langweilige Version von Zeitreisen zu sein«, erwiderte Wilma, »oder kann man vielleicht einfach mal kurz in der Zukunft vorbeischauen und dann wieder zurückreisen?«

»Reisen in die Vergangenheit«, antwortete Elfie, »sind nach aktueller physikalischer Einschätzung leider nicht möglich. Obwohl – das leider nehme ich zurück, denn eigentlich ist das sehr gut so! Während Reisen in die Zukunft grundsätzlich unproblematisch sind, würden durch Reisen in die Vergangenheit große Probleme entstehen, zum Beispiel in Bezug auf die Kausalität. Ihr kennt ja die berühmten Denkfallen, nach denen man bei einer solchen Reise seinem jugendlichen Großvater begegnet und diesen, aus welchen Gründen auch immer, über die Klinge springen lässt.

Dadurch dürfte es dann weder euren Vater noch euch gegeben haben, weswegen der Großvater dann von niemandem umgebracht wurde, usw., …, ich glaube, ihr wisst, was ich meine.

Man könnte allerdings auch behaupten, dass es quasi einen Beweis dafür gibt, dass Reisen in die Vergangenheit niemals möglich sein werden, einfach deswegen, weil die Menschheit bis heute ja noch nie Besuch aus der Zukunft hatte.«

»Da wäre ich mir nicht so sicher«, warf Willi ein, »also ich kenne einen Typen, der schaut mich immer so eigenartig an, als wenn er wüsste, dass ich ihn – sagen wir einmal – für etwas eigentümlich halte.«

Wilma und Elfie schauten sich fragend an.

»Also«, hakte Wilma schließlich nach, »und was hat das mit einer Reise in die Vergangenheit zu tun?«

»Also eigentlich glaube ich, das ist einer, der den letzten Schuss nicht gehört hat«, antwortete Willi. »Grundsätzlich macht er zwar einen ganz normalen Eindruck, aber wenn er mich anschaut, dann wird's eigenartig. Dann schaut er nämlich so, als wenn er wüsste, dass ich ihn tatsächlich für etwas sonderbar halte. Das tat er aber auch schon, als ich noch nicht so über ihn dachte, als wenn er damals schon gewusst hätte, was ich eines Tages über ihn denken würde.«

»Naja«, antwortete Elfie, »also mein Gefühl sagt mir, dass deine Geschichte nicht ganz die Anforderungen erfüllt, die an einen wissenschaftlichen Nachweis für die Existenz von Besuchern aus der Zukunft gestellt werden.«

»Schade«, sagte Willi, »aber der hat auch 'ne Frisur, da bin ich mir auch nicht sicher, ob …«

»Ist gut jetzt, Willi«, bremste Wilma Willi aus, »ich kann dich beruhigen, Elfie und ich sind uns sicher, dass es sich bei dem Typen definitiv nicht um einen Besucher aus der Zukunft handelt. Trotz seines eigenartigen Blickes und trotz seiner verföhnten Frisur, bestimmt nicht!«

»Wilma hat Recht, Willi«, unterstützte Elfie Wilmas Vorstoß, »da bin ich mir ganz sicher, da musst du dir keine Gedanken machen.

Das heißt, Gedanken machen solltest du dir schon, aber lieber gemeinsam mit uns, und zwar über ein paar weitere Aspekte, die im Zusammenhang mit der SRT zu nennen sind. Ich möchte diese Punkte zwar nicht ganz so ausführlich mit euch besprechen, wir sollten sie der Vollständigkeit halber aber wenigstens erwähnt haben.

Nur, damit wir den Überblick behalten: Über die Lichtgeschwindigkeit als zentrale Größe der SRT sowie über die Relativität der Gleichzeitigkeit und die Zeitdilatation hatten wir ja schon diskutiert. Als weitere bedeutsame Bestandteile der SRT sind die folgenden Begriffe zu nennen, die ich wieder auf unserem Denkzettel notiere. Dies sind im Einzelnen ...«

3.1.4 Die Längenkontraktion, die Energiezunahme beschleunigter Massen und die Äquivalenz von Masse und Energie

»Der SRT wird es offensichtlich nicht langweilig, uns mit lustigen Ideen zu überraschen«, legte Elfie gut gelaunt los. »Natürlich ist die Zeitdilatation, also die Tatsache, dass die Zeit nicht mehr als unveränderliche Größe anzusehen ist, sozusagen das Flaggschiff der SRT, aber die folgenden Eigenschaften sind auch nicht von schlechten Eltern. Wir beginnen mit der Längenkontraktion. Sie besagt, dass Körper, die sich relativ zu einem Beobachter schnell bewegen, für diesen Beobachter verkürzt erscheinen, und zwar in der Richtung, in der sich das Objekt bewegt.

Das bedeutet, dass zum Beispiel unser Raumschiff, welches nun schon einige Male zusammen mit der Lichtuhr an unserem Beobachter mit fast Lichtgeschwindigkeit vorbeigehuscht ist, für diesen Beobachter verkürzt erscheint. Diese Verkürzung tritt umso mehr zu Tage, je weiter sich die Geschwindigkeit v des Raumschiffs der Lichtgeschwindigkeit c annähert. Diese Verkürzung lässt sich berechnen, indem man in unserer Gleichung für die Zeitdilatation 3.1 die Bezeichnungen für die Zeit t einfach durch die Länge l ersetzt.

Im Übrigen ist dieser Effekt der Längenkontraktion auch schon lange bewiesen, und zwar durch auf der Erde nachgewiesene Myonen. Dies sind kleinste Elementarteilchen, die in vielen Eigenschaften einem Elektron ähneln. Das Besondere ist, dass es eigentlich gar nicht möglich sein sollte, Myonen auf der Erde nachzuweisen. Myonen entstehen nämlich in 9 bis 12 *km* Höhe durch das Auftreffen kosmischer Strahlung auf die dortigen oberen Luftschichten. Sie bewegen sich dann mit fast Lichtgeschwindigkeit in Richtung Erde, wobei ihre Lebensdauer so kurz ist, dass sie trotz ihrer hohen Geschwindigkeit nur etwa 600 *m* weit kommen dürften. Dennoch werden sie auf der Erde nachgewiesen, was am Zusammenspiel zwischen Längenkontraktion und Zeitdilatation liegt:

- Aus Sicht des Myons bewegt sich die Erde mit fast Lichtgeschwindigkeit auf sie zu. Dabei lässt die Längenkontraktion die Strecke zur Erde von 12 *km* auf etwa 600 *m* zusammenschrumpfen. Somit können also Myonen die Erdoberfläche tatsächlich erreichen.

- Für uns auf der Erde spielt die Längenkontraktion keine Rolle, da sich die Myonen auf uns zubewegen und die Längenkontraktion nur in Richtung der Bewegung auftritt. Aber da sich die Myonen mit fast Lichtgeschwindigkeit bewegen, vergeht aus unserer Sicht aufgrund der Zeitdilatation die Zeit für ein Myon deutlich langsamer, so dass das Myon trotz einer extrem kurzen Lebensdauer lange genug existiert, um die 9 bis 12 *km* Entfernung bis zur Erde zu überwinden.

Es gibt aber noch einen weiteren interessanten Aspekt, den die Längenkontraktion hervorruft. Bei Reisen mit Raumschiffen mit fast Lichtgeschwindigkeit schrumpfen aufgrund der Längenkontraktion auch die kosmischen Entfernungen. Dadurch würden zwar einerseits Reisen zu weit entfernten Objekten realistischer, andererseits macht sich dieser Effekt erst bei einer Reisegeschwindigkeit sehr nahe der Lichtgeschwindigkeit bemerkbar. Und genau hier liegt die Krux. Es gibt nämlich neben der Zeitdilatation und der Längenkontraktion einen dritten bemerkenswerten Effekt, der dafür verantwortlich ist, dass es leider unmöglich ist, einen Körper exakt auf Lichtgeschwindigkeit zu beschleunigen.

Dieser Effekt äußert sich so, als würde die Masse eines Körpers stetig zunehmen, je mehr man sich der Lichtgeschwindigkeit annähert. Als man zum Beispiel Wasserstoffatome – also Protonen – auf 99,988 % der Lichtgeschwindigkeit beschleunigte, gab es einen dramatischen Anstieg der dafür notwendigen Energie. Dieser war so hoch, als wäre die Masse der Protonen auf das 4.250-fache ihrer Ruhemasse angestiegen. Mit solchen Experimenten lässt sich errechnen, dass unendlich viel Energie notwendig wäre, um einen Körper exakt auf Lichtgeschwindigkeit zu beschleunigen. Ein solcher Vorgang ist daher nicht möglich.

Alle drei Effekte, also die Zeitdilatation, die Längenkontraktion und der Massezuwachs bei der Beschleunigung entfalten ihre Wirkung umso mehr, je näher man sich an die Lichtgeschwindigkeit herantastet. Und dies geschieht nicht in konstant großen Schritten, also nicht linear, sondern eher sprunghaft. Jedoch ist dieses Verhalten eigentlich nicht überraschend, sofern der Zusammenhang mathematisch betrachtet wird. Den Effekten gemeinsam ist nämlich der in allen drei Berechnungsformeln enthaltene Lorentzfaktor γ, der für diesen sprunghaften Anstieg verantwortlich ist und den ich hier als Formel 3.2 zeige:

$$\gamma = \frac{1}{\sqrt{1 - \left(\frac{v}{c}\right)^2}} \qquad (3.2)$$

Dieser Lorentzfaktor γ, benannt nach dem niederländischen Physiker HENDRIK ANTOON LORENTZ, ist ein Maß für die Unterschiede zwischen den Inertialsystemen. Mit seiner Hilfe kann man von einem in das andere System umrechnen. Um die Auswirkungen des Lorentzfaktors zu veranschaulichen, habe ich sein Verhalten in Abhängigkeit der Geschwindigkeit in Bild 3.5 skizziert, wobei die Geschwindigkeit als Prozentsatz der Lichtgeschwindigkeit angegeben ist.

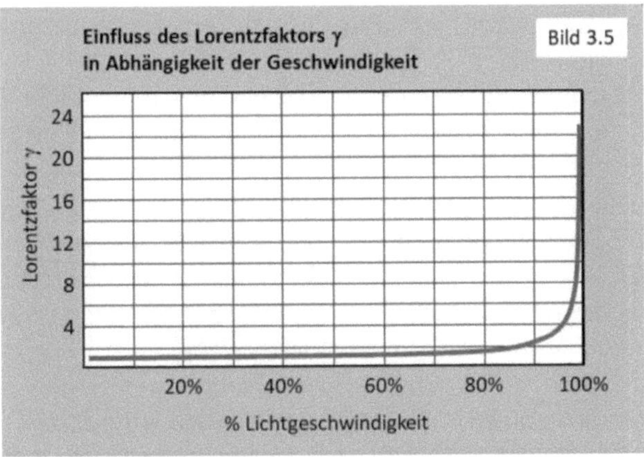

Die Graphik erklärt, warum alle unsere besprochenen relativistischen Effekte erst dann dramatisch ins Gewicht fallen, wenn man kurz vor dem Erreichen der Lichtgeschwindigkeit ist. Und man erkennt, dass für kleinere Geschwindigkeiten der Wert für γ etwa gleich 1 ist. Das bedeutet, dass die Effekte der SRT dort praktisch zu vernachlässigen sind und die SRT erst bei wirklich großen Geschwindigkeiten greift.

Die Graphik bestätigt auch unser vorhin angeführtes Beispiel, bei dem 6 Stunden auf der Erde einer Zeit von 3 Stunden entsprachen, die aus Sicht des Erdlings für den Raumfahrer vergangen sind, wenn sich dieser mit 86,6% der Lichtgeschwindigkeit am Erdling vorbeibewegt. Schaut man in der Graphik nach, dann liest man bei einer Geschwindigkeit von 86,6 % der Lichtgeschwindigkeit einen Lorentzfaktor von $\gamma = 2$ ab. Nun kann der Faktor 2 eine Verdoppelung oder eine Halbierung der Zeit bedeuten, je nach dem, aus welcher Sicht man argumentiert. Um dies zu entscheiden, hilft die schon erwähnte Faustregel *Bewegte Uhren gehen langsamer*, wodurch die richtigen Formulierungen festgelegt sind:
Beschränken wir uns im Folgenden auf die Sicht des Erdlings, dann bewegt sich der Raumfahrer, also vergeht die Zeit beim Raumfahrer langsamer und auf der Erde schneller. Und wegen des Lorentzfaktors von $\gamma = 2$ vergeht sie auf der Erde doppelt so schnell wie dort oben im Raumschiff. Man kann aber auch formulieren, dass im Raumschiff die Zeit nur halb so schnell wie auf der Erde vergeht – beide Formulierungen sind gleichwertig!

Bleibt nun noch der letzte Aspekt, den wir zur SRT erwähnen wollen, wobei es sich vielleicht sogar um seinen berühmtesten Vertreter handelt. In Worten geht es um die Äquivalenz von Masse und Energie, als Formel heißt das

$$E = m \cdot c^2 \qquad (3.3)$$

Und was sagt uns diese Formel?«

»Ganz einfach«, unterbrach Willi, »dass EINSTEIN uns bei dieser Formel seine Zunge rausstreckt. Und warum? Wahrscheinlich wusste er schon damals, was seine SRT im Hirn auslöst. Und ich glaube sogar, dass es funktioniert.«

»Was soll funktionieren?«, fragte Elfie erstaunt nach.

»Na ja, also ich habe schon länger das Gefühl, dass mein Hirn, seitdem ich es mit Infos aus der SRT füttere, EINSTEIN imitiert und mir ebenfalls seine Zunge rausstreckt.«

»Ja«, antwortete Elfie schmunzelnd, »ich kann immer nur wiederholen – und das gilt für die komplette Relativitätstheorie –, es ist einfach nichts für schwache Nerven! Aber lasst uns diesen letzten Aspekt noch zu Ende bringen. Also, was sagt uns die wohl berühmteste aller Formeln? Wenn man's weiß, ist es eigentlich ganz einfach: $E = m \cdot c^2$ bedeutet, Masse ist Energie und Energie ist Masse. Es sind zwei Seiten derselben Medaille. Dabei ist die Energie innerhalb der Masse in Form der Bindungskräfte zwischen den Protonen und Neutronen enthalten oder gespeichert. Erst durch die Kenntnis dieses Zusammenhangs war es möglich, die Prozesse der Kernfusion, die im Inneren eines Sterns wie der Sonne passieren, genau zu verstehen. Aber auch die Tatsache, dass man nicht nur bei der Kernfusion, sondern auch bei der Kernspaltung Energie gewinnen kann, findet ihre Begründung in dieser Formel.

Von den Begriffen *Kernspaltung* und *Kernfusion* ist es nur ein kurzer Weg zum Thema *Gewinnung von nutzbarer Energie*. Dazu lassen sich ganz vereinfacht drei Aussagen treffen:

Zum einen gibt es die Eigenschaft, dass man bei der SPALTUNG von schweren Elementen Energie gewinnen kann. Dieser Vorgang, der die Grundlage aller aktuell existierender Kernkraftwerke bzw. Atomkraftwerke bildet, ist im Vergleich zur herkömmlichen Energiegewinnung durch Verbrennung von Rohstoffen ein deutlich effektiverer Prozess. Allerdings mit dem gravierenden Nachteil, dass sowohl die in Frage kommenden Ausgangsmaterialien als auch die Endprodukte radioaktiv sind. Und abgesehen von den damit einhergehenden Gefahren im Umgang mit diesen radioaktiven Substanzen gibt es bisher auch noch kein Konzept, welches das Problem der Entsorgung des radioaktiven Abfalls umweltverträglich und nachhaltig löst.

Aber Energie lässt sich nicht nur durch die Spaltung schwerer, sondern auch durch das VERSCHMELZEN von leichten Elementen gewinnen. Bei dieser im Vergleich zur Kernspaltung noch viel effektiveren Kernfusion gibt es keine Probleme mit der Radioaktivität, allerdings sind gigantische Temperaturen und extrem aufwendige Magnetfeldkonstruktionen notwendig, was bisher nur in speziellen Laboranlagen realisiert werden konnte. Eine Umsetzung in einer Form, die eine großtechnische Nutzung dieser Art der Energiegewinnung ermöglichen würde, ist bisher noch nicht geglückt.«

»Also ist die Kernfusion ja etwas völlig anderes als das, was in Kernkraftwerken passiert«, fragte Wilma interessiert nach.

»Ja, aber definitiv!«, antwortete Elfie bestimmt. »Die Kernfusion ist der Prozess, der im Inneren unserer Sonne die unglaubliche Menge an Energie freisetzt, die sie am Leben erhält. Die Kernfusion hat nichts mit Radioaktivität zu tun und wäre aus heutiger Sicht eine absolut saubere und umweltfreundliche Energiequelle. Außerdem wären auch keine Probleme bei der Rohstoffversorgung zu erwarten, denn die Reaktion basiert genau auf jenem Element, welches im Universum am häufigsten vorkommt – dem Wasserstoff. Gäbe es nicht die riesigen technischen Anforderungen, wäre die Kernfusion sicherlich das Mittel der Wahl bei der heutigen Energieerzeugung.

Theoretisch gibt es aber auch noch eine dritte Variante, die mit Abstand die effektivste wäre. Dazu müsste man die EINSTEINsche Äquivalenz zwischen Masse und Energie, also die Formel 3.3, einfach beim Wort nehmen. Hierbei würde die Energie, die in Form einer Masse vorliegt, einfach in pure, nutzbare Energie umgewandelt. Würde man auf diese Weise 1 kg eines beliebigen Stoffes in Energie umwandeln, dann ergäbe das drei Milliarden Mal mehr Energie, als würde man 1 kg Steinkohle verbrennen. Allerdings existieren bisher noch keinerlei Konzepte oder Ideen, auf welche Weise man diesen Umwandlungsprozess realisieren könnte.

So, und obwohl sich an diesem Tisch mittlerweile beachtliche Kompetenzen angesammelt haben, werden auch wir ein solches Konzept nicht einfach aus dem Hut zaubern und erst recht nicht mehr heute Abend! Spätestens jetzt ist nämlich der Moment gekommen, wo selbst die schönste Theorie einmal ein Ende finden muss. Und obwohl uns all die PLANCKs und SCHRÖDINGERs und wie sie alle heißen auch schon gefordert haben, so ist und bleibt doch die geistige Auseinandersetzung mit der Speziellen Relativitätstheorie ein echter Kracher.

Apropos Kracher, wir haben heute extrem lange durchgehalten, mit dem Ergebnis, dass ich nun leer geblubbert bin. Da wäre doch jetzt der richtige Zeitpunkt für einen finalen Kracher, was meint ihr?«

Überzeugen musste Elfie niemanden mehr, man war sich schnell einig, dass es sich um eine ausgezeichnete Idee handelte, und so genossen alle ihr finales Kracher-Getränk sowie ein paar Minuten Gespräche mit definitiv nicht-physikalischen Inhalten. Offensichtlich verspürten alle drei das Verlangen, sich einfach mal über so etwas Banales wie das Fernsehprogramm oder die Frage zu unterhalten, ob man Marmelade oder doch eher Honig zum Frühstück bevorzugen würde.

Schließlich ergriff aber Elfie doch noch einmal das Wort und sagte:

»Ich mach's kurz, seid mir nicht böse, ich bin hundemüde und werde mich auch gleich von euch verabschieden. Wenn wir uns das nächste Mal sehen, dann haben wir zwar immer noch mit der Relativitätstheorie zu tun, es geht dann aber um die Mutter! Ich weiß zwar nicht, ob man das wirklich so sagen kann, für mich ist aber – trotz aller Bewunderung für die Spezielle Relativitätstheorie – beim nächsten Mal die Krönung an der Reihe: die Allgemeine Relativitätstheorie. Das wird ein Fest, ich verspreche es euch. Und das war's jetzt aber wirklich für heute Abend, es war wie immer toll!

In diesem Sinne, lasst es euch gut gehen, bis bald, ich freue mich schon!«

3.2 Die Allgemeine Relativitätstheorie

»Mann, was haben wir heute Abend für ein Thema!«

Elfie blickte erwartungsfroh in die Runde und hoffte, mit ihrer Aussage ein wenig Spannung für das Kommende erzeugt zu haben. Sie saß wieder bei ihren Freunden Wilma und Willi am Küchentisch, auf dem mit Rotwein, Knabberzeug und der gelben Mappe alles für einen gelungenen Abend bereitstand. Man sprach noch kurz über das letzte Beisammensein, bei dem sie sich in einer Mammutsitzung an zwei Abenden hintereinander über die Spezielle Relativitätstheorie unterhielten. Dies stellte sich als echte Herausforderung heraus, denn es war schon ungeheuer schwierig, allein die Hauptideen dieser Theorie auch nur einigermaßen zu verstehen. Wie viel mehr an Geistesleistung musste also dahinterstecken, sich so etwas selbst zu überlegen!

»Und natürlich sind wir uns einig«, führte Elfie weiter aus, »dass es einen ganz besonderen Geist benötigte, diese sehr anspruchsvollen und völlig neuen Vorstellungen, die der Speziellen Relativitätstheorie zugrunde liegen, so aufzubereiten, dass sie zusammen mit der entsprechenden Mathematik und einer passenden physikalischen Argumentation ein vollständiges, in sich stimmiges und belastbares Gebäude ergaben, in welchem man, sofern man es betreten hatte, die Welt erklärt bekommt.

Und fast noch unglaublicher ist die Tatsache, dass EINSTEIN neben dieser noch vier weitere Arbeiten innerhalb eines Jahres veröffentlichte, wobei sein Beitrag zum Photoelektrischen Effekt sogar den Nobelpreis erhielt. Und dies alles erledigte er fast so nebenbei – eben als Angestellter am Berner Patentamt. Das ist schon eine unfassbare Leistung!«

»Ich habe gelesen«, merkte Wilma an, »dass EINSTEIN wohl auch eine außerordentliche Fähigkeit besaß, indem er, wann immer er es wollte, einfach aus dem Alltag heraustreten konnte, um die Welt quasi als Außenstehender beobachten zu können. Mit Hilfe seiner berühmten Gedankenexperimente war es ihm dann möglich, völlig neue, bisher noch nicht gedachte Wege zu erkunden, bei deren Begehung er, wenn nötig, auch mal seine eigenen Denkgewohnheiten über den Haufen schmiss.«

»Diese Charakterisierung trifft EINSTEINs außergewöhnliche Gabe sehr gut, wie ich finde«, antwortete Elfie, »denn es ist ja nicht so, dass es in der damaligen Zeit einen Mangel an klugen Köpfen gab. Im Gegenteil, um die Jahrhundertwende gab es besonders viele außerordentlich schlaue Zeitgenossen, wie wir ja bei unseren bisherigen Treffen schon feststellen konnten. Trotzdem scheinen EINSTEINs Arbeiten zur SRT ein wenig über alles andere hinauszuragen.

Man kann vermuten, dass auch für EINSTEIN selbst die SRT das Herzstück seiner vielen, innovativen Ideen bildete, denn sie war es auch, die den Ausgangspunkt seiner weiteren Arbeiten bildete. Und warum? Weil aus seiner Sicht noch etwas ganz Entscheidendes fehlte: Die SRT macht nämlich keine Aussage über die Gravitation, die Königin aller Kräfte, der sich kein Körper im Universum entziehen kann. Und genau damit beschäftigte er sich in den Folgejahren mit besonders viel Herzblut.

Während alle seine bisherigen Arbeiten aus dem Jahr 1905 offensichtlich ohne größeren zeitlichen Vorlauf entstanden sind, arbeitete er zehn Jahre sehr hart und mit vollem Einsatz an der Weiterentwicklung der SRT und damit an der Vollendung SEINER Relativitätstheorie. Und diese Arbeiten waren mathematisch derart tiefgründig, dass EINSTEIN sogar Hilfe bei befreundeten Mathematikern suchte, um seine Vorstellungen in ein Formelwerk gießen zu können. Im Jahr 1915 war es dann aber so weit, er veröffentlichte seine Ergebnisse unter dem Begriff *Allgemeine Relativitätstheorie*. Ob diese vielen Jahre harten Arbeitens ein Maß dafür sind, wie viel anspruchsvoller diese Arbeit gegenüber seinen anderen war, das kann ich nicht beurteilen. Tatsache ist aber, dass die ART, wie sie in Kurzform bezeichnet wird, von vielen als EINSTEINs Lebenswerk bezeichnet wird. Und zu dieser Einschätzung passt, dass mit ihrer Veröffentlichung im Jahr 1915 und ihrer experimentellen Bestätigung im Jahr 1919 ALBERT EINSTEIN zum Superstar der physikalischen Wissenschaft aufstieg.

So, nun aber genug der Vorrede, jetzt legen wir los mit der Allgemeinen Relativitätstheorie. Um eine grobe Vorstellung vom Wesen der ART zu vermitteln, wird oft eine Formulierung verwendet, die auch als Synonym für die ART selbst eingesetzt wird. Und wie sich das gehört, notiere ich alles wieder auf einen unserer Denkzettel. Diese Formulierung lautet ...«

3.2.1 Die Krümmung des Raumes

»Wenn man nach der Grundidee der Allgemeinen Relativitätstheorie fragt, dann kann man sogar EINSTEIN zitieren. Nach ihm war es nämlich der glücklichste Gedanke seines Lebens, als ihm klar wurde, dass man keinen Unterschied spürt, ob man sich in einem nach oben beschleunigten Fahrstuhl oder im Schwerefeld eines Planeten befindet. Dieses Gefühl der Schwere ist in beiden Fällen identisch, weswegen – und das ist die Basisidee der ART – *Schwerkraft* und *Beschleunigung* nicht zu unterscheiden sind. Daraus entwickelte EINSTEIN ein mathematisch-physikalisches Modell der Gravitation, nach der die Kraft, die uns nach unten auf den Erdboden zieht, ersetzt wird durch eine Eigenschaft des Raumes, der sogenannten *Krümmung des Raumes*. Und dies betrifft nicht nur den Raum, sondern auch die Zeit. Etwas anders formuliert kann man sagen, dass schwere Massen Raum und Zeit, die sogenannte *Raumzeit*, krümmen. Die Erfahrung zeigt jedoch, dass dieser Begriff der Raumzeit der Anschauung eher entgegenwirkt, daher werden wir im Folgenden nur vom gekrümmten Raum sprechen, wohlwissend, dass die Zeit ebenso betroffen ist.«

»Mein Hirn meldet mir gerade«, unterbrach Willi, »dass es – auch wenn es die Zeit ignoriert – allein mit dem Begriff *Raumkrümmung* schon so seine Probleme hat. Und um mein Hirn zu beruhigen, habe ich mal kurz im Rest meines Körpers rumgefragt, ob dort jemand eine Idee hat. Das Ergebnis war aber negativ, weswegen ich jetzt wohl selbst ranmuss! Also, nur mal zu meinem Verständnis: Falls die Raumkrümmung bei uns hier zu Hause mal zuschlagen sollte, muss ich dann immer um die Kurve gehen, wenn ich unseren geraden Flur entlanggehe, oder wie kann ich mir das vorstellen?«

»Es ist nicht so«, erklärte Elfie, »dass wir erst warten müssen, bis die Raumkrümmung irgendwann einmal zuschlägt, sie ist permanent vorhanden, aber wir sind zu leicht, um sie als solche wahrzunehmen.«

»Siehst du, Wilma«, erwiderte Willi freudig, »sogar die Raumkrümmung findet, dass ich nicht zu dick bin! Ich find' die übrigens gut, diese allgemeine Dingstheorie.«

»Ja, ja«, entgegnete Wilma mit gespielter Entrüstung, »ich würde dir auch was erzählen, wenn sich unser Flur durchbiegen würde, nur weil du um die Ecke kommst.«

»Also das Durchbiegen eines Flures aufgrund einer großen Masse wäre nicht das richtige Bild, das ich hier vom Begriff Raumkrümmung vermitteln möchte«, versuchte Elfie das Gespräch wieder auf Kurs zu bringen, »obwohl ich zugeben muss, dass die Vorstellung eines dreidimensionalen gekrümmten Raumes für unsere Denkapparate schon eine echte Herausforderung darstellt.

Trotzdem haben wir gute Chancen, ein sehr einfaches und anschauliches Bild davon zu erhalten, wie man sich die Raumkrümmung infolge einer großen Masse vorstellen kann. Dazu nimmt man ein großes Tischtuch und hält es gespannt. Dieses gespannte Tischtuch soll nun den – zugegebenermaßen – nur noch zweidimensionalen Raum darstellen, also eine Fläche. Der Verzicht auf die dritte Raumrichtung bringt aber gerade die Vereinfachung, durch die erst eine griffige Vorstellung der Raumkrümmung möglich wird, weswegen diese Darstellung gern verwendet wird.

Legt man nun eine Kugel auf das Tischtuch, dann wird sich das Tischtuch in der Umgebung der Kugel nach unten ausbeulen. Die Kugel verformt also in ihrer Umgebung den Raum – oder etwas zielgerichteter formuliert –, der Raum ist in der Umgebung der Kugel gekrümmt. Genau diese Eigenschaft habe ich euch in Bild 3.6 veranschaulicht.

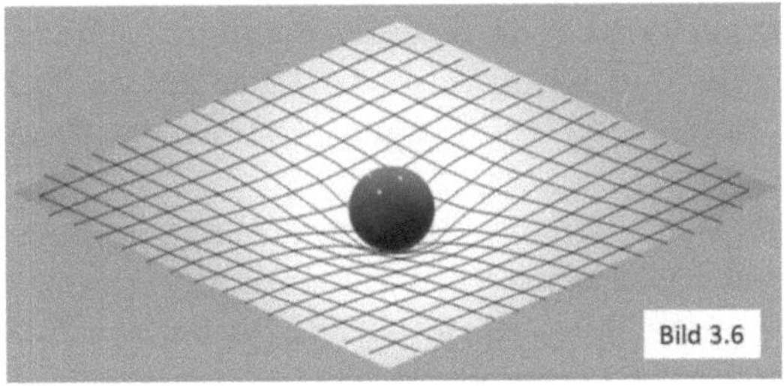

Es ist naheliegend, dass der Raum von leichten Massen weniger und von schweren Massen mehr gekrümmt wird. Sucht man nun in einem solch gekrümmten Raum die kürzeste Verbindung zwischen zwei Punkten, dann ist das jetzt keine gerade Verbindungslinie mehr, sondern ein kurvenähnlicher Verlauf.

Dieser Sachverhalt ist aber schon von der Erdkugel bekannt, denn auch hier verläuft die kürzeste Verbindung, zum Beispiel von Deutschland nach Japan, nicht als gerade Linie, sondern in einer Kurve über die Nordhalbkugel. Eine solche Linie wird als Geodäte bezeichnet. Die Geodäte ist die kürzeste Verbindung zwischen zwei Punkten auf einer Kugeloberfläche oder einer gekrümmten Fläche.

An dieser Stelle muss ich noch einmal darauf hinweisen, dass diese Krümmung nicht nur den Raum, sondern auch die Zeit und damit auch das Licht betrifft. Das Licht wird sich nämlich in solch einem Raum nicht mehr geradlinig, sondern auf den Geodäten fortbewegen.«

»Das wird ja immer schöner«, murrte Willi, »dann ist es ja wohl auch vorbei mit dem schönen Versteckspielen, oder?«

»Ja, wieso das denn?«, hakte Wilma sofort nach.

»Ist doch klar«, erklärte Willi, »hinter einem dicken Baum kann mich keiner sehen, weil Licht eigentlich nicht um die Ecke fliegen kann – eigentlich –, denn von Elfie habe ich gerade gelernt, dass der Baum nur schwer genug sein müsste, und schon fliegt das Licht um die Ecke, alle können mich sehen, und Bumms, aus, vorbei, schon verloren!«

»Willi, Willi«, schaute Elfie mit großen Augen auf eben diesen, »du überraschst mich immer wieder! Und zum wiederholten Male muss ich feststellen, an dir ist ein Wissenschaftler verloren gegangen.«

»Sag's nicht mir«, frohlockte Willi, »sag's Wilma. Die glaubt mir nämlich nie, wenn ich so etwas erzähle.«

»Was heißt hier nicht glauben«, erwiderte Wilma, »du erzählst mir manchmal Dinge, die höre ich, dann überlege ich, dann überlege ich noch einmal, und dann komme ich zu dem Schluss, dass die Reihenfolge deiner Worte wieder durch die – wie du es ja ausdrückst – schönen Farben bestimmt wurde. In dem Moment wird mir dann schlagartig klar, dass ich in deiner Ausführung wahrscheinlich viel Spannendes entdecken könnte, aber eben nicht unbedingt einen Sinn.«

»Ok …«, mischte sich Elfie schnell wieder ein, bevor Willi etwas zu Wilmas Äußerung sagen konnte, »aber deine

Bemerkung eben war gut, Willi, wie kommst du überhaupt auf solche Ideen?«

»So genau weiß ich das auch nicht«, antwortete Willi etwas nachdenklich, »aber oft ist es so, dass ich so ganz entspannt geradeaus schaue. Plötzlich kommt irgendetwas stürmisch vor mein geistiges Auge geprescht, ignoriert den Weg übers Hirn, und dann höre ich mich etwas sagen.«

Ruhe.

»Hm«, bemerkte Elfie nach einer kurzen Pause, »zusammen mit den Farben ist das echt was für 'nen Psychoanalytiker …, aber egal, zurück zum Thema! Wo waren wir? Richtig … beim Licht. Licht verläuft im gekrümmten Raum nicht geradlinig, sondern auf Geodäten. Und so abenteuerlich sich das auch anhört, tatsächlich konnte man kurze Zeit später mit einem aufsehenerregenden Experiment die Krümmung des Raumes nachweisen, indem man zeigte, dass Licht unter bestimmten Bedingungen tatsächlich nicht geradlinig verläuft. Und die grundsätzliche Idee dahinter war ganz ähnlich deiner Geschichte mit dem Baum, Willi, deswegen war ich ja auch so verblüfft. Einen kleinen Unterschied gab es aber doch, denn anstelle des natürlich viel zu leichten Baumes trat – die Sonne!«

»Jetzt wird's ja wirklich spannend«, warf Willi ein, »wie hat man denn die Sonne zum Versteckspielen bekommen?«

»Mensch, Willi«, entgegnete Wilma und rollte mit den Augen, »so hat Elfie das bestimmt nicht gemeint.«

»Nein, so hat Elfie das nicht gemeint«, stimmte Elfie Wilma zu, »Elfie meinte eher, dass man die Chance nutzte, die das Schicksal bereitstellte, man könnte auch sagen, man hat einfach Glück gehabt. In der näheren Umgebung der Erde gibt es nämlich nur EIN Objekt, was massereich genug ist, den Raum zu krümmen, und das ist die Sonne. Leider ist die Sonne so hell, dass man nichts anderes erkennen kann, solange sie am Himmel steht – außer – während einer Sonnenfinsternis. Und das Schicksal wollte es, dass es 1919 eine passende Sonnenfinsternis gab, die ein entsprechendes Experiment zuließ.

Die Idee dieses Experiments ist schnell erzählt. Im Fokus des Interesses stand ein Stern, der sich aus irdischer Sicht ganz knapp hinter der Sonne befand – und auch heute noch befindet –, was damalige Berechnungen mit einer ausreichenden Genauigkeit sicher vorhersagten. Man dürfte ihn also auch bei einer verdeckten Sonne nicht sehen, weil die Sonne im Weg stand. Die EINSTEINschen Formeln sagten dagegen aber aus, dass aufgrund der Sonnenmasse der Lichtweg dieses Sterns so verbogen wird, dass er während der Sonnenfinsternis von der Erde aus zu sehen sein müsste, so wie ich es in Bild 3.7 skizziert habe.

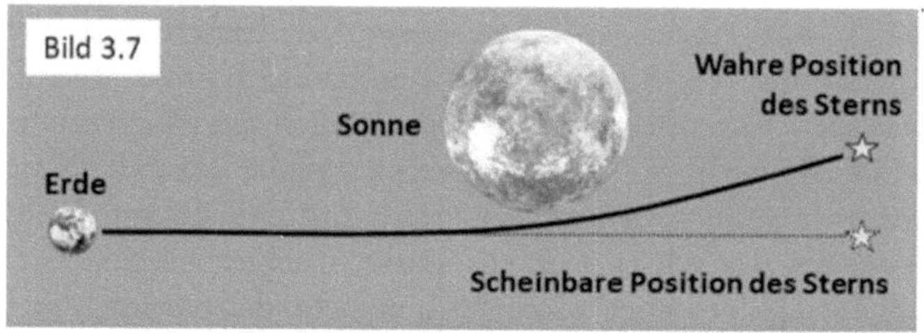

Damit war nun eine äußerst spannende Situation gegeben. Unter der Voraussetzung, dass die Wetterlage dies zuließ, würde man nach Eintreten der Sonnenfinsternis entweder vergeblich nach dem Stern Ausschau halten, und EINSTEINs Kritiker würden beteuern, sowieso noch nie an solch eine haarsträubende Theorie geglaubt zu haben. Oder aber der Stern wäre zu sehen und EINSTEIN ein gefeierter Mann. Nun, wir wissen, wie es ausging. Das Wetter war gut, man konnte den Stern sehen, und Einstein war ein Held.

Auch wenn der Effekt in der Realität deutlich kleiner ist, als ich ihn in dem Bild gezeichnet habe, so handelt es sich bei der Krümmung des Raumes in der Umgebung von großen Massen um eine Theorie, die mittlerweile mindestens ebenso häufig und präzise bestätigt wurde wie die SRT.

Weniger bekannt ist allerdings, dass es nicht EINSTEIN selbst war, der dieses Sonnenfinsternis-Experiment ins Leben gerufen hat. Das Verdienst, den ersten Nachweis der ART erbracht zu haben, gehört dem britischen Astronomen ARTHUR EDDINGTON. Leider ist ihm in der Geschichtsschreibung ein größerer Bekanntheitsgrad aus mir nicht bekannten Gründen verwehrt geblieben. EINSTEIN selbst profitierte jedoch ungemein von dieser experimentellen Bestätigung seiner Vorhersagen, denn auf einen Schlag waren die Stimmen der Zweifler und Kritiker verstummt. EINSTEIN war der große Weltversteher, der alles schon vorher wusste und dem man zutraute, die wirklich großen Fragen der Physik allesamt und im Alleingang lösen zu können.

Aber kommen wir zurück zu den weiteren Aussagen der ART. Die Feststellung, dass in der Nähe von großen Massen die Raumzeit – also Raum UND Zeit – gekrümmt ist, möchte ich jetzt etwas präzisieren. Mit der Krümmung der Zeit ist nämlich eine Verlangsamung der Zeit gemeint. Und damit erweitert sich unsere Faustregel von *Bewegte Uhren gehen langsamer* um eine weitere Formulierung, nämlich:

Unter Einwirkung der Schwerkraft
gehen Uhren langsamer!«

»Gut zu wissen!«, freute sich Willi. »Wilma, du erinnerst dich doch, ich habe so eine blöde Armbanduhr, die ständig vorgeht. Wenn sie dies das nächste Mal tut, sollte ich einfach ein paar Kilo zunehmen, und schon ist der Drops gelutscht!«

»Naja«, antwortete Elfie belustigt, »dann solltest du aber ordentlich zunehmen! Denn dieser Effekt bedeutet zwar einerseits, dass – theoretisch gesehen – in einem Tal die

Uhren langsamer gehen als auf einem Berg, da man im Tal durch die größere Nähe zum Erdmittelpunkt auch einer größeren Schwerkraft ausgesetzt ist. Andererseits bleibt aber aufgrund der vergleichsweise geringen Masse der Erde der Effekt praktisch nicht messbar. Deine Gewichtszunahme, lieber Willi, sollte demnach deutlich über der Masse der Erde liegen.«

Willi zuckte enttäuscht mit den Schultern. »Wäre ja auch zu schön gewesen.«

»Betrachtet man aber massereiche Sterne oder gar Schwarze Löcher«, fuhr Elfie fort, »dann gewinnt diese Verlangsamung der Zeit durch die Gravitation deutlich an Bedeutung.

So! Erfreulicherweise haben wir nun mit der Raumzeitkrümmung und der Tatsache, dass die Zeit in der Nähe von massereichen Objekten langsamer vergeht, die wichtigsten Aussagen der Allgemeinen Relativitätstheorie im Sack! Um der ART jedoch einigermaßen gerecht zu werden, müssten wir nun weitere Schritte in die Details machen, aber – ehrlich gesagt –, das übersteigt meine Kompetenz. Wir sind mit unserer Beschreibung sehr dicht an der Oberfläche geblieben, was aber hoffentlich ausreichte, um wenigstens eine Idee dieser überaus umfangreichen Theorie zu erlangen. Diese Übersicht soll nun hier enden, allerdings nicht ohne einen ganz besonderen Aspekt der ART zu erwähnen. Im Rahmen seiner Arbeiten hatte nämlich EINSTEIN auf einen Effekt hingewiesen, der erst 100 Jahre nach der Veröffentlichung der ART experimentell nachgewiesen werden konnte. So etwas passiert nicht sehr häufig, weswegen die Weltpresse dies als kleine Sensation feierte. Der lieben Ordnung halber notiere ich diesen Begriff aber erst einmal wieder auf unserem Denkzettel, und zwar geht es um …«

3.2.2 Die Gravitationswellen

»Die ART sagt aus, dass das Universum in ein Raumzeit-Kontinuum eingebettet ist. Große Massen krümmen die Raumzeit, und die Krümmung selbst gibt vor, wie sich das Licht und letztlich alle Himmelskörper entlang der Geodäten in diesem Gebilde bewegen.

Was aber passiert, wenn sich zum Beispiel aufgrund einer riesigen Supernova-Explosion die Verteilung der Massen in diesem System schlagartig ändert? Nach der ART entstehen dadurch in der Raumzeit Verwerfungen, vergleichbar mit Wellen auf einer Wasseroberfläche, die EINSTEIN als Gravitationswellen bezeichnete. Demnach sollten kosmische Katastrophen auch dadurch gekennzeichnet sein, dass sich um sie herum Gravitationswellen mit Lichtgeschwindigkeit durch das komplette Universum ausbreiten. Diese führen nach der ART zu Stauchungen und Streckungen des Raums, was messbar sein sollte. Wie aber auch die Wasserwellen mit größer werdender Entfernung von ihrem Ursprung kleiner werden, so würden auch die Stauchungs- und Streckungseffekte einer weit entfernten kosmischen Katastrophe nur noch extrem gering sein, wenn sie auf der Erde ankommen. Aber wie kann man denn überhaupt so etwas messen?«

»Ganz einfach«, erklärte Willi, »ich stelle eine Videokamera auf, die einfach so geradeaus in die Landschaft schaut, und wenn dann so eine Verzerrung ankommt, dann hebt und senkt sich ganz kurz die ganze Landschaft, und das sehe ich dann.«

»Eigentlich hast du ganz Recht«, antwortete Elfie, »es ist wie ein kleines Erdbeben, was sich da durch die Landschaft kämpft, aber ein durch Gravitationswellen verursachtes Beben ist viel, viel geringer als in deiner Beschreibung. Es ist so gering, dass man die durch sie verursachten Veränderungen im atomaren Maßstab suchen muss! Das lässt sich nicht mit einer Videokamera erfassen, sondern es wird ein Versuchsaufbau verwendet, der dem MICHELSON-MORLEY-Experiment ganz ähnlich ist, mit dem die Konstanz der Lichtgeschwindigkeit nachgewiesen wurde. Den Aufbau hatte ich in Bild 3.1 skizziert, erinnert ihr euch?«

Schnell fand man in der gelben Mappe die richtige Graphik. Elfie erklärte, dass auch zur Detektion von Gravitationswellen ein Laserstrahl zum Einsatz kommt. Dieser wird zunächst durch einen halbdurchlässigen Spiegel in zwei Teilstrahlen A und B aufgespalten, und die beiden so entstandenen Teilstrahlen werden schließlich von zwei Standardspiegeln wieder zurückreflektiert. Veränderungen im Laserlicht werden dann wieder durch Interferenzmessungen in einem Detektor nachgewiesen.

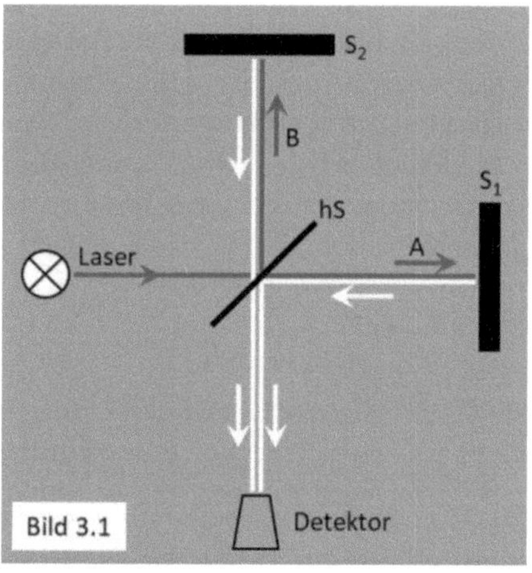

»Das Besondere an diesem Versuchsaufbau ist aber«, endete Elfie mit ihrer Erklärung, »dass für eine ausreichende Genauigkeit die Strecken, welche die beiden Laserstrahlen jeweils rechtwinklig zueinander durchlaufen müssen, also die Strecken A und B in der Zeichnung, mehrere

Kilometer betragen müssen. Im Versuchsaufbau des im Folgenden beschriebenen Experiments betragen sie jeweils 4 km! Ein solches Experiment macht also eine wahnsinnig große Versuchsanordnung notwendig, weswegen die ganze Versuchsanlage unterirdisch angelegt wurde. Aber all die Mühen haben sich gelohnt, denn im September 2015 konnten tatsächlich zum ersten Mal in der Geschichte Gravitationswellen nachgewiesen werden! Das dazugehörige Ereignis war ein Zusammenstoß zweier Schwarzer Löcher, also eine kosmische Katastrophe allererster Güte, und dieses Ereignis fand vor 1,3 Milliarden Jahren statt! Seit dieser Zeit wabert die Gravitationswelle durch das Universum. Und da sie sich mit Lichtgeschwindigkeit fortpflanzt, ist sie pünktlich nach 1,3 Milliarden Jahren bei uns auf der Erde angekommen. Aber auch nur, um einmal kurz Hallo zu sagen, indem sie bei uns die Raumzeit staucht und streckt – also ein kleines Beben verursacht –, um danach seelenruhig weiter durch den Kosmos zu pflügen.«

»Das ist ja kaum vorstellbar«, erwiderte Wilma, »dass man tatsächlich auf diese Weise Informationen über etwas erhält, was uralt und vor Urzeiten irgendwann einmal in unserem Universum passiert ist.«

»Das ist schon richtig«, antwortete Elfie, »aber dies gilt ja auch schon für die normale Observation des Himmels. Dort entdeckt man immer wieder Vorgänge, die weit in der Vergangenheit stattgefunden haben und deren Licht erst jetzt bei uns ankommt. Das Besondere an den Gravitationswellen ist aber, dass man bisher bei solchen Ereignissen auf das Sehen beschränkt war. Mit Hilfe der Gravitationswellen lassen sich nun aber auch Ereignisse detektieren, die irgendwo hinter der Milchstraße oder hinter anderen Galaxien stattfanden, sodass eine optische Erfassung nicht möglich gewesen wäre. Man hat also mit dieser Technik eine zweite, unabhängige Untersuchungsmethode zur Verfügung, was dazu führte, dass aufgrund dieses Erfolges eine

neue Forschungsrichtung, nämlich die Gravitationswellen-
astronomie, ins Leben gerufen wurde.

So, das soll's nun aber wirklich gewesen sein mit gekrümmten Räumen und verbogenen Lichtstrahlen. Und
wir haben ja auch schon eine Menge an Informationen zusammen, wenn es um die beiden EINSTEINschen Relativi-
tätstheorien geht. Aber was nehmen wir davon mit?«

»Einerseits eine ganze Menge«, antwortete Willi spontan, »andererseits wahrscheinlich nicht genug, um ein zusammenhängendes Bild wiedergeben zu können. Beeindruckend fand ich aber, dass der Begriff *gleichzeitig* mit Vorsicht
zu genießen ist und dass die Zeit eben nicht überall gleich
ist, wobei ...«

»Moment«, schaltete sich Wilma ein, »ich glaube *nicht
überall gleich* ist doch gar nicht ganz richtig. Zeitliche Effekte
sind doch eher von der Geschwindigkeit abhängig, mit der
wir uns bewegen. Und solange wir langsam genug bleiben,
ist die Zeit – auch nach EINSTEINs Theorie – so wie bisher.«

»Ihr habt beide Recht«, antwortete Elfie, »grundsätzlich
gilt, dass sich für unser Leben eigentlich überhaupt nichts
ändert, solange wir schön langsam bleiben. Aber Willi, du
hast natürlich insofern Recht, als dass streng genommen
selbst bei unserer langsamen Bewegung der Begriff Gleichzeitigkeit eigentlich nicht mehr gegeben ist. Für jeden von
uns ist die Zeit nämlich eine andere, je nachdem, ob jemand
steht, geht oder mit dem Auto fährt. Die Unterschiede sind
eben nur wahnsinnig gering. Aber wenn man dies versteht,
dann ist das doch schon eine Menge! Und je schneller zukünftige Technologien unsere Fortbewegung und speziell
die Raumfahrt werden lassen, umso mehr werden diese Erkenntnisse sukzessive auch in unserem Alltag Berücksichti-
gung finden müssen.«

»Stimmt«, fiel Wilma Elfie fast ins Wort, »ich habe nämlich gelesen, dass unsere Navigationssysteme nur deswegen
so genau funktionieren, weil sie bei ihren Berechnungen die
Formeln der Relativitätstheorie verwenden. Andernfalls
würden sie schon nach einem Tag um mehrere Kilometer
daneben liegen.«

»Völlig richtig«, bestätigte Elfie, »da haben wir ein schönes Beispiel, bei dem die Relativitätstheorie schon Einzug
in einen alltäglichen Gebrauchsgegenstand gefunden hat.
Ein Navi rechnet komplett relativistisch, und das wissen
nur die Wenigsten! So gesehen befinden wir uns also schon
mitten in dieser Zukunftsentwicklung. Lasst mich dazu
noch einen letzten Punkt anbringen:

Wie wir bei der Relativitätstheorie einerseits sehen, und
wie wir andererseits auch schon bei der Quantenmechanik
erfahren haben, funktioniert unsere Welt tatsächlich nicht
unbedingt so, wie es auf den ersten Blick scheint. Und auch
wenn diese großen Wissenschaftstheorien unseren Alltag
eher indirekt und oft unbemerkt beeinflussen, so sind sie
einfach unumgänglich, wenn man unsere Welt so sehen
und verstehen möchte, wie sie tatsächlich ist.

Und ein wirklich letztes Wort zur Allgemeinen Relativitätstheorie. Als ich sagte, die Gravitationswellen seien eine
besonders interessante Spielart ihrer Vorhersagen, dann
lässt sich das auch für unser nächstes Thema sagen. Auch
dieser Aspekt ergibt sich als direkte Folge der ART und ist
zudem auch ein wenig mystisch, die Rede ist nämlich von
Schwarzen Löchern!«

»Das klingt in der Tat spannend, Elfie«, erwiderte
Wilma und blickte dabei suchend erst in der Küche und
dann auf dem Tisch umher, bis sie plötzlich fündig wurde,
»und wenn ich so auf unserem Tisch umherblicke und im
richtigen Winkel einen Blick in einen uns sehr vertrauten
Gegenstand werfe, …«

»… und auch, wenn es sich dabei eher um ein dunkelrotes als ein schwarzes Loch handelt, …«, ergänzte Willi, der ziemlich schnell verstand, was Wilma meinte.

»… dann sollten wir vielleicht noch heute Abend eine erste Forschungsreihe beginnen, um herauszufinden, was es mit diesen dunkelroten Löchern so auf sich hat.«

Auch bei Elfie fiel der Groschen recht schnell, und sie befand, dass es sich ganz offensichtlich um einen ausgesprochen interessanten Forschungsansatz handelte. Schnell war entschieden, möglichst unverzüglich eine erste Versuchsreihe zu starten. Und wie das so ist, wenn man sich mit Forschung beschäftigt, dann stellt man schnell fest, dass die Dinge meist länger dauern. Bedenken, vorschnell zu irgendeinem – am Ende möglicherweise fehlerhaften – Urteil zu kommen, verzögerten zudem den Prozess. Um diese Bedenken möglichst zeitnah zu entkräften, wurden sogar Zwischenergebnisse durch weitere Tests sorgfältig untermauert, bevor man sie als gesicherte Erkenntnis verbuchte.

Auf diese Weise verbrachten die drei noch einen sehr gemütlichen Abend mit der Rotweinflaschen-Untersuchung, bis Elfie schließlich das Zepter noch einmal in die Hand nahm.

»Ich wiederhole mich an dieser Stelle gern, wenn ich unser nächstes Thema noch einmal ankündige, denn mit den *Schwarzen Löchern* werden wir mit Sicherheit einen sehr kurzweiligen Abend verbringen, dessen bin ich mir sicher. Ich bin nun aber müde und werde euch gleich verlassen. Mir hat es, wie immer, sehr viel Spaß gemacht und ich hoffe, dass es euch ähnlich ergangen ist.

In diesem Sinne, lasst es euch gut gehen, bis bald, ich freue mich schon!«

4 Das Universum birgt "Unheimliches"

Von Schwarzen Löchern, von Materie und Antimaterie sowie von der Dunklen Materie und der Dunklen Energie

»Kaum war ich weg, schon bin ich wieder hier«, strahlte Elfie, »so kommt es mir jedenfalls vor.«

Elfie hatte sich wieder zum Plaudern mit ihren Freunden Wilma und Willi verabredet. Geplaudert wurde am Küchentisch, und die Themen waren inhaltsschwer!

»Ich hoffe«, fuhr Elfie fort, »dass ihr euch auch schon auf die Schwarzen Löcher freut, so wie ich.«

»Also, ich tue das auf jeden Fall«, beeilte sich Wilma zu sagen, »und ein wenig habe ich ja auch schon darüber gehört.«

»Ich auch!«, erklärte Willi bestimmt. »Zum Beispiel, dass sie die Ungeheuer des Universums sind. Alles, was in ihre Nähe kommt, wird verschlungen, und nichts bleibt übrig.«

»Jaja«, erwiderte Elfie, »da ist zwar schon was Wahres dran, aber wirkliche Ungeheuer sind sie eigentlich nicht, denn ...«

»Moment, ... bevor wir so richtig einsteigen«, bremste Willi Elfie aus, »würde ich gern noch einmal auf unsere letzten Untersuchungsergebnisse hinweisen, auf die wir durch unsere Schwarze-Löcher-Experimente gekommen sind.«

Elfie und Wilma schauten sich fragend an und schlussfolgerten völlig richtig, dass auch der jeweils andere keinen blassen Schimmer hatte, worum es Willi ging.

»Ich gebe mal einen Tipp«, grinste Willi, »es ging vielleicht nicht direkt um schwarze, aber schon um relativ dunkle Löcher.«

»Na klar«, erwiderte Wilma, die mittlerweile ahnte, worum es ging, »da hast du natürlich Recht, Willi. Ich würde auch gern die wichtigsten Erkenntnisse noch einmal vertiefen«, und an Elfie gerichtet, »vielleicht aber sollten wir unserem Gast den Vortritt lassen. Wir stellen uns brav hinten an und warten dann auf ihr Urteil.«

Elfie schaute etwas verdutzt zu Willi, der grinste, und dann zu Wilma, die sich ein herzhaftes Lachen schon kaum mehr verkneifen konnte.

»Komm, Willi«, sagte Wilma schließlich, »helfen wir unserem Gast ein wenig auf die Sprünge, indem wir unseren Worten Taten folgen lassen«, nahm die Flasche Wein und schenkte Elfie ein. »Probier ihn, Elfie«, fügte sie hinzu, »das ist genau der Wein, der uns nach unserer hochwissenschaftlichen Untersuchung am Ende unseres letzten Abends am besten geschmeckt hat. Erinnerst du dich?«

»Ach so, ja klar!«, ging nun auch Elfie ein Licht auf. Elfie nahm einen Schluck aus dem Glas und überlegte kurz. »Richtig!«, fuhr sie fort. »Genau der war es. Schmeckt immer noch so gut wie beim letzten Mal. Nun dürft ihr euch aber auch einschenken«, fügte sie mit einem Lächeln hinzu.

»Ok«, sagte Wilma, nachdem sie alle Gläser gefüllt hatte, »dann lasst uns auf einen schönen Abend anstoßen.«

Kurz diskutierte man noch einmal darüber, dass der Wein tatsächlich mit Abstand der Beste war, den man am Abend ihrer letzten Zusammenkunft getrunken hatte, und dann nahm Elfie in bekannter Manier wieder das Heft in die Hand und sagte:

»So, nach diesem gelungenen Auftakt kann es ja nun richtig losgehen. Heute Abend geht es um Schwarze Löcher.«

4.1 Schwarze Löcher

»Ihr habt mir ja euren Wissensstand schon kundgetan, und ich weiß jetzt, dass wir es heute Abend mit gefräßigen Monstern zu tun haben, oder?«

»Das stimmt doch«, antwortete Willi, »ein Schwarzes Loch ist ein kosmischer Nimmersatt und frisst alles, was in seine Nähe kommt, und nichts davon kommt je wieder heraus.«

»Alles ok«, antwortete Elfie, »falsch ist das ja nicht, aber bevor ich genauer darauf eingehe, möchte ich kurz etwas zur Historie anmerken.

Schwarze Löcher sind keinesfalls eine neuzeitliche Erfindung. Schon EINSTEINs Allgemeine Relativitätstheorie erlaubte die Existenz von Himmelsobjekten, deren atemberaubende Eigenschaften ihnen zu ihrer sehr wortmalerischen Bezeichnung *Schwarze Löcher* verhalf. Allerdings war selbst EINSTEIN nicht vollkommen von ihrem Vorhandensein überzeugt, und es dauerte schließlich bis 1965, als der britische Physiker ROGER PENROSE den endgültigen mathematischen Beweis für ihre Existenz führen konnte.

Wie aber kann man die Entstehung eines solch exotischen kosmischen Konstruktes überhaupt erklären? Die Vorstellung dazu klingt fast ein wenig nach einem traurigen Anlass, denn ein Schwarzes Loch markiert letztlich das Lebensende eines Sterns. Sterne, wie auch unsere Sonne einer ist, sind nämlich nicht einfach da, sondern Sterne werden geboren, haben dann eine typische mittlere Lebenserwartung von ein paar Milliarden Jahren, und schließlich sterben sie.

Und damit wir die Übersicht behalten, notiere ich für unsere Ablage in der gelben Mappe kurz auf unserem Denkzettel ...«

4.1.1 Sterne – ihre Geburt

»Sterne werden geboren aus Sternenstaub – oder besser – aus Gaswolken im Universum, in denen Wasserstoff als wichtigster Bestandteil vorhanden sein muss. Da aber Wasserstoff mit zu den am häufigsten vorkommenden Elementen im Universum gehört, ist das keine exotische Forderung. Massen ziehen sich an, und so verdichten sich die Gaswolken mit der Zeit zu immer größer werdenden Objekten, deren Dichte im Zentrum am größten ist. Da das Gebilde auf diese Weise immer schwerer wird, zieht es immer neue Partikel an, die alle das Zentrum weiter zusammendrücken. Durch den regelmäßigen Beschuss von eingefangenen Partikeln beginnt das Objekt in eine zufällige Richtung zu rotieren, was das Herausbilden der Kugelform unterstützt. Im Zentrum steigen durch die stetig anwachsende Dichte der Druck und die Temperatur ebenfalls an. Irgendwann ist eine Grenze erreicht, bei der unter einem enormen Druck und bei extrem hoher Temperatur Wasserstoffatome so stark komprimiert werden, dass sie sich zu einem neuen Element verbinden, und zwar zu Helium. Diese einmal in Gang gesetzte Kernfusion setzt wiederum so viel Energie frei, dass der Stern zu leuchten beginnt, und wir können ihn am Himmel sehen – ein Stern ist geboren!«

»Das ist ja niedlich«, freute sich Wilma, »kann man so etwas am Sternenhimmel beobachten?«

»Grundsätzlich ist das möglich«, antwortete Elfie, »allerdings vollzieht sich meine stark vereinfachte Beschreibung der Sternentstehung auf einen Zeitraum von mehreren Millionen Jahren. Die Wahrscheinlichkeit, dass gerade dann, wenn du in den Nachthimmel schaust, genau in deinem Blickfeld ein Stern zu leuchten beginnt, ist daher äußerst gering. Der Großteil der an unserem Nachthimmel zu sehenden Sterne ist schon in einem Frühstadium unseres Universums vor mehr als 10 Milliarden Jahren entstanden.«

»Unsere Sonne gibt es ja auch schon ziemlich lange«, kämpfte sich nun auch bei Willi die Neugier nach vorn, »ist da schon ein Ende in Sicht?«

»Ja«, erwiderte Elfie, »und dazu notiere ich zunächst wieder auf unserem Denkzettel …«

4.1.2 Sterne – ihr mittlerer Lebensabschnitt

»Unsere Sonne befindet sich mit 4,7 Milliarden Jahren im besten Sternenalter und hat vielleicht noch so 6 bis 7 Milliarden Jahre vor sich, bevor sie in ihren nächsten und letzten Lebensabschnitt eintritt. Aktuell ist sie damit beschäftigt, ihre Kernfusion, also das Verschmelzen von Wasserstoff zu Helium, in Gang zu halten. Die dabei freiwerdende Energie spüren wir täglich durch die Wärme, die sie erzeugt. Allerdings ist der Preis dafür eine Gewichtsabnahme von rund 4,3 Millionen Tonnen – pro Sekunde!«

»Wie bitte? Das ist ja kaum zu glauben«, erschrak Wilma, »dann kann sie doch unmöglich noch so lange leben.«

»Tja, und das ist der Preis, den wir zahlen, wenn wir uns mit dem Universum beschäftigen«, entgegnete Elfie, »nämlich die Probleme mit den großen Zahlen. Bei einem Gesamtgewicht von rund $2 \cdot 10^{30}$ *kg*, also einer 2 mit 30 Nullen, ist es der Sonne ziemlich schnurz, pro Sekunde $4{,}3 \cdot 10^9$ *kg* zu verlieren. Wenn nämlich allein dieser Zusammenhang ihre Lebenszeit begrenzen würde, dann könnte die Sonne noch Billionen von Jahren existieren. Dies lässt sich ziemlich leicht nachrechnen, was ich auch gern mit euch im Rahmen unseres letzten Abends bei *Elfies Angebote zur Freundschaft* tun möchte. Und um das nicht zu vergessen, mache ich immer dann eine Notiz in unsere gelbe Mappe, wenn wir an einer entsprechenden Stelle angekommen sind.«

»Ich sehe schon«, bemerkte Willi etwas ironisch, »das wird ja ein ganz besonders schicker Abend.«

»Richtig, Willi«, erwiderte Elfie lächelnd, »das sehe ich auch so. Aber bleiben wir zunächst in diesem mittleren Lebensabschnitt, in dem sich unsere Sonne befindet. Bis auf diesen *kleinen* Gewichtsverlust befindet sich unsere Sonne in einem Gleichgewicht, bei dem die riesige Gewichtskraft ihrer Masse die Sonne nach innen drückt, während die enorme Hitze von etwa 15 Millionen Grad Celsius in ihrem Inneren einen entsprechenden Druck nach außen generiert. Diese Kräfte werden sich in den nächsten paar Milliarden Jahren etwa das Gleichgewicht halten, bis der Sonne langsam der Wasserstoff als Brennmaterial ausgeht.«

»Klingt nicht gut«, unterbrach Willi, »und nachtanken ist ja wohl auch nicht drin, oder?«

»Nee, sowas gibt's da oben nicht«, antwortete Elfie leicht amüsiert, »da geht alles den ganz normalen Gang der Dinge, und der sieht etwas vor, was man vielleicht so nicht erwarten würde. Dazu notiere ich aber erst einmal wieder das entsprechende Stichwort auf unserem Denkzettel …«

4.1.3 Sterne – ihr letzter Lebensabschnitt

»Am Ende ihres Lebens bläht sich die Sonne nämlich auf, und zwar zu einem sogenannten *Roten Riesen*!«

»So kurz vorm Ende noch einmal einen auf dicke Hose machen, oder wie?«, rutschte es Willi heraus.

»Naja«, entgegnete Elfie, »ganz so schnell kommt das Ende ja nicht, denn in diesem Zustand hält sich die Sonne noch etwa eine halbe Milliarde Jahre. Aber warum bläht sich ein Stern zum Ende seines Lebens auf? Der Grund ist, dass zu diesem Zeitpunkt im Zentrum des Sterns der Wasserstoff langsam rar wird. Dies führt zu einer Verlagerung der Kernfusion in die äußeren Bereiche, wo noch ausreichend Wasserstoff vorhanden ist. Dort, wo die Kernfusion aktiv ist, ist die Hitze am größten, weswegen sich die äußeren Bereiche stetig weiter aufheizen und einen wachsenden Druck nach außen erzeugen. Dieser steigenden, nach außen wirkenden Kraft steht eine – aufgrund des permanenten Masseverlustes – stetig abnehmende, nach innen gerichtete Gewichtskraft entgegen. Die Summe all dieser Effekte führt dazu, dass der Stern sich aufbläht! Unsere Sonne wird dabei später einmal so groß werden, dass sie die Erde zumindest verbrennen und vielleicht sogar verschlingen wird.«

»Da geht's ja rabiat zu«, bemerkte Wilma, »… obwohl noch gar keine Schwarzen Löcher mitspielen.«

»So sind sie halt, die Sterne«, antwortete Elfie, »aber kommen wir noch schnell zum Ende. Nachdem dann der Wasserstoff auch aus den äußeren Bereichen komplett verbraucht ist, werden die nächstschwereren Elemente verbrannt, was aber auch relativ bald ein Ende hat, und schließlich erlischt die Kernfusion. Das ist ein Problem! Denn nun fehlt der nach innen gerichteten Gravitationskraft der Gegenspieler! Das, was vorher nach außen gedrückt hat – also der durch die Kernfusion erzeugte Verbrennungsdruck –, ist plötzlich nicht mehr da! Die Folge ist, dass der Stern in BRUCHTEILEN von Sekunden in sich zusammenbricht, er kollabiert! In dieser kosmischen Katastrophe steckt so unglaublich viel Energie und die Sternenmaterie wird mit einer derart ungeheuren Wucht zusammengepresst, dass am Ende nur noch ein sehr kleines Objekt übrig bleibt, welches aber über eine dramatisch hohe Dichte verfügt.«

»Da läuft es einem ja kalt den Rücken runter«, bemerkte Wilma, der die ganze Schilderung fast schon Unbehagen bereitete.

»Ich finde auch«, ergänzte Willi, »dass dieser Vorgang schon sehr Ehrfurcht gebietend wirkt, und ich bin bestimmt nicht sonderlich zart besaitet.«

»Jaja«, stimmte Elfie zu, »ein Gänsehautfaktor wie bei einem guten Krimi. Und dies gilt umso mehr, je mehr man sich die tatsächlichen Dimensionen vor Augen führt, um die es hier geht. Das ist schon gigantisch. Aber wir sind ja keine Schattenparker, sondern wir stellen uns den Unbilden der Natur ... und weiter geht's!«

Elfie holte kurz Luft.

»Ist der Stern vor seinem Kollaps ein leichterer Stern gewesen, wie etwa unsere Sonne, dann entsteht auf diese Weise ein *Weißer Zwerg*, also ein kleiner Stern, der aufgrund seiner glühenden Überreste noch ein bis zwei Milliarden Jahre lang ein wenig Licht abstrahlen wird. Umrahmt wird er von einem sogenannten *Planetarischen Nebel*, wobei der Begriff missverständlich ist, denn diese Erscheinung hat nichts mit Planeten zu tun. Es handelt sich hierbei schlicht um die Überreste der abgesprengten Hülle, die ihn umgeben.

Wenn der Stern aber massereich war, dann ist der Kollaps nichts anderes als eine Supernova-Explosion – möglicherweise das beeindruckendste aller möglichen Naturschauspiele überhaupt! An dessen Ende entsteht entweder ein Neutronenstern, also eine Art übergewichtiger kosmischer Brummkreisel – mehr dazu gleich – oder aber die Masse des Sterns war groß genug, und es entsteht – ein Schwarzes Loch!

So, und jetzt stehen wir ihm gegenüber, dem Thema unseres heutigen Abends, einem Schwarzen Loch! Schön dramatisch sieht es aus – oder vielleicht auch nicht? Was ist denn eigentlich so besonders an diesem Schwarzen Loch? Mal abgesehen von seiner etwas mystischen Bezeichnung ist es ein ehemaliger Stern, der nur noch einen Bruchteil seiner ursprünglichen Größe hat, der aber noch über jede Menge Masse verfügt! Aber sonst, was macht dieses Objekt so besonders?«

»Also, ich dachte bisher immer«, startete Wilma, »ein Schwarzes Loch sei tatsächlich ein Loch, in das alles Mögliche hineingezogen wird. Du erklärst aber gerade, dass es sich gar nicht um ein Loch handelt, sondern mehr um etwas sehr Kleines, sehr Schweres, und offensichtlich ist es schwarz. Ich habe aber keine Ahnung, wie das zusammenpasst.«

»Ein Loch ist es tatsächlich nicht«, erklärte Elfie, »obwohl ich dies nur nach der nicht-relativistischen Vorstellung von Raum und Zeit so sagen darf. Berücksichtige ich aber die Tatsache, dass nach der Allgemeinen Relativitätstheorie der Raum von schweren Massen gekrümmt wird, dann wird unser Schwarzes Loch tatsächlich mehr und mehr zu etwas, was man durchaus als Loch in der Raumzeit bezeichnen könnte.«

»Ja, was denn nun«, wurde Willi ungeduldig, »auch ich habe zuerst wie Wilma geglaubt, ein Schwarzes Loch sei ein Loch im Universum. Dann hörte ich, dass du sagtest, dass dort immer noch etwas ist. Gut, dachte ich, eben kein Loch. Und jetzt ist es doch wieder eines?«

»Jaja«, erwiderte Elfie, »es ist aber auch vertrackt mit den speziellen Eigenschaften der Materie, die immer dann eigenartig wird, wenn wir entweder zu klein oder zu schnell werden oder, wie wir gerade sehen, wenn wir zu schwer werden. Um die Frage *Loch oder kein Loch* endgültig entscheiden zu können, werden wir uns noch einmal mit der Raumkrümmung beschäftigen. Allerdings müssen wir zuvor noch einen Begriff klären, und zwar den der *Fluchtgeschwindigkeit*.«

»Endlich einmal etwas Handfestes«, freute sich Willi, »bei solchen Begriffen kann man auch mal wieder selbst etwas beisteuern. Wahrscheinlich geht es einfach nur darum, mit wie viel Knoten ich die Kurve kratzen sollte, wenn ich einem Schwarzen Loch begegne.«

»Gar nicht so schlecht«, erwiderte Elfie, »allerdings gibt es diesen Begriff nicht nur im Zusammenhang mit Schwarzen Löchern. Allgemein gibt die Fluchtgeschwindigkeit nämlich an, wie schnell etwas sein muss, um irgendein massebehaftetes Objekt verlassen zu können. Auch für die Erde gibt es diesen Wert, und man kann ausrechnen, dass eine Rakete etwa 40.000 *km/h* schnell sein muss, um die Erdanziehungskraft zu überwinden und ins Weltall zu entkommen. Eine entsprechende Überschlagsrechnung ist relativ einfach aufzustellen, was ich euch gern an unserem *Elfies Angebote zur Freundschaft*-Abend zeigen möchte.«

»Also ehrlich«, strahlte Wilma, »ich freue mich schon auf diesen Abend.«

»Und ich verspreche«, ergänzte Willi, der nun das Gefühl hatte, doch irgendwie in Zugzwang geraten zu sein, »dass ich mein Bestes geben werde.«

»Ja wunderbar«, strahlte auch Elfie, »dann sind wir ja schon drei, die sich auf diesen Abend freuen. Aber bleiben wir einmal bei der Fluchtgeschwindigkeit, denn die wird uns gleich erklären, warum das Schwarze Loch schwarz ist!

Ich hatte euch schon erklärt, dass für die Entstehung eines Neutronensterns oder eines Schwarzen Lochs der Stern zu seinen Lebzeiten sehr schwer gewesen sein muss. Wenn dann ein solch massereicher Stern kollabiert, dann wird durch die so hervorgerufene Supernova-Explosion ein riesiger Energiebetrag freigesetzt. Nach EINSTEINs Masse-Energie-Äquivalenzgesetz, also nach der Formel 3.3 bedeutet eine große Menge an freigesetzter Energie, dass der Stern dabei einen Großteil seiner Masse verliert. Ein nicht zu vernachlässigender Rest bleibt aber übrig, der dann mit ungeheurer Wucht in extrem kurzer Zeit in sich zusammenfällt. Die dabei entstehenden Kräfte sind derart groß und gewaltig, dass in den Atomen der Sternenmaterie die Elektronen aus den Hüllen in die Atomkerne hineingepresst werden. Im Atomkern findet dann ein sehr exotischer Umwandlungsprozess statt, der nur unter solch extremen Bedingungen erfolgen kann. Dabei werden die negativ geladenen Elektronen zusammen mit den positiven Protonen in elektrisch neutrale Neutronen umgewandelt. Auf diese Weise entsteht, wie vorhin schon erwähnt, ein Neutronenstern – ein Stern mit einer dramatisch hohen Dichte.

Waren Weiße Zwerge mit einem typischen Durchmesser von rund 10.000 *km* schon recht klein für ein kosmisches Objekt, dann sind Neutronensterne mit etwa 10 *km* Durchmesser wahre Winzlinge, die es aber in sich haben. Mit einer mittleren Dichte von etwa $1 \cdot 10^{10}$ g/cm^3 würde ein Teelöffel voll Neutronenstern-Materie etwa 10.000 Tonnen wiegen. Und das ist noch nicht alles! Ein solcher Neutronenstern, also diese extrem kompakte Kugel, die trotz ihrer geringen Größe aufgrund der hohen Dichte schon mal ein bis zwei Sonnenmassen auf die Waage bringen kann, rotiert mit bis zu 700 Umdrehungen pro Sekunde irrwitzig schnell um die eigene Achse. Diese Umdrehungszahl entspricht rund 42.000 Umdrehungen pro Minute, einer Drehzahl, bei der jeder Motor inklusive der eines Formel-1-Boliden einem gnadenlos um die Ohren fliegen würde. Ein Neutronenstern ist damit also ein extrem energiegeladener kosmischer Irrwisch, den man sich lieber nicht als nächsten Nachbar wünschen sollte.

War die Masse des ursprünglichen Sterns jedoch größer als das 25-fache unserer Sonne, dann entsteht durch die Supernova-Explosion ein Gebilde mit einer kaum mehr vorstellbaren, noch höheren Dichte als bei einem Neutronenstern. In diesem Objekt ist alles vorhandene Material zu einem einzigen, ungeheuerlich kompakten Kern zusammengepresst. Tatsächlich handelt es sich bei dem Kern um einen Punkt mit unendlicher Dichte, der sich nicht mehr mit den Möglichkeiten unserer Physik beschreiben lässt. Es entsteht eine sogenannte punktförmige Singularität.

Diese Singularität hat die Eigenschaft, dass die Anziehungskraft in ihrer Umgebung so groß ist, dass die Fluchtgeschwindigkeit, also die Geschwindigkeit, um diesen Bereich verlassen zu können, größer ist als die Lichtgeschwindigkeit. Damit kann selbst das Licht diesen Bereich nicht mehr verlassen, wodurch in dieser Region nur noch absolute Schwärze vorherrscht – eben ein Schwarzes Loch!«

»Huuuh, das ist ja gruselig!« Wilma war schwer beeindruckt. »Dann ist also ein Schwarzes Loch nicht *nichts*, sondern etwas mit einem so hohen Gewicht, dass einfach nichts mehr von ihm wegkommt, weil alles von diesem Gewicht so stark angezogen wird.«

»Genau …«, antwortete Elfie, »exakt so ist es! Allerdings muss ich anmerken, dass der letzte Teil meiner Beschreibung der klassischen Erklärungsvariante entspricht. Etwas unanschaulicher, dafür wohl zutreffender ist eine Begründung unter Nutzung der Allgemeinen Relativitätstheorie, und die kommt ohne den Begriff der Fluchtgeschwindigkeit aus. Die ART lehrt uns, dass sich die Zeit in der Nähe von großen Massen zunehmend verlangsamt. Dieser Effekt wird extrem, wenn wir uns in die Nähe eines Schwarzen Lochs begeben. Man kann errechnen, dass die Masse einer Singularität ausreicht, die Zeit in ihrer Umgebung zum Stillstand zu bringen. Und wenn die Zeit still steht, dann kann sich nichts mehr fortbewegen – auch kein Licht. Somit ist ein Schwarzes Loch schwarz!

Egal, welche der beiden Erklärungen ich nun verwende, es bleibt die Tatsache, dass Licht die Umgebung eines Schwarzen Lochs nicht verlassen kann.«

»Also vielleicht fehlt es mir ja an Phantasie«, war Wilma in ihrer Faszination kaum zu bremsen, »aber ich kann mir einfach nicht vorstellen, wie die Zeit stillsteht und deswegen das Licht nicht wegkommt. Von daher leuchtet mir die erste Erklärung eindeutig mehr ein.«

»Wir sind hier in keiner Physikvorlesung«, antwortete Elfie, »wenn dir die erste Erklärung sympathischer ist, dann ist das völlig ok. Entscheidend ist, dass Schwarze Löcher und deren Effekte für dich keine Hexerei darstellen sollen, denn ihre Existenz und einige entsprechende Phänomene lassen sich rein physikalisch erklären.«

»Elfie«, begann Willi, »ich habe verstanden, dass die Zeit langsamer vergeht, wenn man entweder sehr schnell oder sehr schwer ist. Das haben wir durch die SRT und die ART gelernt. Dies alles scheint mir aber eher wie eine große Spielwiese zu sein, auf der man mit allem rumexperimentiert, aber es fällt mir absolut schwer zu glauben, dass sich dies alles in der echten Realität genau so verhalten soll.«

»Ja, das glaube ich dir gern«, entgegnete Elfie, »denn für vieles, über das wir hier sprechen, finden wir keinerlei Bestätigung in unserem normalen Leben. Um diesen Effekten zu begegnen, muss man schon ganz besondere Dinge tun, wie zum Beispiel Atomuhren in Flugzeuge packen oder Standorte von Sternen während einer Sonnenfinsternis vermessen. Und trotzdem – auch wenn es unserer Lebenserfahrung widerspricht –, diese Effekte gehören nun einmal zu unserer Realität. Und mit unserem mittlerweile schon beachtlichen Hintergrundwissen sollten wir sie als zutreffend, real und als Teil unserer Lebenswelt anerkennen.

Aber Willi, by-the-way, du hattest doch vorhin schon die Frage gestellt, ob denn Schwarze Löcher nun eher wie Löcher oder doch als etwas anderes anzusehen sind. Um das zu klären, müssen wir wieder die Raumzeit heranziehen, und zwar die anschauliche Variante mit dem Tischtuch – ihr erinnert euch, oder?«

Mit einem kurzen Nicken gaben Wilma und Willi grünes Licht zur Weiterfahrt.

»Wie wir ja besprochen hatten«, war Elfie auch sofort wieder in der Spur, »würde eine schwere Masse unser Tischtuch, also unseren zweidimensionalen Raum, nach unten durchbeulen, den Raum also krümmen. Legen wir eine besonders schwere Kugel hinein, dann würde sich der Raum noch tiefer krümmen. Nehmen wir eine sehr, sehr kleine, aber sehr schwere Kugel, dann würde sich ein ziemlich spitz zulaufender Trichter im Tischtuch ergeben. Und genau das passiert mit unserer Raumzeit, wie ich euch in Bild 4.1 skizziert habe.

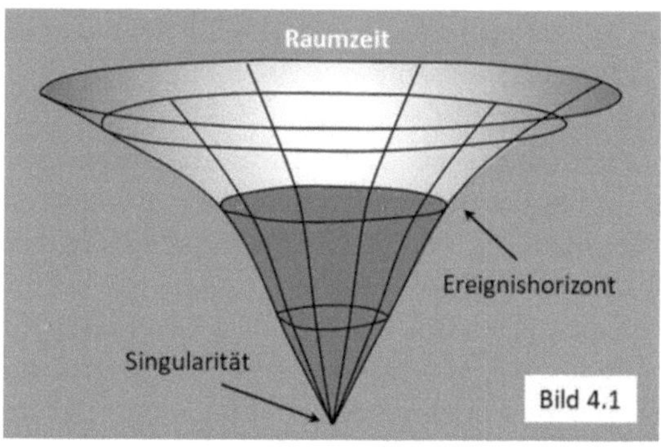

In der Raumzeit ist jede Vertiefung ein Maß dafür, wie sehr etwas von dem Objekt angezogen wird, welches die Vertiefung verursacht. Je tiefer die Raumzeit gekrümmt wird, umso stärker ist die Anziehung. Im Fall eines Schwarzen Lochs reicht die Vertiefung so weit, dass ab einem bestimmten Bereich selbst das Licht nicht mehr entweichen kann. Dieser Bereich, von wo ab keine Information mehr nach außen dringen kann, wird als *Ereignishorizont* bezeichnet. Von da ab ist das Schwarze Loch einfach nur noch pechschwarz!

Am unteren Ende des Raumzeit-Trichters befindet sich der unendlich dichte Massepunkt des Schwarzen Lochs, die Singularität. Und in diesem Bild der gekrümmten Raumzeit ist es durchaus sinnvoll, von einem Loch zu sprechen, denn der Trichter hat eigentlich eine unendliche Tiefe, was man durchaus als Loch in der Raumzeit bezeichnen könnte. Aber auch ohne die Verwendung einer unendlichen Tiefe ist die Vorstellung *Loch* durchaus zutreffend, denn gerät Materie in die Nähe dieses Trichters, dann wird sie von diesem Bereich angezogen. Überschreitet aber die Materie den Ereignishorizont, dann verschwindet sie für immer von der Bildfläche, als wäre sie in ein Loch gefallen.

Übrigens stammen viele Berechnungen zu den Schwarzen Löchern von KARL SCHWARZSCHILD, der schon 1916 mit den Feldgleichungen der Allgemeinen Relativitätstheorie die Existenz eines Ereignishorizonts prognostizierte, weswegen dieser auch als SCHWARZSCHILD-Radius bezeichnet wird.

So, genug mit der ganzen Theorie, jetzt machen wir einmal angewandte Physik: Wir stellen uns vor, wir sind mit einem Raumschiff unterwegs und haben nach langer Suche endlich ein Schwarzes Loch gefunden. Jetzt liegt es direkt vor uns, wie auf dem Präsentierteller – eine einmalige Chance! Nun muss gehandelt werden. Wir brauchen einen unerschrockenen Astronauten, der bereit ist, dieses phantastische, geheimnisvolle und absolut atemberaubende kosmische Wunder einmal genauer zu erkunden. Wer von euch würde sich zur Verfügung stellen?«

Wilma und Willi schauten einander unschlüssig an.

»Ich muss erst einmal meine Lebensversicherung checken«, druckste Willi herum, »so ein Schwarzes Loch ist doch bestimmt brandgefährlich und hat stets Kohldampf wie Hulle!«

»Naja«, antwortete Elfie vergnügt, »normalerweise ist es vielleicht schon so ein klein wenig gefährlich – aber nicht für dich, lieber Willi, für dich wäre es der reinste Spaziergang! Denn Wilma und ich sichern dich mit einer langen Angelschnur und sammeln dich sofort wieder ein, falls das böse Loch nach dir greifen sollte, um dich zu verschlingen.«

Willi zögerte.

»Na schön«, antwortete er schließlich heldenhaft, holte tief Luft und streckte seine Brust heraus, »aber nicht wegen Ruhm und Ehre! Und erst recht nicht wegen den Millionen, die ich mit dieser Geschichte in meinen Memoiren verdienen werde. Nein! Einzig der Wunsch, die Wissenschaft voranzubringen, ist für mich Triebfeder genug, dieses Himmelfahrtskommando anzutreten. Dafür ist mir kein Berg zu hoch beziehungsweise kein Schwarzes Loch zu tief. Was muss ich also tun?«

»Zunächst einmal möchte ich mich im Namen der CTA für deinen selbstlosen Einsatz bedanken, Willi«, begann Elfie feierlich.

»CTA? Was haben denn chemisch-technische Assistenten damit zu tun?«, fragte Wilma völlig baff.

»Die meine ich nicht«, entgegnete Elfie grinsend, »ich spreche vom Club der tollkühnen Astronauten. So, und was musst du tun? Ganz einfach, du ziehst dir schnell mal den Astronautenanzug da drüben an, begibst dich in die Schleuse und wir katapultieren dich direkt vor das Schwarze Loch. Es beruhigt dich bestimmt, dass Wilma und ich dich in sicherer Entfernung beobachten.«

»Na, da fühlt man sich doch gleich so sicher wie in Abrahams Schoß«, antwortete Willi, der nun sehr entschlossen wirkte.

»Wenn's eng wird, sprechen wir dir auch Mut zu«, fuhr Elfie gut gelaunt fort, »also keine Bange … na wunderbar, du bist ja schon in der Schleuse, das ging ja fix! So, und – hopp – schon bist du draußen, und wir sehen dich im All in Richtung Schwarzes Loch gleiten. Huhu!«, winkten Elfie und Wilma dem sanft dahingleitenden Willi zu.

»Selber huhu«, winkte Willi zurück, der sofort mitspielte, »ist ja super, alles so schön bunt hier!«

»Jetzt hör aber auf mit deinen Farben, Willi, sonst holen wir dich gleich wieder rein«, entgegnete Elfie streng. »Wir können dich prima sehen und stellen fest, dass du dich langsam dem Ereignishorizont näherst. Allerdings – du wirst ja immer langsamer, je näher du ihm kommst, was ist denn da los?«

»Man wird ja wohl mal in Ruhe die Aussicht genießen dürfen«, erklärte Willi schlagfertig, »also jetzt nur nicht hetzen.«

»Wilma«, sagte Elfie mit einem Augenzwinkern an Wilma gerichtet, »ich weiß ja nicht, wie du das siehst, aber aus meiner Perspektive scheint es, als wenn Willi da vorne gerade eingepennt wäre. Da passiert ja rein gar nichts.«

»Du hast Recht«, antwortete Wilma, die den Wink mit dem Zaunpfahl sofort verstand, »also entweder, er ist schon am Wegratzen, oder aber er denkt nach und fragt sich, ob er nicht schon wieder das Licht auf der Toilette brennen gelassen hat. Und da er als Mann ja nicht zwei Dinge auf einmal tun kann, sind sämtliche körperinternen Systeme mit dieser Frage derart ausgelastet, dass alle anderen Projekte kurzfristig unterbrochen werden mussten.«

»Ihr Mädels!«, holte Willi nun aus. »Während ihr wahrscheinlich mit einem warmen Eierpunsch in der Hand gerade darüber diskutiert, warum euch die letzte Gravitationswelle die Frisur in Richtung Zimmerdecke weggeblasen hat, riskiere ich im Namen der Wissenschaft hier draußen Kopf und Kragen und muss daher selbst entscheiden, wann ich mit welchem Tempo diesem Schwarzen Loch zu Leibe rücke.«

»Lieber Willi«, erklärte Elfie lachend, »ich löse das mal auf. Es ist in der Tat so, dass Wilma und ich als Außenstehende tatsächlich den Eindruck haben, du wärest an der Schwelle zum Ereignishorizont hängengeblieben. Was wir sehen, ist fast ein Standbild. Und ich beschreibe dir einmal, was weiter passieren würde. Du würdest im Laufe der Zeit immer dunkler und blasser werden, als würde dich jemand langsam ausblenden, aber du würdest aus unserer Sicht den Ereignishorizont nie wirklich überschreiten.

Aus deiner Sicht aber, also aus Sicht des Astronauten, sieht das ganz anders aus. Du hast dich nämlich die ganze Zeit über dem Schwarzen Loch kontinuierlich genähert. Irgendwann warst du so nahe, dass Wilma und ich große Sorge hatten, dich nicht mehr wohlbehalten zurückzubekommen. Wir haben daher das Experiment abgebrochen und dich mit der langen Angelschnur wieder an Bord geholt. Nun sitzen wir drei gemütlich im Raumschiff und sprechen darüber, wie es einem Astronauten ergehen würde, der sich tatsächlich in diesem Bereich weiter aufhalten würde.«

»Ok!«, lenkte Willi ein. »Ich werte das mal als Notfallmaßnahme und lege kein Veto ein, denn eigentlich war es ja ganz spannend da draußen!« Und nach kurzem Zögern ergänzte er, »aber Elfie, warte doch bitte noch mit deinen weiteren Schilderungen, ich gehe nur schnell das Licht auf der Toilette ausschalten.«

Elfie und Wilma schauten sich kurz an und brachen dann in herzhaftes Gelächter aus.

»Keine Kommentare, bitte«, bemerkte Willi trocken, als er wieder an seinen Platz zurückkam, während Elfie und Wilma ganz offensichtlich immer noch ihren Spaß hatten.

»Alles ok«, nahm Elfie den Gesprächsfaden wieder auf. »Versprochen, kein Kommentar!« Elfie schluckte kurz und legte dann wieder los. »Wo waren wir stehen geblieben? Richtig …, ich wollte euch gerade erklären, wie es einem Astronauten ergehen würde, der sich tatsächlich einem Schwarzen Loch immer weiter nähern würde.

Aus Sicht eines Astronauten wäre das Überschreiten des Ereignishorizontes eigentlich kein Problem, er würde ihn mit großer Wahrscheinlichkeit überhaupt nicht erkennen und würde immer tiefer in das Schwarze Loch fallen, bis er nach kurzer Zeit die Singularität erreichen würde! Ok, stimmt nicht ganz, denn etwas würde beim Erreichen des Ereignishorizontes doch passieren. Würde er bei der Annäherung an den Ereignishorizont zurück ins Weltall blicken, dann würde aus seiner Sicht die Zeit dort draußen immer schneller vergehen. Am Ereignishorizont selbst würde die gesamte Zeit des Universums vor seinen Augen auf einen Schlag vergehen und das gesamte Licht des Universums würde ihn in einem blauen, hochenergetischen Blitz verbrennen. Glücklicherweise würde er diesen Zustand aber nicht wirklich erleben, denn schon bei der Annäherung an den Ereignishorizont würde die *Spaghettisierung* einsetzen. Dieser Ausdruck wurde von STEPHEN HAWKING geprägt und beschreibt, was der Name suggeriert. Objekte, die in die Nähe des Ereignishorizontes gelangen, werden durch die dort herrschenden riesigen Anziehungskräfte, die sogenannten Gezeitenkräfte, zunächst in die Länge gezogen und dann auseinandergerissen, egal, ob es sich um Gesteinsbrocken, ganze Planeten oder um harmlose, verirrte Astronauten handelt.«

»Ok, dann bin ich ja doch froh«, resümierte Willi, »dass ihr mich mit der Angelschnur wieder eingefangen habt. Aber, Elfie, dann sind doch diese Schwarzen Löcher wirklich gefährlich. Vorhin hatte ich aber den Eindruck, du wolltest diese Aussage eher etwas relativieren. Wieso eigentlich?«

»Du hast Recht«, antwortete Elfie, »und zwar würde ich diese Aussage dahingehend relativieren, als dass Schwarze Löcher zunächst einmal Objekte sind, die aufgrund ihrer Masse die Raumzeit krümmen. Ihre Anwesenheit krümmt die Raumzeit aber auch nicht mehr als ein normaler Stern, der über das gleiche Gewicht verfügt. Würde also die Sonne durch ein Schwarzes Loch gleicher Masse ersetzt, dann würde sich an der Himmelsmechanik, also an der Bewegung der Planeten unseres Sonnensystems, nichts ändern. Somit sind die speziellen Eigenschaften eines Schwarzen

Lochs nur für solche Objekte von Bedeutung und damit gefährlich, die ihm zu nahe kommen. Und dies ist etwa genauso wahrscheinlich wie eine Kollision zweier Sterne. Solche Vorfälle gibt es, sie bilden aber die Ausnahme.

Zu guter Letzt möchte ich aber noch etwas zu der Aussage beitragen, dass weder Licht noch irgendwelche andere Materie ein Schwarzes Loch wieder verlassen können. Quantenmechanische Überlegungen zeigen, dass es vielleicht doch *etwas* gibt, was dies tun kann, und dieses *etwas* hat mit unserem nächsten Thema zu tun, nämlich mit Materie und Antimaterie. Die Vorstellung ist, dass bei der Bildung von Teilchen-/Antiteilchen-Paaren nahe am SCHWARZSCHILD-Radius ein Partner tiefer in den Trichter der Raumzeitkrümmung des Schwarzen Lochs fällt, während sich der andere noch kurz vor dem Ereignishorizont befindet und dann entfliehen kann. Bei diesem Vorgang müsste Strahlung freigesetzt werden, die nach ihrem geistigen Vater als HAWKING-Strahlung bezeichnet wird. Bis heute ist aber der Nachweis dieser Strahlung noch nicht gelungen.

So, ihr Lieben, nun haben wir viel über Sterne, Rote Riesen, Weiße Zwerge, Neutronensterne und Schwarze Löcher erfahren, und mittlerweile ist der Himmel über uns auch schon ganz schwarz. Was nehmen wir denn von alldem mit?«

»Für mich war es schon spannend zu hören«, begann Wilma, »dass Sterne einen richtigen Lebenszyklus durchlaufen und eben nicht einfach nur da sind. Außerdem habe ich mir gemerkt, dass Schwarze Löcher nicht ganz so selten sind, wie ich zunächst vermutet hatte, sondern dass sie fast zwangsläufig entstehen, denn es gehört ja zu dem ganz normalen Werdegang – oder besser Abgang – eines Sterns, zu einem Schwarzen Loch zu werden, sofern der Stern nur schwer genug war.«

»Ja, Wilma«, antwortete Elfie, »das ist schon richtig, aber wir müssen beachten, dass bei jemandem, der so lange lebt wie ein Stern, der Tod ein eher seltener Besucher ist. Von daher findet man Schwarze Löcher auch nicht unbedingt an jeder Ecke, aber es gibt sie.

Und vielleicht noch eine Anmerkung zu unserem mutigen Astronauten beim Besuch des Schwarzen Lochs. Natürlich gibt es für solch einen Vorgang noch keine experimentellen Erkenntnisse, aber die beschriebenen Ereignisse basieren auf einem durchaus realistischen Szenario.«

»Elfie«, meldete sich nun auch Willi zu Wort, »während du noch über die HAWKING-Strahlung sprachst und dich mit Wilma über das Leben und Sterben der Sterne unterhieltest, habe ich meine persönliche, ganz individuelle Sichtweise zu den Schwarzen Löchern in Worte gefasst und diese sogar zu Papier gebracht! Dazu habe ich auf einem unserer Denkzettel einen verbalen Kreativanfall meinerseits genutzt und alles schnell notiert, bevor ich es wieder vergesse. Das Ergebnis dieser Eingebung kann ich euch nun präsentieren.«

Willi nahm den Zettel, auf dem er seine Niederschrift notiert hatte, und trug mit würdevoller Geste vor:

»Der große schwarze Raumzeittrichter
ist ein Raum ganz ohne Lichter.
Und fällt ein Astronaut hinein,
dann ist er echt ein armes Schwein!
Er wird gedehnt und auch verdrillt
und vom Blitz danach gegrillt,
drum hämmert euch ein, so tief es geht:
Bleibt schön auf Abstand zur Singularität.«

»Willi«, entfuhr es Elfie, »das geht ja schwer in Richtung Pulitzerpreis. Den Text sollten wir mal schnell zur NASA rüberfaxen, dann können die ihn als festen Bestandteil in ihr Astronauten-Ausbildungsprogramm aufnehmen, so als eine Art Schillers Glocke für Kosmonauten. Da kannst du mal sehen, lieber Willi, nur weil du in unserem Gedankenexperiment schon mit einem Bein in einem Schwarzen Loch hingst, hat sich diese Erfahrung offenbar tief in deine Hirnwindungen eingegraben.

Überhaupt kann ich aus der Qualität eurer Zusammenfassungen nur schließen, dass die Erkenntnisse unserer Unterhaltung auf fruchtbare Fleckchen in euren Hirnarealen gefallen sein müssen. Das ist prima! Somit können wir nun beruhigt den offiziellen Teil unseres Abends beschließen, und ich kann euch ganz kurz unser nächstes Thema benennen. Dieses ist nämlich schon einmal bei der Beschreibung der HAWKING-Strahlung genannt worden, und zwar handelt es sich um Materie und Antimaterie. Es klingt zwar fast ein wenig nach Science-Fiction, aber eben nur fast, denn wie wir sehen werden, handelt es sich um handfeste und belastbare wissenschaftliche Erkenntnisse. So, jetzt ist es aber genug für heute, mehr dazu beim nächsten Mal. Der Abend ist schon fortgeschritten, und ich werde mich auch bald auf den Weg machen, ich würde aber gern zuvor noch mit euch auf den schönen Abend anstoßen.«

Wie immer, wenn einer der drei diesen Vorschlag einbrachte, ergab sich keine lange Diskussion, sondern es wurde gehandelt. Genauso verhielt es sich auch an diesem Abend, und so saßen die drei noch ein Weilchen zusammen, bis Elfie schließlich sagte:

»Es war wirklich wieder schön heute Abend, und daher bin ich auch schon ganz gespannt auf unser nächstes Beisammensein. Ich verabschiede mich jetzt und wünsche euch eine schöne Zeit.

In diesem Sinne, lasst es euch gut gehen, bis bald, ich freue mich schon!«

4.2 Materie und Antimaterie

»Warte, Wilma, ich helfe noch schnell beim Abräumen.« Elfie war wieder zu Gast bei ihren Freunden Wilma und Willi und gemeinsam hatten sie ein von Willi zubereitetes Abendessen verspeist. Gerade waren sie dabei, den Tisch wieder freizuräumen, um sich dem eigentlichen Anlass ihres Treffens widmen zu können, nämlich einer weiteren Unterhaltung über nicht-alltägliche Phänomene der Physik.

»Bleib ruhig sitzen, Elfie«, antwortete Wilma, »und entscheide mit Willi, welchen Wein wir uns heute gönnen.«

»So schwer ist das ja nicht«, bemerkte Willi, »wir haben ja schon unseren Favoriten, und den habe ich auch schon bereitgestellt.«

»Da bin ich ganz deiner Meinung«, stimmte Elfie zu, »der gehört ja mittlerweile schon zum Team. Und, Willi, vielen Dank für dein köstliches Mahl – es hat super geschmeckt! Und außerdem habe ich auch schon bemerkt, dass die gelbe Mappe wieder bereitliegt – vorbildlich«, ergänzte Elfie mit einer Daumenhoch-Geste.

Und schon war auch Wilma gut gelaunt wieder an den Tisch zurückgekehrt, bewaffnet mit einer Tüte Knabberzeug und sagte:

»So, also ich wäre so weit, und wie ich sehe, ist alles andere auch bereitet, dann kann es ja losgehen.«

»Ja«, erwiderte Elfie, »dann machen wir doch gleich mal Dampf unterm Kessel. Wir wollen uns heute mit *Materie* und *Antimaterie* beschäftigen. Den ersten Begriff *Materie* kennen wir sehr gut, denn alles um uns herum besteht aus Materie inklusive der drei Personen, die hier am Tisch sitzen. Die *Antimaterie* bildet das genaue Gegenstück dazu. Sie existiert auch in unserer von Materie dominierten Welt, allerdings nehmen wir sie nicht wahr, da sie nur über eine extrem kurze Lebensdauer von Bruchteilen von Sekunden verfügt. Mittlerweile kann man zwar in den heutigen großen Teilchenbeschleunigern Antimaterie etwas länger am Leben erhalten – der Rekord steht bei rund einer Viertelstunde –, ein Hauptproblem aber bleibt bestehen: Sowie auch nur der kleinste Kontakt mit Materie stattfindet, zerstrahlen Materie und Antimaterie zusammen in einer Annihilations-Reaktion komplett zu Energie. Der Begriff *Annihilation* soll dabei untermauern, dass es sich um eine Vernichtungsreaktion handelt, denn der Umwandlungsprozess von Materie und Antimaterie zu Energie erfolgt zu 100%, es bleibt also nicht ein Krümel übrig. Bevor wir aber auf die Details kommen, sollten wir uns zunächst erst einmal anschauen, wie Materie überhaupt aufgebaut ist. Könnt ihr dazu etwas sagen?«

»Aber natürlich!«, antwortete Willi. »Wir selbst, unsere Umwelt, das Universum, alles besteht aus kleinen, unteilbaren Einheiten, den Atomen. Und dies ist keine neue Vorstellung, ich glaube, sogar die alten Griechen vertraten schon diese Auffassung, denn das Wort Atom hat, soweit ich mich erinnere, die Bedeutung von unteilbar.«

»Wir haben ja schon an einigen unserer Abende den Begriff Atom verwendet«, ergänzte Wilma, »und von daher ist uns zumindest diese Grundbedeutung klar, die Willi eben beschrieben hat. Allerdings ist ebenso klar, dass dieses *unteilbar* aus heutiger Sicht so nicht mehr richtig ist, denn wir wissen, dass es so etwas wie Atomspaltung gibt. Als Stichwort fällt mir dazu das Atomkraftwerk ein und leider auch der Begriff Atombombe.«

»Das ist auch alles richtig«, erklärte Elfie, »und da wir uns darüber einig sind, dass Atome eben noch nicht die letzte, unteilbare Einheit darstellen, kann man natürlich fragen, was als Nächstes kommt, also aus was die Atome selbst aufgebaut sind. Und auch bei dieser Frage vermute ich, dass ihr die meisten der folgenden Begriffe schon kennt, allerdings kommen die einem in der Regel nicht mehr ganz so locker flockig über die Lippen. Wir werden daher jetzt gemeinsam das Wichtigste kurz und prägnant zusammenfassen.

Atome bestehen aus einer äußeren Region, der Atomhülle, und einem inneren Bereich, dem Atomkern. In der nicht scharf begrenzten Region der Atomhülle befinden sich die Elektronen, während Protonen und Neutronen den kleinen, aber massiven Atomkern bilden. Elektronen sind negativ geladen, Protonen positiv und Neutronen besitzen keine Ladung, sind also elektrisch neutral. Dies ist die Struktur, die für alle Elemente gilt. Jedes Material, jeder Stoff, unsere gesamte Materie, alle besitzen diesen grundsätzlichen Aufbau.

In diesem Zusammenhang möchte ich auf die erstaunliche Tatsache hinweisen, dass alle Stoffe, die es im gesamten Universum gibt, auf einer übersichtlichen Liste Platz haben. Diese Liste heißt *Periodensystem der Elemente* und man findet sie in jedem Chemiebuch. Man lernt aus ihr, dass sich alle Elemente NUR durch ihre Anzahl an Elektronen, Protonen und Neutronen unterscheiden. Hätte ich etwas, was ich gern als den Traum aller Alchimisten bezeichne, nämlich einen Baukasten, aus dem ich mit einer feinen Pinzette Elektronen, Protonen und Neutronen nach Belieben herausnehmen könnte, dann könnte ich mir zum Beispiel Gold oder auch jedes andere Element einfach selbst zusammenbauen. Denn wie viele Elektronen, Protonen und Neutronen jeweils benötigt werden, das ist wissenschaftlich schon lange bekannt – und genau in diesem Periodensystem der Elemente zusammengefasst!«

»Wie denn«, erwiderte Willi, »so einfach ist das? Warum macht das denn keiner?«

»Weil es diesen Baukasten nur in meiner Phantasie gibt«, beruhigte Elfie, »aber ich finde, er macht deutlich, wie das ganze System funktioniert.

So, nachdem wir nun einen groben Überblick über den Aufbau unserer Materie haben, sollten wir schon einmal einen Blick auf die Antimaterie werfen, die ist nämlich grundsätzlich genauso aufgebaut! Der einzige Unterschied ist, dass die Vorzeichen der elektrischen Ladung vertauscht sind. Antimaterie besteht nämlich aus positiv geladenen Antielektronen, die als *Positronen* bezeichnet werden, und im Kern sitzende negativ geladene Antiprotonen und neutrale Antineutronen. Ich habe euch das am Beispiel eines Helium-Atoms in Bild 4.2 skizziert.

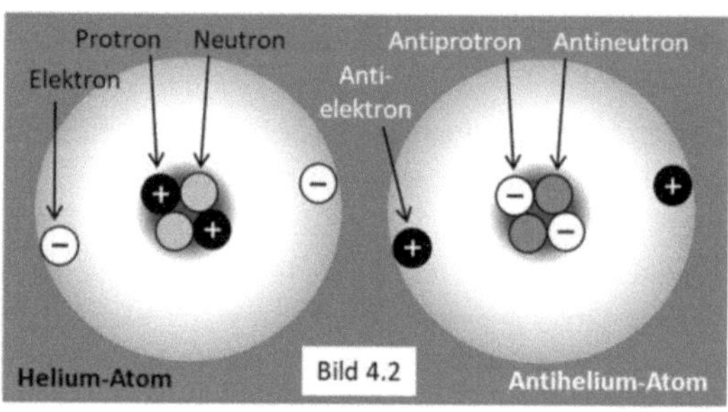

Dass es so etwas wie Antimaterie überhaupt gibt, wurde interessanterweise zunächst theoretisch vorhergesagt. Im Jahr 1928 stellte PAUL DIRAC auf Grundlage der Arbeit von WOLFGANG PAULI eine auf der SRT basierende Gleichung auf, die sogenannte DIRAC-Gleichung. Mit ihr sagte er voraus, dass es Antielektronen, also Positronen geben MUSS. Vier Jahre später konnte CARL DAVID ANDERSON das erste Antiteilchen in der kosmischen Strahlung nachweisen. Es dauerte aber noch 23 Jahre, bis 1955 das Antiproton und 1956 das Antineutron bei Versuchen mit Teilchenbeschleunigern nachgewiesen werden konnten.

Die Tatsache, dass sich Materie und Antimaterie sofort gegenseitig zerstören, wenn sie aufeinandertreffen, machte diese Arbeiten recht schwierig. Allerdings erkannte man, dass es gemäß der EINSTEINschen Äquivalenz von Masse und Energie um riesige, potentiell nutzbare Energiemengen gehen könnte, wenn man in der Lage wäre, ganze Anti-Atome herzustellen. Dies gelang schließlich im Jahr 2011 durch die Herstellung von Antiwasserstoff und Antihelium mit Hilfe moderner Hochleistungs-Teilchenbeschleuniger. Allerdings übertraf die eingesetzte Energie die Menge an freigesetzter Energie um ein Vielfaches.

Kommen wir aber noch einmal zurück zur normalen Materie. Man muss nämlich feststellen, dass Protonen und Neutronen immer noch nicht die kleinsten Bausteine sind, aus denen unsere Materie aufgebaut ist, denn beide bestehen aus den sogenannten *Quarks*.«

»Ich könnte schnell mal Anschauungsmaterial besorgen«, preschte Willi dazwischen, »wir haben nämlich noch zwei Quarks im Kühlschrank.«

»Das ist der feine Unterschied«, entgegnete Elfie, »du hast keine zwei Quarks, sondern zwei Quark im Kühlschrank. Protonen und Neutronen bestehen aber aus Quarks.«

»Ach so«, reagierte Willi blitzschnell, »tauchen also mehrere Quark im Kühlschrank auf und ich entdecke bei ihnen kein *s* im Plural, dann ist's ein Milchprodukt, also essbar. Aber – Obacht – mit *s* im Plural ist's ein Baustein der Materie, also wohl eher unbekömmlich. Ok, das kann ich mir merken. Was aber mache ich, sollte ich sie mal einzeln erwischen?«

»Dann solltest du sie genau beobachten«, erklärte Elfie schmunzelnd, »denn Quarks haben immer einen *Spin*, das heißt, sie drehen sich um ihre eigene Achse.«

»Also, ich hatte schon mal einen Quark«, erinnerte sich Willi, »da hat sich mir nach zwei Löffeln der Magen umgedreht. Zählt das auch?«

»Mensch, Willi«, warf Wilma keck ein, »du erzählst aber auch einen Quark!«

»Wieso?«, entgegnete Willi, der jetzt richtig in Fahrt kam. »Das entspricht doch alles der Wahrheit! Die Geschichte mit diesem komisch schmeckenden Quark hatte ich dir damals schon erzählt, da bist du aber auch nicht aus'm Quark gekommen und hast so getan, als interessiere dich das nicht.«

»Also …«, läutete Wilma die nächste Runde ein, »ich bleibe mal bei den Milchprodukten und muss feststellen: Es ist natürlich Käse, was du da sagst, Willi, denn nach deiner Info über den eigenartig schmeckenden Quark habe ich die restlichen zwei natürlich sofort entsorgt.«

»Ich erweitere auf Kühlschrankprodukte im Allgemeinen«, erwiderte Willi, »und kann nur sagen, dass mir der Quark im Moment völlig wurscht ist, denn nun haben wir den Salat – bei all dem Gefasel über die verschiedenen kulinarischen Delikatessen krieg ich grad 'ne Meldung rein.«

»Meldung? Was für 'ne Meldung?«, fragte Wilma, die langsam bereute, in diese Unterhaltung überhaupt eingestiegen zu sein. »Hast du schon wieder so eine Farb-Fata Morgana, oder was?«

»Ich habe gerade ein Notsignal empfangen mit dem Hinweis auf einen drohenden Beginn der Selbstverdauung. Kann aber auch sein, dass ich mich irre. Das Signal *Warnung vor dem Trockenlaufen* klingt so ähnlich.«

»Willi«, platzte es aus Wilma heraus, »was das Trockenlaufen betrifft, neben dem Wein steht das Wasser, da kannst du dich bedienen. Aber Hunger kann es ja nun wirklich nicht sein. Wir hatten doch vorhin erst das von DIR hervorragend zubereitete, köstliche Abendmenü und danach hattest DU noch diverse Nachtische aus dem Megakalorien-Sortiment. Und jetzt schon wieder Hunger? Nix da!«

»Da hast du natürlich Recht, Wilma«, lenkte Willi rasch ein, »dann vielleicht doch lieber nichts! Oder, ... wenn überhaupt, ... einen Magerquark, aber für Quark ist ja Elfie die Fachfrau und dazu wollte sie uns ja vorhin schon etwas sagen. Elfie, ich glaube, wir haben dich unterbrochen.«

»Ok, ich wollte euch nicht stören«, musste sich Elfie ein Lachen verkneifen, »denn derart knochenharte Verhandlungen zur Ernährungssituation sollte man nicht ohne Not unterbrechen. Aber offensichtlich hat es sich ja nun ausdebattiert, und ich bin wieder an der Reihe. Sehr schön, wo waren wir doch gleich ..., richtig, ich hatte erklärt, dass Protonen und Neutronen noch nicht das Ende der Fahnenstange sind, sondern dass sie aus Quarks aufgebaut sind. Eine entscheidende Eigenschaft der Quarks ist ihr Drehimpuls oder auch Spin, wobei wir zwischen den *up-Spin-Quarks* und den entgegengesetzt rotierenden *down-Spin-Quarks* unterscheiden müssen. Ein Proton besteht aus zwei up-Spin- und einem down-Spin-Quark, während Neutronen – genau umgekehrt – aus einem up-Spin- und zwei down-Spin-Quarks bestehen. Die Quarks wabern dabei nicht frei herum, sondern sie sind untereinander durch die sogenannten *Gluonen* fest verbunden. Ich habe sie hier in Bild 4.3 durch eine Art schwarzes Gummiband dargestellt.

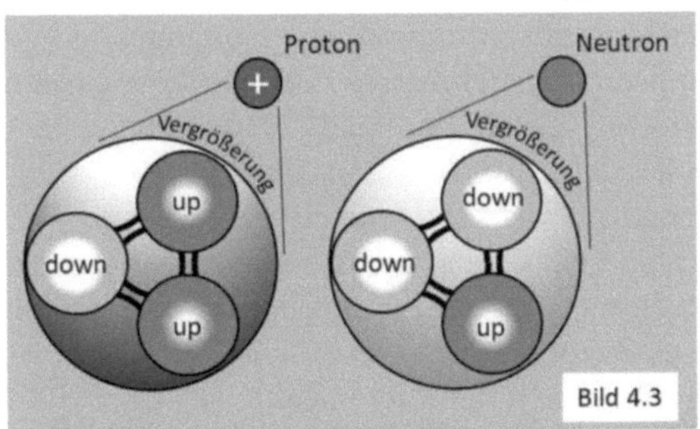

Quarks gelten als die fundamentalen Bausteine, aus denen die Materie aufgebaut ist, wobei wir bisher mit dem up- und dem down-Spin-Quark nur zwei Vertreter erwähnt haben. Und – Achtung – jetzt wird's eigenartig! Ich habe mir das notiert, weil ich das selbst nicht auswendig weiß, der Vollständigkeit halber sollten wir es aber zumindest erwähnt haben: Das Standardmodell der Elementarteilchen umfasst nämlich nicht nur die beiden schon erwähnten Varianten, sondern man unterscheidet insgesamt sechs Quarks und sechs Leptonen, die zusammen als Materiebausteine die Familie der Fermionen bilden. Demgegenüber gibt es noch zwölf sogenannte *Eichbosonen*, von denen das Z- und das W-Boson für die schwache Wechselwirkung, die vorhin erwähnten Gluonen für die starke Wechselwirkung und das Photon für die elektromagnetische Wechselwirkung verantwortlich zeichnen. Zusammen mit dem HIGGS-Boson, benannt nach seinem Entdecker, dem britischen Physiker PETER HIGGS, wird diese Ansammlung von Elementarteilchen auch als *Teilchenzoo* bezeichnet.«

»Und dies ist eine sehr freundliche Bezeichnung«, warf Willi ein, »denn bei mir klingen einige Namen eher nach einer Mischung aus schlimmen Krankheiten und unkorrigiertem Sprachfehler. Erstaunlicherweise schaffen es diese Wortungetüme sogar, bei mir den gleichen Effekt zu erzeugen, den ich sonst nur von einer unangekündigten Ansammlung nicht genehmigter Formeln kenne, nämlich einen Hilferuf nach geistigem Hirnelixier, also nach Schnaps!«

»Mensch, Willi«, meldete sich Wilma zu Wort, »so schlimm fand ich das gar nicht. Es waren doch einfach nur ein paar Bezeichnungen, und ich habe mir sagen lassen, dass es in Bezug auf abenteuerliche Namen in manchen Kindergärten fast schlimmer zugeht.

Andererseits ...«, Wilma überlegte kurz, »... andererseits hast du natürlich Recht, Willi. Es wäre ja fast als fahrlässig zu bezeichnen, potentielle Unterstützungsmechanismen zur Erhöhung kognitiver Fähigkeiten einfach ungenutzt zu lassen. Wenn man das einmal von dieser Seite betrachtet …, also ich hole schon mal die Gläser!«

»…und ich die Hardware«, musste man Willi nicht zweimal bitten, »also ich meine die Software, also die flüssige Ware, … ihr wisst schon.«

Genauso schnell, wie die beiden vom Tisch verschwunden waren, genauso schnell saßen sie auch schon wieder an ihrem Platz, und flugs standen drei gefüllte Grappagläser auf dem Tisch.

»Ok, ok«, lenkte Elfie ein, »dann kann ich ja schnell noch einen letzten Satz loswerden. Um den Kreis zu schließen, möchte ich nämlich noch erwähnen, dass sich die Natur für die Antimaterie — wer hätte das gedacht — lustige Antiquarks ausgedacht hat. Demnach ist ein Antiproton aus zwei up-Spin- und einem down-Spin-Antiquark zusammengesetzt, und für ein Antineutron gilt Entsprechendes, und dann geht die ganze Chose wieder von vorne los. Aber keine Angst, wir belassen es bei dem bisher Gesagten.

Zugegebenermaßen wirkt diese Thematik durch die hohe Anzahl der, sagen wir mal, gewöhnungsbedürftigen Begriffe etwas hölzern, es ist aber schon erstaunlich, was man da im Laufe der Jahre alles herausgefunden hat. Denn für fast alles, was wir im Zusammenhang mit dem Teilchenzoo angesprochen hatten, gibt es Experimente, die genau diese Vorstellungen belegen. Und dort, wo noch kein experimenteller Nachweis geglückt ist, handelt es sich um die aktuell beste und widerspruchsfreieste Erklärung, die wir haben. Und …«, Elfie stockte, denn offensichtlich hatte sich etwas, was sie erblickte, plötzlich thematisch in den Vordergrund geschoben, und so fuhr sie fort, »… und bevor ich jetzt auf die besondere Bedeutung der Antimaterie bei der Entstehung unseres Universums eingehe, sollten wir der Gefahr der Verdunstung hochwertiger Genussmittel energisch entgegentreten.«

Bei diesen Worten kam schlagartig Bewegung in die Tischrunde, denn Willi saß offenbar schon auf heißen Kohlen, und auch Wilma hatte ebenfalls auf diesen Moment gewartet. Und so beseitigte man gemeinsam unter Nutzung der außergewöhnlichen Fähigkeiten geistiger Getränke alle Bedenken gegen unhandliche Wortkonstruktionen und ähnliche Erschwernisse, denen man an so einem Abend durchaus schon einmal begegnen kann.

»Aber ihr wisst schon«, nahm Elfie nach einer Weile den Gesprächsfaden wieder auf, »dass wir um ein Haar hier nicht so quietschfidel sitzen und palavern könnten.«

»Vorhin hast du aber noch gesagt«, entgegnete Willi, »das Essen habe dir geschmeckt. Und nur weil ich gekocht habe, musst du doch jetzt nicht um unsere Existenz bangen.«

»Willi«, erwiderte Elfie amüsiert, »das Essen war hervorragend und ich würde niemals deine kulinarischen Kompetenzen in Zweifel ziehen. Ich muss mich vielleicht etwas klarer ausdrücken. Also nicht nur wir wären nicht hier, sondern weder unsere Erde noch die Sonne noch die Galaxien, überhaupt jede heute existierende Materie wäre nicht vorhanden bzw. wäre erst gar nicht entstanden.«

»Da hast du Recht, Elfie, das hätte ich in der Tat mit meinem Essen wohl nicht hinbekommen«, antwortete Willi, und mit erhobenen Augenbrauen ergänzte er, »da hätte dann jemand aber mal ganze Arbeit geleistet.«

»Hm«, überlegte Wilma, »da bleiben ja nicht so viele Verdächtige, und wenn ich mir unser heutiges Thema noch einmal vor Augen führe, … ist es die Antimaterie, die der Bösewicht gewesen wäre?«

»Volltreffer, Wilma«, strahlte Elfie, »und ich will euch kurz erklären, wie das alles zusammenhängt. Man geht heute davon aus, dass beim Urknall Materie und Antimaterie zu gleichen Teilen existierten. Wären die Anteile aber vollkommen identisch gewesen, dann dürfte es unser heutiges Universum nicht geben, denn bei absolut gleichen Anteilen hätten sich alle Teilchen und Antiteilchen gegenseitig vernichtet. In unserem Universum gäbe es dann weder Materie noch Antimaterie, sondern nur reine Strahlung. Da aber wir Menschen, das Leben im Allgemeinen, die Erde, Sterne und Galaxien existieren, muss es beim Urknall ein leichtes Ungleichgewicht gegeben haben. Rein rechnerisch hätte ein Überschuss von einem einzigen Materieteilchen gegenüber einer Milliarde Teilchen-Antiteilchen-Paare ausgereicht, unser heutiges Universum entstehen zu lassen. Und obwohl schon verschiedene Erklärungsansätze existieren, so ist bis heute die Ursache für dieses Ungleichgewicht noch nicht eindeutig geklärt. Das macht eigentlich schon ein wenig nachdenklich, denn es ist nicht von der Hand zu weisen, dass wir unsere Existenz tatsächlich nur dieser kleinen, möglicherweise rein zufälligen Asymmetrie zu verdanken haben.«

»Ich wiederhole mich ja nur ungern«, meldete sich Willi zu Wort, »aber ich komme nach reiflicher Überlegung zu dem Schluss, dass dies offensichtlich nicht nur für die Mathematik, sondern auch für die Physik gilt: Alles Hexenwerk!«

»Hexenwerk vielleicht nicht, Willi«, fuhr Elfie fort, »aber es gibt in diesem Zusammenhang unterschiedliche Überlegungen, die über die reine Physik hinausgehen und schon etwas philosophische Züge tragen. Als Beispiel möchte ich das sogenannte *Anthropische Prinzip* nennen. Danach ist unser Universum, also unsere Welt, nur deshalb von uns beobachtbar, weil es alle Eigenschaften hat, einem Beobachter, wie wir es sind, überhaupt erst ein Leben zu ermöglichen. Zur Erklärung dieser Idee kann man wie folgt argumentieren:

Einerseits kann man den Standpunkt vertreten, dass wir unser Leben einer Riesenmenge an glücklichen Umständen zu verdanken haben, der eben geschilderte Materie-Antimaterie-Zusammenhang ist nur ein Beispiel dafür. Denn beschäftigt man sich wissenschaftlich ausführlicher mit der Entstehung des Universums, der beteiligten Kräfte und Energien, mit den Naturkonstanten und darüber hinaus mit der Entstehung des Lebens, der Intelligenz und allen Aspekten, die bei der Entwicklung des Menschen eine Rolle spielten, dann gibt es eine erschreckend große Anzahl von glücklichen Zufällen, ohne deren Eintreten wir niemals entstanden wären. Oft wird diesen Zufällen dann eine übergeordnete Macht zugeordnet, welche die Entwicklung steuerte, der Evolution also eine Vorzugsrichtung gab. Dies ist eine mögliche Sichtweise.

Das Anthropische Prinzip besagt dagegen, dass wir in keinem bevorzugten Universum leben, sondern dass es davor schon jede Menge anderer Entwicklungen oder Universen gab, bei denen die zufälligen Entscheidungen eben anders ausfielen, die aber trotzdem viele Milliarden Jahre existierten – oder vielleicht noch immer existieren, irgendwo, vielleicht auch parallel zu uns. Damit war unter Umständen kein Leben nach unserem Verständnis möglich, weswegen keine Intelligenz existierte, welche die Fragen nach dem *Woher* oder *Wohin* stellen konnte.

Somit ist nach dem Anthropischen Prinzip unser Universum einfach nur eine hochgradig unwahrscheinliche Entwicklung, aber auch unwahrscheinliche Ereignisse treten mit Sicherheit ein, wenn man nur lange genug wartet. Dass speziell die Wortkombination *unendlich lange Zeit warten* uns Menschen vor gewisse Vorstellungsprobleme stellt, lässt sich gut mit einem Affen erklären, den man vor eine Schreibmaschine setzt und ihn den ganzen Tag tippen lässt. Wartet man unendlich lange, dann lässt sich mathematisch sauber darlegen, dass der Affe zu irgendeinem Zeitpunkt eine perfekte Abschrift aller auf der Welt existierenden Bücher fehlerfrei getippt haben wird. Dass genau das passiert, ist lediglich höchst unwahrscheinlich, aber eben nicht unmöglich, weswegen dieses Ereignis irgendwann einmal eintreten wird.

Ich muss allerdings dazu sagen, dass das Anthropische Prinzip selbst eine riesige Diskussionsplattform darstellt, auf der höchst unterschiedliche Interpretationen diskutiert werden, und ich habe hier lediglich mein Verständnis zu dieser Theorie kurz erklärt.«

»So einen Affen als Fachmann für das Unwahrscheinliche könnte ich für meine Steuererklärung gut gebrauchen«, erklärte Willi, »denn nach Einschätzung meines Finanzamts wimmelt es in meiner Steuererklärung geradezu von unglaublichen Zufällen.«

»Ja, Willi«, ergänzte Wilma, »und vor allem bin ich einmal auf die Reaktion deines Sachbearbeiters gespannt, wenn du die Abzugsfähigkeit verschiedener Kosten dadurch erklärst, dass lediglich eine Verkettung von ein paar hoch unwahrscheinlichen Einzelereignissen stattgefunden hat, die aber, legt man das allgemein anerkannte Anthropische Prinzip zugrunde, nicht unmöglich, sondern eben nur unwahrscheinlich und deshalb durchaus denkbar sind.«

»Da merkt man doch wieder«, schaltete sich nun auch Elfie ein, »an unseren Abenden lernen wir fürs Leben. Man unterhält sich nichts ahnend über ein paar lustige Dinge, die das Universum für uns bereithält, und schon ergibt sich eine Strategie für die nächste Steuererklärung. Da soll noch einer sagen, die astronomische Grundlagenforschung sei eine brotlose Kunst.

Apropos Kunst, es ist auch eine Kunst, an einem so schönen Abend bei solch bewegenden Themen den richtigen Absprung zu finden, denn den suche ich jetzt.«

»Aber da können wir dir doch helfen«, sprang Wilma Elfie zur Seite, »denn meistens möchtest du doch am Ende eines Abends von uns erfahren, was wir mitgenommen haben. Dies kann ich dir heute sehr genau beantworten, denn ich hatte bisher den Begriff Antimaterie lediglich als eine Vokabel aus dem Science-Fiction-Genre auf dem Schirm. Dass es diese Materieform in der Realität aber tatsächlich gibt, ist wirklich neu für mich.

Und dass diese Materieform darüber hinaus sogar die Macht hatte, über das Zustandekommen unseres Universums mitzuentscheiden, das hat mich doch sehr beeindruckt.«

»Ja«, ergänzte Willi, »und ich hatte bisher immer eine sehr einseitige Sicht auf meinen Quark im Kühlschrank und wusste nicht, dass er auch noch eine Karriere als Materiebaustein hätte machen können. Allerdings ..., ich glaube, der eine oder andere hat diese Beförderung doch noch irgendwie hinbekommen, jedenfalls seiner geschmacklichen Note nach zu urteilen.«

»Na, dann ist doch alles super gelaufen«, strahlte Elfie, »wobei, Willi, du musst mir unbedingt einmal genauer erklären, wie ein Quark schmeckt, der nach deiner Erklärung die Beförderung geschafft hat und nun als verirrter Materiebaustein bei dir im Kühlschrank rumlungert.«

»Also, ich hatte einmal einen Quark«, antwortete Willi, »der hat so extrem sauer geschmeckt, dass ich es nicht geschafft habe, ihn komplett aufzuessen.«

»Aha ...«, Elfie überlegte, »... und was soll mir das sagen?«

»Damals habe ich die Reste einfach entsorgt«, erklärte Willi, »aber heute würde ich ihn wohl eher komplett inhalieren.«

Elfie und Wilma schauten sich fragend an.

»Och, Willi«, begann Wilma, »da kann doch jetzt nichts Gescheites bei rauskommen. Warum würdest du dieses saure Zeug denn inhalieren?«

»Mit meinem jetzigen Kenntnisstand«, erklärte Willi mit wissender Miene, »bin ich davon überzeugt, dass ich es nicht mit einem zwar extrem sauren, dennoch aber handelsüblichen Milchprodukt, sondern mit einem fehlgeleiteten Sauerstoff-Quark zu tun hatte. Ich bin mir nur nicht sicher, ob es sich um einen up-Spin- oder einen down-Spin-Quark handelte. Falls dieser Quark mir aber wieder den Magen verdreht hätte, hätte ich vielleicht einfach nur auf dessen Drehrichtung achten sollen, und schon wär's klar gewesen. Oder noch besser, vielleicht handelte es sich ja auch um einen Antiquark, der beim Inhalieren dann auf meine körpereigene Materie gestoßen wäre, wodurch die – bei der gegenseitigen Vernichtung – freiwerdende Energie bei mir endlich mal für eine freie Nase hätte sorgen können.«

»Willi«, erwiderte Elfie, »ich bewundere zwar, wie du es immer wieder schaffst, auch exotische physikalische Phänomene in deinen privaten Alltag zu integrieren. Trotzdem gebe ich dir den guten Rat, bleibe bei deiner ursprünglichen Taktik, eigenartig schmeckenden Quark nicht zu inhalieren, sondern zu entsorgen. Andernfalls hätte ich Angst um deine Geschmacksnerven, die Schaden nehmen und am Ende vielleicht gar nichts Leckeres mehr erkennen könnten – wie zum Beispiel diesen hervorragenden Rotwein.«

Kaum gesagt, hob Elfie ihr Glas und fügte an:

»Vielen Dank ihr beiden, ihr habt es tatsächlich geschafft, die heutige Thematik rhetorisch würdevoll zu Ende zu bringen. Bei unserem nächsten Beisammensein werden wir uns mit einem besonders geheimnisvollen Thema beschäftigen, und zwar mit der *Dunklen Materie* und der *Dunklen Energie*. Und weil es sich sowohl bei dem heutigen Abend als auch bei unserem nächsten Treffen um zwei hochgradig erfreuliche Ereignisse handelt, lasst uns einfach auf beides anstoßen.«

Das hielten alle für einen ganz hervorragenden Vorschlag, und so hoben sie ihre Gläser, prosteten sich zu und genossen dann den Inhalt. Elfie leerte ihr Glas in einem Zug, und gerade, als Wilma sich anschickte, ihr Glas wieder auffüllen zu wollen, schüttelte Elfie leicht den Kopf und erklärte:

»Danke, nein, Wilma, ich werde euch heute schon zeitig verlassen. Es war, wie immer bei euch, so ein kurzweiliger Wohlfühlabend, bei dem man ständig hofft, dass er nicht so schnell vorübergehen würde. Leider tut er es aber trotzdem, weswegen ich mich jetzt von euch verabschieden möchte. Ich tue dies aber nicht, ohne mich vorher noch einmal für das tolle Essen zu bedanken. Willi, es hat wirklich toll geschmeckt!

Ich hoffe, ihr konntet den Abend genauso genießen, wie ich es getan habe, weswegen ich schon jetzt voller Vorfreude auf unser nächstes Treffen bin.

In diesem Sinne, lasst es euch gut gehen, bis bald, ich freue mich schon!«

4.3 Dunkle Materie und Dunkle Energie

»Also, ich finde, dass es heute Abend schon extrem früh dunkel geworden ist«, begann Elfie, als sie zusammen mit Wilma und Willi am Küchentisch Platz genommen hatte, »und das ist natürlich absolut passend für unser heutiges Thema.«

Elfie war wieder zu Gast bei ihren Freunden Wilma und Willi, und gemeinsam wollte man an diesem Abend in schöner Tradition wieder über Dinge sprechen, die sich in irgendeiner Hinsicht nicht genau so verhielten, wie man dies als Laie vermuten würde. Am Ende war es dann stets die Physik, die mit entsprechenden Erklärungen die Auflösung des Sachverhaltes liefern konnte.

»Besser hätte es doch gar nicht kommen können«, fuhr Elfie fort, »als dass zu unserem geheimnisvollen Thema *Dunkle Materie* und *Dunkle Energie* auch noch eine etwas unheimliche Außenbeleuchtung hinzukommt.«

»Naja«, antwortete Wilma, »heute ist es den ganzen Tag über nicht so richtig hell geworden, und wenn man jetzt rausschaut, dann wirken die tiefhängenden Wolken zusammen mit der fahlen Dämmerung tatsächlich ein wenig mystisch.«

»Mir geht es genau umgekehrt«, erwiderte Willi, »gerade, weil es draußen so ein wenig unwirtlich ausschaut, finde ich es hier im Moment besonders knuffig, so bei Rotwein und unserer alten Küchenfunzel, die so ein warmes, etwas schummriges Licht verbreitet. Ich hol' noch schnell etwas zum Knabbern, und dann sollten wir erst einmal gemeinsam darauf anstoßen, dass wir es hier so gemütlich haben.«

»Gute Idee, Willi«, antwortete Wilma und füllte schon einmal die Weingläser, »und bring doch gleich noch die gelbe Mappe mit, die hatte ich schon auf dem Tresen bereit gelegt.«

Kaum war Willi mit gelber Mappe und dem Knabberzeug wieder am Tisch, stießen sie gemeinsam auf einen schönen Abend an und diskutierten noch kurz darüber, ob das Licht der alten Küchenlampe nun ausreichend Helligkeit verbreiten würde oder nicht. Als Kompromiss holte Wilma noch schnell ein paar Kerzen dazu, und schon hatten sie eine besonders behagliche Atmosphäre, gerade recht für ein etwas mysteriöses Thema, wie Elfie noch einmal betonte.

»Sehr schön«, erklärte sie, »dann lasst uns gemeinsam einem etwas rätselhaften Phänomen auf die Spur kommen, von dem ich zumindest so viel schon einmal verraten kann, nämlich *Nix Genaues weiß man nicht.*«

»Wie denn jetzt«, wendete Willi ein, »bis jetzt hast du uns doch selbst die abstrusesten Vorgänge mit Hilfe physikalischer Regeln und Gesetzmäßigkeiten erklären können. Und jetzt kommt etwas ohne abschließende Aufklärung?«

»Nicht so schnell, Willi«, erwiderte Elfie, »lass mich doch erst einmal erzählen, worum es überhaupt geht. Aber möglicherweise wirst du am Ende mit deiner Einschätzung Recht behalten. Fangen wir aber mal von vorne an, und ich starte mit dem, was man als *Dunkle Materie* bezeichnet.

Man kann ausrechnen, dass unser Universum zu rund einem Viertel aus einer Materie bestehen muss, die leider noch niemand gesehen hat. Sie hat nämlich traurigerweise die Eigenschaft, dass sie mit Licht nicht wechselwirkt. Man kann sie also nicht sehen, wobei sich dies nicht nur auf den sichtbaren Bereich, sondern auf das komplette elektromagnetische Spektrum bezieht. Einfach ausgedrückt kann ich sagen, dass diese Materie absolut unsichtbar ist, und zwar für den kompletten Wellenlängenbereich. Sämtliche Strahlung geht einfach durch sie hindurch.«

»Und woher weiß man dann«, fragte Wilma, »dass es sie überhaupt gibt?«

»Weil sie eine Masse hat und dadurch Gravitation ausübt«, antwortete Elfie. »Und da es im Universum viel von dieser Dunklen Materie gibt, ist ihre gravitative Auswirkung so stark, dass sie Einfluss auf die Rotationsbewegung ganzer Galaxien hat. Überhaupt ist man erst dadurch auf ihre Existenz aufmerksam geworden, denn als man die Bewegungen von Galaxien untersuchte, stellte man fest, dass sich die jeweils äußeren Bereiche viel schneller drehten, als sie das nach entsprechenden Berechnungen hätten tun dürfen. Eine Vielzahl möglicher Ursachen wurde diskutiert, am Ende blieb aber nur eine einzige Erklärung, nämlich dass irgendwo noch etwas existieren musste, was zusätzlich etwas auf die Waage bringt – es fehlte also Masse. Da man aber absolut keine Hinweise auf etwas mit Masse finden konnte und nur Materieartiges über eine Masse verfügt, nannte man die fehlende Materie schlicht *Dunkle Materie.*«

»Ich sag's ja«, unterbrach Willi, »die Physiker, die sind einfach knorke. Sie nennen es *Dunkel*, weil es ja noch keiner gesehen hat, und *Materie*, weil es damit so ziemlich alles sein kann.«

»Aber Willi«, erwiderte Elfie, »genauso ist es doch auch! Und glaub mir, die Physiker sind nicht froh darüber, so einen Allgemeinplatz als Bezeichnung für dieses Problem verwenden zu müssen. Das spiegelt einfach nur die Tatsache wider, dass sie im Moment einfach keine Idee haben, um was es sich dabei handeln könnte.

Das Gute an dieser Vorgehensweise war aber, dass mit Hilfe dieser Dunklen Materie auch weitere, bisher unverstandene Phänomene erklärt werden konnten. So weiß man aufgrund der Allgemeinen Relativitätstheorie, dass Lichtstrahlen in Anwesenheit großer Massen gekrümmt werden. Es kam aber immer wieder vor, dass Licht von Sternenansammlungen mit rechnerisch fast identischer Masse unterschiedlich stark abgelenkt wurde. Auch hier wurde das Problem gelöst, als man die Dunkle Materie ins Spiel brachte. Mittlerweile existieren Modelle, welche angeben, wie die Dunkle Materie im Weltraum verteilt sein müsste. Dabei stellt sich heraus, dass sie keineswegs homogen verteilt ist, sondern dass sie sich an manchen Stellen zu verklumpen scheint, und zwar hauptsächlich dort, wo sich schon Materie befindet, also in Galaxien bzw. Galaxienhaufen. Aber auch diese Aussage kann eigentlich nicht als wirklich gesichert angesehen werden, weswegen ich mich gern noch einmal wiederhole. Nix Genaues weiß man nicht.«

»Das klingt ja nicht sehr vertrauenerweckend«, bemerkte Wilma, »denn wenn das stimmt, dass ein Viertel der gesamten Materie unbekannt oder *Dunkel* ist, dann könnte man meinen, dass irgendetwas Grundlegendes noch nicht richtig verstanden wurde.«

»Da hast du wohl Recht, Wilma«, antwortete Elfie, »aber es kommt ja noch schlimmer! Schauen wir uns einmal an, was man unter dem Begriff *Dunkle Energie* versteht.

Historisch gesehen liegen die Anfänge zu dieser Thematik bei EINSTEIN. Der hatte mit seinen Berechnungen zur Allgemeinen Relativitätstheorie herausgefunden, dass das Universum eigentlich nicht statisch sein kann, sondern es müsste entweder schrumpfen oder sich ausdehnen. Zur damaligen Zeit herrschte aber die Auffassung eines konstant großen Universums vor. EINSTEIN modifizierte daraufhin seine Gleichungen durch die Einführung einer – wie er es nannte – kosmologischen Konstante, deren Bedeutung noch zu klären war. Auf diese Weise lieferten seine Gleichungen tatsächlich ein statisches Universum. Knapp 15 Jahre später widerlegte EDWIN HUBBLE jedoch die Auffassung eines statischen Universums, indem er durch Messungen belegen konnte, dass sich das Universum permanent ausdehnt. Diese Expansion des Universums wurde in der Folgezeit durch eine Reihe weiterer Untersuchungen bestätigt. EINSTEIN wusste nun, dass er von Anfang an eigentlich richtig lag, hätte er nur seinen eigenen Formeln vertraut. Er strich daraufhin die Konstante aus seinen Gleichungen und bezeichnete ihre Einführung im Nachhinein als *die größte Eselei, die ihm in seinem Leben widerfahren sei.*

Die nun vorherrschende Vorstellung war, dass sich das Universum seit dem Urknall zwar permanent ausdehnt, allerdings existiert ein Gegenspieler in Form der Gravitationskraft, hervorgerufen durch die existierende Materie. Da sie anziehend wirkt, bremst sie die Ausdehnung permanent ab, weswegen die Expansion zu irgendeinem Zeitpunkt zum Stillstand kommen würde. In der Folge würde dann die gegenteilige Bewegung einsetzen, bis schließlich am Ende das komplette Universum wieder in einem Punkt zusammenfallen würde. Sozusagen ein Urknall im Rückwärtsgang.

Zu Beginn des 21. Jahrhundert untersuchten nun einige Forscher, ob die Verlangsamung der Expansion des Universums schon eingesetzt habe. Als Messmethode verwendeten sie die Erkenntnis, dass eine bestimmte Art von Supernovae eine ganz charakteristische Menge an Licht aussendet. Wenn man nun zwei verschiedene Supernovae dieser Art beobachtete, und eine war heller als die andere, dann wusste man, dass die dunklere weiter entfernt war. Dieses Verfahren funktionierte so gut, dass man mit dieser Technik sogar genaue Entfernungsbestimmungen durchführen konnte.

Und nun kam der Hammer! Mit Hilfe dieser Untersuchungen stellte man fest, dass das Universum, was seit knapp 14 Milliarden Jahren existiert, nicht nur von Anfang an expandierte, das war ja schon durch HUBBLE bekannt, sondern dass sich seit etwa fünf bis sechs Milliarden Jahren diese Expansion beschleunigte! Und dafür gab es nun überhaupt keine Erklärung! Man wusste lediglich, dass die Ursache für diesen Effekt nach außen wirken muss, der Gravitation also entgegenwirkend, denn die zieht ja sozusagen nach innen. Man gab diesem Effekt dann den Namen *Dunkle Energie*. Dabei ist allein schon der Begriff Energie problematisch, denn durch das EINSTEINsche Äquivalenzprinzip zwischen Masse und Energie müsste einer *Dunklen Energie* auch eine Art *Dunkle Masse* entsprechen, die aber dann überraschenderweise anti-gravitativ wirken müsste. Eine – wie auch immer geartete – *Dunkle Masse* müsste sich also abstoßend gegenüber normaler Masse verhalten, wofür es bisher keinerlei physikalische Erklärung gibt.

Nun kann man natürlich – in Ermangelung einer besseren Idee – die Existenz einer solchen Dunklen Energie einfach einmal annehmen. In diesem Fall lässt sich eine Übereinstimmung mit den Messdaten genau dann erzeugen, wenn unser Universum zu rund 70% aus dieser Dunklen Energie bestehen würde. Zusammen mit den 25% der Dunklen Materie von vorhin leben wir also in einem Universum, von dem uns etwa 5% zugänglich sind, und von 25% + 70% = 95% haben wir eigentlich keinen blassen Schimmer!«

Stille.

»Elfie«, brach es plötzlich aus Willi heraus, »was du uns da sagst, bedeutet ja Revolution! Aufruhr! Du beteiligst dich ja an der Verbreitung komplett subversiver Ansichten.«

»Jaja«, antwortete Elfie, »aber diese Ansichten sind wahr, zumindest nach den allermeisten aktuell glaubwürdigen Einschätzungen. Die Physik befindet sich seit einigen Jahren in einer Situation, in der sie eigentlich einen Geniestreich eines EINSTEIN benötigt, um diese Rätsel lösen zu können.«

»Ist denn dann nicht die komplette Physik falsch?«, fragte Wilma entsetzt. »Ich meine, wenn wir nur 5% unserer Welt sehen und verstehen, und beim Rest tappen wir komplett im Dunkeln, dann kann doch alles auch ganz anders sein, oder?«

»Ich denke«, erwiderte Elfie, »es ist ein wenig so wie vor
der EINSTEINschen Revolution. Bevor wir wussten, dass
wir in einer Raum-Zeit-Konstruktion leben, die Zeit verän-
derlich ist und Massen die Raumzeit krümmen, konnten wir
auch schon korrekte physikalische Aussagen zu den verschiedensten Vorgängen machen. Die sogenannte NEW-
TONsche Mechanik, die bis dahin alles erklärte, ist durch
die EINSTEINschen Erkenntnisse nicht falsch geworden.
Man hat lediglich festgestellt, dass sie in bestimmten Bereichen, wie zum Beispiel bei hohen Geschwindigkeiten oder
in der Nähe extrem größer Massen, durch die EINSTEIN-
schen Theorien erweitert werden musste. Es wird daher allgemein angenommen, dass auch alles Bisherige nicht falsch
ist, sondern nur Erweiterungen vorgenommen werden
müssen, welche unter bestimmten Bedingungen zu berücksichtigen sind.«

»Irgendwie klingt das aber alles nach einer Menge
Zweck-Optimismus«, merkte Willi an.

»Schon richtig«, entgegnete Elfie, »und natürlich sind
das keine wirklichen Antworten auf diese Problematik. Es
gibt da aber eine sehr schöne Geschichte, mit der eine Idee
vermittelt werden soll, wo das Problem bei uns Menschen
vielleicht liegen könnte. Dazu zunächst eine Frage: Wenn
ich einen nassen Wasserball auf die trockene Erde fallen
lasse, was sehe ich da?«

»Einen nassen Abdruck«, erwiderte Wilma.

»Richtig!«, antwortete Elfie. »Und wenn ich mir den
Vorgang in Zeitlupe anschaue und mich nur auf den Abdruck konzentriere?«

»Wenn der Ball den Boden berührt«, reagierte Wilma sofort, »und ich schaue mir das in Zeitlupe an, dann ist es erst
ein kleiner Punkt, der dunkel erscheint, und der wächst
dann weiter an, solange der Ball beim Berühren des Erdbo-
dens eingedrückt wird.«

»Ja, und irgendwann wird der Kreis nicht mehr größer«, ergänzte Willi, »nämlich dann, wenn der Ball genügend eingedrückt wurde und dann wieder hochspringt.«

»Korrekte Beschreibung«, entgegnete Elfie, »meine Damen und Herren Physikkollegen. Wenn wir uns also den Ball wegdenken, dann entsteht bei diesem Vorgang auf der Erde zunächst ein dunkler Punkt, der langsam zu einem dunklen Kreis wird und irgendwann aufhört zu wachsen. Und solange die Sonne den Kreis nicht wegtrocknet, ist ein dunkler Kreis auf dem Erdboden zu sehen.

Genau diese Beschreibung würde auch jemand geben, der in einer zweidimensionalen Welt lebt. Für diese 2D-Person gibt es also nur Länge und Breite, aber keine Höhe! Natürlich kann so jemand auch nur zweidimensionale Objekte sehen, einen dreidimensionalen Ball könnte diese Person nicht erkennen! Würde diese 2D-Person den Fleck auf der Erde untersuchen, dann würde sie völlig korrekt einen langsam größer werdenden Punkt beschreiben, der irgendwann aufhört zu wachsen.

Wir leben nun in einer dreidimensionalen Welt, genaugenommen in einer vierdimensionalen, wenn wir die Zeit mit hinzurechnen. Es gibt aber physikalische Theorien, nach denen ist unsere Welt aus deutlich mehr Dimensionen aufgebaut. Würde dies zutreffen, so könnten wir bestimmte Effekte vielleicht deswegen nicht richtig deuten, weil uns dazu Wahrnehmungsmöglichkeiten für weitere Dimensionen fehlen. Ähnlich wie unsere 2D-Person, welche den dunklen Fleck auf der Erde niemals einem hüpfenden dreidimensionalen Ball zuordnen könnte.«

»Wird's jetzt etwa philosophisch?«, fragte Willi vorsichtig nach.

»Naja«, antwortete Wilma, »ich habe das schon mal gehört, dass die moderne Physik an manchen Stellen der Philosophie sehr nahekommt.«

»Ich weiß nicht«, antwortete Elfie, »ob die Lösung in dieser Richtung zu suchen ist. Tatsache ist jedenfalls, dass man aktuell in alle möglichen Richtungen denkt und forscht, um Antworten zu finden.

Andererseits, und dies möchte ich wirklich betonen, sind alle unsere bisherigen Erkenntnisse aus unseren Diskussionsabenden belastbare, nachvollziehbare und korrekte Beschreibungen unserer Welt. Und daher sollte uns eine *Dunkle Was-weiß-ich* zwar durchaus dazu anregen, über verschiedene Dinge nachzudenken, wir sollten uns aber von ihr nicht komplett ins Bockshorn jagen lassen.«

»Na, das tun wir doch auch gar nicht«, kam Wilmas prompte Antwort, »und eigentlich ist es ja auch mal ganz spannend, eine Situation zu erleben, wo die Antworten eben noch nicht feststehen. Andererseits steht aber auch fest, dass wir uns heute Abend überhaupt noch nicht um unser Wohlergehen gekümmert haben.«

Plötzlich war auch Willi wieder bei der Sache, der seit der Gefahr, dass es philosophisch werden könnte, etwas abgetaucht war. Ein Blick zu Wilma genügte, und er wusste sofort, was sie meinte. Nebenbei füllte er die schon halbleeren Weingläser großzügig wieder auf. Gerade als Wilma noch ein paar Erdnüsse in die Schälchen füllen wollte, meldete sich Elfie wieder zu Wort und deutete auf die Erdnüsse.

»Das passt doch sehr gut, Wilma, denn zum Abschluss des Themas *Dunkle Materie und Dunkle Energie* wollte ich noch mit euch besprechen, welchen Einfluss diese Effekte auf unser Zuhause, also auf unser Sonnensystem haben. Und schon sind wir bei den Erdnüssen, denn die kann man dazu sehr gut einsetzen. Bevor ich aber genauer erkläre, wie ich das meine, möchte ich darauf hinweisen, dass unser nächstes Treffen auch schon das letzte sein wird, bei dem wir uns die physikalische Welt um die Ohren hauen.«

»Oh nein!«, antworteten Wilma und Willi wie aus einem Mund, aber bevor sie weitersprechen konnten, kam ihnen Elfie zuvor.

»Ich weiß, bei unseren Abenden habe auch ich immer sehr viel Spaß gehabt, aber mit dem heutigen Abend haben wir alle großen Themen, die ich mit euch diskutieren wollte, durchgesprochen. Bleibt nur noch der schon angedrohte *Elfies Angebote zur Freundschaft*-Abend, für dessen Einstieg ich die Erdnuss-Geschichte eigentlich vorgesehen hatte. Da sie jedoch auch hier sehr gut passen würde, unterhalten wir uns einfach jetzt schon darüber. Doch Obacht, Willi, es kommen ein paar Zahlen vor.«

»Ha«, erwiderte Willi, »du kannst mich doch mit ein paar Zahlen nicht erschrecken. Nur um mich auf unseren letzten Abend vorzubereiten, übe ich mich schon seit einiger Zeit im Umgang mit wissenschaftlich-mathematischen Problemen. Aktuell messe ich morgens die Windgeschwindigkeit, schätze ab, wie viele Blätter noch an den Bäumen hängen, und berechne dann, wie viele Blätter abends im Garten liegen.«

»Das kann man doch so gar nicht rechnen«, mischte sich Wilma ein, »da spielen doch Windrichtung, Regen und was weiß ich noch alles eine Rolle. Aber, Willi, ich will dich ja nicht entmutigen, was hast du denn herausgefunden?«

»Dass man das so gar nicht rechnen kann«, erwiderte Willi stolz.

»Es geht doch nichts über eine experimentell abgesicherte Datenbasis«, fasste Elfie amüsiert Willis beeindruckende Schilderung seiner wissenschaftlichen Untersuchung zusammen, »denn erst durch sie wird eine derart messerscharfe und schonungslose Auswertung, wie du sie eben formuliert hast, Willi, überhaupt erst möglich. Mit dieser Herangehensweise könnte man dich als Speerspitze der wissenschaftlichen Forschung bedenkenlos auf praktisch jedes existierende Problem loslassen«, bemerkte sie noch grinsend.

Willi lächelte zustimmend.

»Ok, nun aber zurück zum Thema! Ich wollte mich mit euch darüber unterhalten, welchen Einfluss Dunkle Materie und Dunkle Energie auf unser Sonnensystem haben. Dazu lenken wir den Blick zunächst einmal auf unser Sonnensystem selbst, was mich gleich zu einer Frage an euch führt. Wann immer man etwas über unser Sonnensystem hört, es wird immer betont, dass die realen Größenverhältnisse – also die Größe der Sonne im Verhältnis zur Erde oder einfach nur der Abstand zwischen ihnen – nur schwer vorstellbar sind. Aber man findet kaum eine graphische Darstellung, in der versucht wird, diesen Zusammenhang maßstabsgerecht deutlich zu machen. Warum ist das so?«

»Weil … ganz einfach«, begann Willi, »…, also, dazu muss man sich vorstellen, … denn je nachdem, von welcher Seite, … nee, besser ist es, man schaut von oben, … und, … also, keine Ahnung.«

Auch Wilma schüttelte den Kopf, weswegen Elfie wieder das Ruder übernahm.

»Ich notiere jetzt als Hilfestellung für euch auf dem Denkzettel den Durchmesser der Sonne mit etwa 1.393.000 *km*, den Durchmesser der Erde mit etwa 12.750 *km* und den mittleren Abstand zwischen ihnen mit etwa 150 Millionen *km*. Habt ihr jetzt eine Idee?«

Einen kurzen Moment lang konnte man einen Höreindruck davon gewinnen, wie Denken in Zahlen klingt.

»Die Zahlen sind einfach zu groß«, antwortete Wilma, »das bekomme ich so nicht gebacken.«

»Und damit hast du das Hauptproblem auch schon erkannt!«, antwortete Elfie. »Möchte man eine Vorstellung über die realen Größenverhältnisse erlangen, dann am besten bitte großzügig runden und die Zahlen in Form der

Exponentialschreibweise notieren – ihr erinnert euch doch noch, oder? Der Durchmesser der Sonne wird dann zu rund $1,4 \cdot 10^6$ *km*, der von der Erde zu etwa $13 \cdot 10^3$ *km*, und der Abstand zwischen ihnen zu $150 \cdot 10^6$ *km*. So, jetzt wird es langsam handlicher, es sind aber immer noch sehr große Zahlen. Für den nächsten Schritt muss ich euch noch über einen weiteren großen Vorteil der Exponentialschreibweise informieren: Man kann damit nämlich hervorragend im Kopf rechnen.«

»Da fällt mir ein«, meldete sich Willi, »die Schnapsregel hatten wir doch nie richtig außer Kraft gesetzt, oder?«

»Bin schon unterwegs«, rief Wilma über die Schulter, »daran soll es doch jetzt nicht scheitern.«

»Ok!«, erwiderte Elfie achselzuckend. »Dann schreibe ich in der Zwischenzeit schon einmal die beiden Regeln auf, die wir gleich verwenden werden. Nicht verzagen, boys and girls, aber durch die nächsten zehn Minuten, da müsst ihr die Ohren anlegen und einfach durchmarschieren, danach wird's wieder besser – versprochen! Gut, Wilma sitzt nun auch wieder, dann kann es ja losgehen! Kurz zusammengefasst lauten die Regeln zum Rechnen mit Zahlen in der Exponentialdarstellung:

Zahlen werden multipliziert, indem man die Hochzahlen addiert, und man teilt, indem man sie voneinander abzieht – Rumsdibums – schon fertig!

Schaut her, ich notiere einmal zwei Beispiele …«
Während Elfie auf dem Denkzettel die Beispiele notierte, hatte Wilma den Grappa schon eingefüllt.

»Achtung, das folgende Beispiel zeigt, wie zwei Exponentialzahlen miteinander multipliziert werden …

$$2 \cdot 10^3 \ \cdot \ 4 \cdot 10^7 \ = \ 8 \cdot 10^{3+7} = 8 \cdot 10^{10}$$

… die Vorfaktoren werden multipliziert, also $2 \cdot 4 = 8$, und die Hochzahlen werden addiert, also $3 + 7 = 10$. Damit ist das Ergebnis $8 \cdot 10^{10}$, ganz einfach!

Und so werden sie geteilt …

$$\frac{7 \cdot 10^6}{2 \cdot 10^4} = 3{,}5 \cdot 10^{6-4} = 3{,}5 \cdot 10^2$$

… die Vorfaktoren werden dividiert, also $7:2 = 3{,}5$, und die Hochzahlen werden subtrahiert, also $6 - 4 = 2$, das geht rappzapp, schon ist das Ergebnis mit $3{,}5 \cdot 10^2$ fertig.

So, wir werden jetzt sehen, dass wir unter Anwendung dieser Regeln alle unsere Sonne-Erde-Angaben auf ein sehr handliches Maß zusammenschrumpfen können. Wir werden dabei – ähnlich wie bei einer Landkarte – alles maßstabsgerecht verkleinern. Den richtigen Maßstab erhält man entweder durch entsprechende Vorüberlegungen oder durch schlichtes Probieren. In unserem Fall verrate ich ihn euch, wir werden den Maßstab 1:1.000.000.000 anwenden, also eins zu einer Milliarde. Unser Ziel ist es ja, am Ende ein handliches Sonne-Erde-Modell zu erhalten, weswegen wir zusätzlich zur maßstäblichen Verkleinerung auch Einheiten umrechnen werden. Dazu werden wir die etwas unhandliche Größe *km* in *m* bzw. in *mm* umwandeln und alles in der Exponentialschreibweise darstellen. Dabei gilt:

$$1\,km = 1.000\,m = 1 \cdot 10^3\,m \qquad (4.1)$$

$$1\,m = 1.000\,mm = 1 \cdot 10^3\,mm \qquad (4.2)$$

Setzt man Gleichung 4.2 in 4.1 ein, dann lassen sich auch *km* ganz einfach in *mm* umrechnen:

$$1 \, km = 1 \cdot 10^3 \, m = 1 \cdot 10^3 \cdot 10^3 mm = 1 \cdot 10^6 \, mm \quad (4.3)$$

Der Trick beim Umrechnen von Einheiten ist, dass ich meine Ausgangseinheit durch meine Zieleinheit *ersetze*, wobei die Zieleinheit mit einem entsprechenden Zahlfaktor in Exponentialschreibweise versehen ist. Dies habe ich in Gleichung 4.3 durchgeführt, indem ich vom zweiten in den dritten Schritt *m* durch *10³ mm* ersetzt habe.

Zusammenfassend werden wir jetzt also Folgendes tun: Zunächst starten wir mit unseren vorhin gerundeten Zahlenwerten:

- Durchmesser Sonne: $d_S \approx 1,4 \cdot 10^6 \, km$

- Durchmesser Erde: $d_E \approx 13 \cdot 10^3 \, km$

- Distanz Sonne – Erde: $D_{SE} \approx 150 \cdot 10^6 \, km$

Diese Angaben werden wir dann maßstäblich verkleinern, also durch eine Milliarde = 10^9 teilen. Außerdem werden wir den Sonnendurchmesser d_S und die Distanz Sonne-Erde D_{SE} in die Einheit *m* umrechnen. Es wird sich zeigen, dass es sinnvoll ist, den Erddurchmesser d_E sogar in *mm* anzugeben. Und das Schöne ist, das wir alles einfach im Kopf rechnen können, ok, also auf einem unserer Denkzettel – ganz einfach!«

»Wilma, hilf mir«, kam es ängstlich aus Willis Ecke.

»So, jetzt geht's los«, Elfie hatte nun richtig Fahrt aufgenommen und ließ sich nicht beirren, »wobei wir für den Vorgang *durch eine Milliarde teilen* einfach 10^9 in den Nenner schreiben, denn das ist ja genau das Gleiche. Wir beginnen mit dem Durchmesser der Sonne d_S:

$$d_S = \frac{1,4 \cdot 10^6 km}{10^9} = \frac{1,4 \cdot 10^6 \cdot 10^3 m}{10^9} = \frac{1,4 \cdot 10^9 m}{10^9} = 1,4 \, m$$

So, das war doch gar nicht so schlimm. Als Nächstes folgt der Erddurchmesser d_E, den wir am Ende mit Hilfe der Gleichung 4.3 in *mm* angeben wollen:

$$d_E = \frac{13 \cdot 10^3\,km}{10^9} = \frac{13 \cdot 10^3 \cdot 10^6\,mm}{10^9} = 13\,mm$$

Das läuft ja wie geschnitten Brot, jetzt müssen wir nur noch den Abstand zwischen der Sonne und der Erde D_{SE} ebenfalls dieser Prozedur unterwerfen:

$$D_{SE} = \frac{150 \cdot 10^6\,km}{10^9} = \frac{150 \cdot 10^6 \cdot 10^3\,m}{10^9} = 150\,m$$

Fertig! Jetzt haben wir alles zusammen für ein schönes, maßstabsgerechtes Sonne-Erde-Modell. Allerdings muss man sich jetzt noch die drei Ergebnisse, also 1,4 *m*, 13 *mm* und 150 *m* merken. Und wie geht das?«

Elfie machte eine kurze Pause, aber nur, um die Antwort gleich selbst zu geben.

»Ganz einfach, wir vergrößern mal eben unsere Sonne von 1,4 *m* auf 1,5 *m* und unsere Erde von 13 *mm*, also von 1,3 *cm* auf 1,5 *cm* – merkt eh keine Sau!«

Elfie strahlte übers ganze Gesicht. Und während die anderen beiden sie mit großen Augen anstarrten, fuhr sie in unvermindertem Tempo fort.

»Nein, das mit dem *keiner merken* war natürlich nicht ernst gemeint, das ist kein Argument. Trotzdem ist unsere Anpassung legitim, da sie unser Modell als Ganzes nicht verfälscht, und das ist das Entscheidende! Der Lohn für diesen kleinen Taschenspielertrick ist aber … wir erhalten nun eine ganz einfach zu merkende Kiste!«

Elfie war nun nicht mehr zu bremsen!

»Eigentlich müssen wir nur noch an eine 1-Cent-Münze denken, die ist nämlich ungefähr 1,5 *cm* groß, das kann man sich doch super einprägen, oder? Die anderen beiden Angaben ergeben sich dann wie durch Zauberhand – nämlich einfach durch zweimaliges Multiplizieren mit 100! Und so sieht die Rechnung dann aus: 1,5 *cm* · 100 = 1,5 *m* und 1,5 *m* · 100 = 150 *m*. Diese Werte sollte man sich dann zusammen mit der folgenden Geschichte merken:

Stellt man sich die Sonne als einen 1,5 m großen Wasserball vor, dann befindet sich in 150 m Entfernung – also etwas mehr als einer Sportplatzlänge inklusive Aschebahn – die 1,5 cm große Erde.

Und zur Beruhigung der hier Anwesenden sei gesagt: Wir sind jetzt am Ende unserer Rechenstunde angelangt, denn bei einer 1,5 *cm* großen Erde schließt sich der Kreis zur anfangs erwähnten, etwa gleichgroßen Erdnuss!«

Während Elfie freudestrahlend eine ziemlich große runde Erdnuss in die Höhe hielt und sich zufrieden zurücklehnte, schauten Wilma und Willi etwas bedröppelt aus der Wäsche.

«Gemach!« Willi hob die Hand, um zu zeigen, dass die kleine Verschnaufpause offensichtlich zum rechten Zeitpunkt kam. »Ich muss mich erst einmal sortieren und meine Frisur wieder gerade biegen, nachdem du, Elfie, hier wie ein D-Zug an uns vorbei gerauscht bist.«

Auch Wilma kam die kleine Unterbrechung recht, allerdings schraubte sie schon an einer Formulierung, um ihre frisch zusammengenagelte Vorstellung des Sonne-Erde-Modells in Worte zu fassen.

»Mann, das sind ja unglaubliche Verhältnisse!«, begann sie. »Ein Wasserball an einem Ende des Sportplatzes und eine Erdnuss am anderen Ende! Die Erde also so klein und die Sonne so weit entfernt, das hätte ich tatsächlich nie vermutet!«

»Das ist in der Tat verblüffend«, zollte auch Willi dieser Modell-Vorstellung Respekt. »Und so oder ähnlich würde dann wohl auch unser nächster Abend aussehen, oder?«, erkundigte er sich vorsichtig.

»Naja«, antwortete Elfie, »also Rechenregeln wie die eben gezeigten 10er-Potenz-Rechenregel kommen keine weiteren vor, aber gerechnet wird schon.«

»Ok!«, erwiderte Willi. »Du bist natürlich ziemlich schnell beim Rechnen, Elfie. Wilma und ich brauchen dagegen immer etwas mehr Zeit, aber ich glaube, verstanden haben wir es schon.«

»Das ist doch schon mal eine Supernachricht«, antwortete Elfie, »dann wird das bei unserem nächsten Zusammentreffen mit Sicherheit doch alles gut funktionieren.

Im Übrigen bin ich euch aber noch die Antwort auf die Frage schuldig, warum es so schwer ist, eine maßstabsgetreue Sonne-Erde-Darstellung zu finden. Die Antwort liefert unsere Berechnung! Denn selbst, wenn wir unsere Ergebnisse, bei denen wir ja schon einen Schrumpfungsfaktor von 1 Milliarde anwendeten, noch einmal um den Faktor 10 verkleinern, dann wäre die Erde auf einen gerade noch erkennbaren 1,5 *mm* großen Punkt geschrumpft. Der Sonnendurchmesser wäre mit knapp 15 *cm* gerade noch auf ein DIN A4-Blatt zu bekommen, aber der Abstand Sonne-Erde müsste immer noch etwa 15 *m* betragen. Dies lässt sich in keiner Abbildung verwirklichen, weswegen es kaum möglich ist, das Tandem Sonne-Erde maßstabsgerecht zeichnerisch darzustellen.

Allerdings sollte ich erwähnen, dass es tatsächlich maßstabsgerechte Darstellungen gibt – aber eben nicht auf Papier. Die Stadt Hagen hat zum Beispiel ein begehbares Sonnensystem geschaffen. Bei einem Verkleinerungsfaktor von

1:1,4 Milliarden erhält die Sonne dort einen Durchmesser von ziemlich genau einem Meter. Sie wurde im Ratskeller zentral platziert, während sich in der Innenstadt verteilt weitere markierte Orte befinden, welche die inneren Planeten Merkur, Venus, Erde und Mars repräsentieren. Dieses Modell reicht bis in die Vororte von Hagen, wo ebenfalls besonders markierte Orte jeweils einen der äußeren Planeten darstellen, also Jupiter, Saturn Uranus und Neptun.

Übrigens kann man sich die Planetennamen durch den bekannten Satz *Mein Vater erklärt mir jeden Sonntag unseren Nachthimmel* merken, in welchem die Anfangsbuchstaben der Planeten enthalten sind, und zwar in der Reihenfolge ihrer Entfernung zur Sonne, wie ich euch in Bild 4.4 skizziert habe.

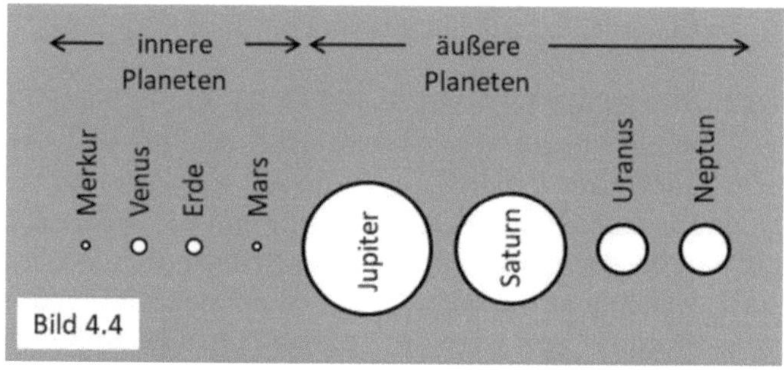

Bezüglich der Größe bilden innere und äußere Planeten eine Zwei-Klassen-Gesellschaft, wie in Bild 4.4 zu erkennen ist. Aufgrund ihrer Größe ist die Sonne, die sich ganz links in der Graphik befinden müsste, nicht dargestellt.

Und – aufgemerkt – in Bild 4.4 sind nur die Größenverhältnisse maßstabsgetreu gezeigt, nicht aber die Abstände! Die sind in der folgenden Tabelle aufgelistet, und zwar genau jene, die sich in unserem verkleinerten Modell maßstabsgetreu mit gerundeten Werten ergeben würden.

Auffällig ist, dass bei dem Übergang von den inneren zu den äußeren Planeten nicht nur ihre Durchmesser, sondern auch ihre Abstände zur Sonne ziemlich groß werden. Das Schlusslicht in der Tabelle bildet Pluto, der in der Familie der äußeren Planeten eine Ausnahme bezüglich der Größe bildet und der zudem nach der aktuellen Definition offiziell auch nicht mehr als Planet bezeichnet wird.

Pluto wird hier aber trotzdem aufgelistet, weil wir etwas vereinfacht seine Position mit der Außengrenze unseres Sonnensystems gleichsetzen. Damit liefert uns die Tabelle ein komplettes Modell unseres Sonnensystems im Maßstab 1:1 Milliarde.«

	Planet	vergleichbares Objekt	Durchmesser in *cm*	Entfernung zur Sonne in *m*
1	Merkur	Erdnuss	0,6	60
2	Venus	Erdnuss	1,5	100
3	Erde	(groß)	1,5	150
4	Mars	Erdnuss	0,9	200
5	Jupiter	Handball	15	750
6	Saturn	Apfelsine	12	1.500
7	Uranus	Billardkugel	5	3.000
8	Neptun			4.500
(9)	Pluto	Stecknadelkopf	0,2	6.000

»Müsste unser Mond nicht auch in dieser Tabelle auftauchen?«, wunderte sich Wilma.

»Nein«, antwortete Elfie, »Monde sind keine Planeten. Der Unterschied ist, dass Monde Planeten umkreisen, während Planeten um die Sonne kreisen. Im Übrigen hätten wir auch ganz schön zu tun, wenn wir in einer zweiten Tabelle alle Monde unseres Sonnensystems auflisten wollten. Da wären allein schon von Jupiter und Saturn zusammen mehr als 160 Monde zu nennen. Jedoch sind die meisten deutlich kleiner als unser Erdmond, der zu den fünf größten Monden in unserem Sonnensystem zählt.

Kommen wir aber noch einmal zurück zu dem Modell unseres Sonnensystems. Da sich alle Planeten in Umlaufbahnen um die Sonne befinden, bildet die Sonne den Mittelpunkt. Zusammen mit den Entfernungsangaben aus der Tabelle können wir uns gedanklich ein dreidimensionales Modell zusammenbauen, in dem wir uns nun frei bewegen können.

In diesem Modell thront in der Mitte ein 1,50 *m* großer Wasserball Namens Sonne, und nach 6 *km* erreicht man am Ende ein stecknadelkopfgroßes Objekt namens Pluto, welches sich innerhalb von 248 Jahren genau einmal um den Wasserball dreht. Auf dem Weg dorthin ignorieren wir einfach einmal den Asteroiden- und den Kuipergürtel, wobei wir die dort befindlichen Kleinstplaneten und unzähligen Gesteinsbrocken in diesem Maßstab mit bloßem Auge sowieso nicht sehen könnten. Außer dem Wasserball und dem Stecknadelkopf finden wir daher in diesem riesigen, im Durchmesser 12 *km* großen Raum nur noch einen Handball, eine Apfelsine, zwei Billardkugeln und vier Erdnüsse. Ansonsten ist dort – nichts! Genau dies sind die Größenverhältnisse in unserem Sonnensystem!«

»Auf 12 *km* nur ein paar zentimetergroße Bälle«, konnte Wilma es kaum glauben, »ok, in der Mitte ist noch die Sonne, aber selbst die ist ja mit ihren anderthalb Metern winzig in diesem Riesenraum.«

»Also …«, versuchte Willi seine Eindrücke zusammenzufassen, »ich weiß, dass ich für eine 12 *km* lange Strecke als Fußgänger etwa zwei Stunden stramm gehen müsste. Und wenn ich bei solch einem Marsch während der gesamten Zeit nur einem Wasserball und neun teilweise nicht einmal apfelgroßen Kugeln begegnen würde und sonst nichts anderes sähe, dann würde ich sagen, dies ist ein riesiger Raum mit fast null Inhalt.«

»Genau!«, erwiderte Elfie. »Versucht man ernsthaft, sich ein klares Bild über die Dimensionen unseres Sonnensystems zu verschaffen, dann wird schnell klar, dass man schon sehr nah an die Grenzen unserer Vorstellungskraft gerät. Man wird nahezu erschlagen von der gewaltigen Ausdehnung.

Achtung, und jetzt versuchen wir einmal, dieses Bild eines riesigen Raumes kurz im Hinterkopf zu behalten, während ich mal ganz flugs zu meiner eingangs gestellten Frage zurückkomme, nämlich, welchen Einfluss Dunkle Materie und Dunkle Energie auf unser Sonnensystem haben. Die Antwort ist: keinen! Und der Grund dafür ist: Unser Sonnensystem ist einfach viel zu klein!

Das ist nämlich das Dramatische am Thema Universum. Einerseits kommen wir mit den riesigen Abmessungen unseres eigenen Sonnensystems schon an eine Grenze, wo es für uns schwer wird, noch ein griffiges und vor allem richtig proportioniertes Abbild im Kopf zu erzeugen. Andererseits ist dieses ungeheuer große Sonnensystem für viele astronomische Überlegungen und Untersuchungen einfach viel zu klein, da eine Reihe von Effekten erst bei deutlich größeren Lichtlaufzeiten und viel größeren Massen messbar zu Buche schlägt.

Bezogen auf unser Thema der Dunklen Energie und der Dunklen Materie kann man sagen, dass sie mit Sicherheit zwei große Probleme in der aktuellen Physik darstellen. Ich möchte aber nicht den Eindruck erwecken, dass aufgrund dieser großen Fragen das komplette Fachgebiet erst einmal lahmgelegt ist. Dies ist definitiv nicht der Fall, denn nicht zuletzt aufgrund der Tatsache, dass sich diese Effekte erst auf der ganz großen Skala bemerkbar machen, lässt sich auch ohne eine schnelle Lösung dieser Probleme weiterhin hochwertige und anspruchsvolle Forschung im Bereich der Astronomie betreiben.

So, ich stelle mit Schrecken fest, dass ich während meiner letzten Ausführungen offensichtlich kaum zu bremsen war, denn ich sehe immer noch die vollen Grappagläser vor uns stehen.«

»Wir wären schon eingeschritten«, antwortete Wilma, »wenn es uns zu lange gedauert hätte. Aber jetzt, wo du das Thema selbst anschneidest, da sind wir nicht abgeneigt, uns neben den unendlichen Weiten des Universums auch mit den endlichen Mengen eines kleinen Flüssigkeitsreservoirs zu beschäftigen.«

»Dem kann ich eigentlich nichts mehr hinzufügen«, ergänzte Willi, »außer vielleicht, dass ich unserem letzten Abend nicht mehr ganz so skeptisch entgegenblicke, denn unsere kurzen mathematischen Ausflüge vorhin haben bei mir weder allergische Reaktionen noch sonstige körperliche Abwehrmechanismen in Gang gesetzt.«

»Na, das sind ja durchweg positive Aussichten«, strahlte Elfie, »dies allein ist ja schon ein gutes Argument, dem Grappa mal zu Leibe zu rücken. Und zusätzlich fallen mir sogar noch weitere gute Gründe ein. Wir können nämlich auch darauf anstoßen, dass wir uns nicht nur erfolgreich mit den dunklen Mächten der Astrophysik auseinandergesetzt haben, sondern wir haben uns auch ausführlich mit unserer Heimat, mit unserem Sonnensystem beschäftigt. Und dies in einer Form, in der wir uns sehr bemüht haben, nicht nur bloße Zahlen über Größe und Abstände zu nennen, sondern wir haben versucht, diese Angaben in uns vertraute Entfernungen in Meter und Zentimeter zu übersetzen. Allerdings war dazu – Willi wird es bestätigen – dann doch die eine oder andere mathematische Operation nötig.

Und diese Anstrengungen sollten schon allein deswegen nicht unerwähnt bleiben, weil wir so unseren Überlegungen die Chance gegeben haben, uns auch mittelfristig als anschauliches Bild zur Verfügung zu stehen. Und da wir alles in der gelben Mappe abgelegt haben, können wir diesen Joker bei Bedarf einfach ziehen. So, jetzt ist aber genug geredet, Prost, ihr Lieben, das haben wir uns aber wirklich verdient.«

Nachdem alle ihr Glas geleert hatten, unterhielt man sich noch eine Weile darüber, wie unglaublich riesenhaft allein schon unser Sonnensystem doch sei, bevor Elfie schließlich noch einmal das Wort ergriff.

»Ihr Lieben, die Zeit ist mal wieder deutlicher fortgeschritten, als es mir mein Gefühl sagt. Dies zeigt, dass ich mich bei euch mal wieder sehr wohl gefühlt habe. Dennoch möchte ich mich jetzt von euch verabschieden, aber nicht, ohne doch noch einmal mit *Elfies Angebote zur Freundschaft* das Thema unseres nächsten Abends anzusprechen. Denn mir ist es wichtig, dass ihr versteht, worauf es mir ankommt. Ich hoffe nämlich, dass die Angebote zur Freundschaft ausreichen werden, um am Ende eine ganz zarte und vielleicht zunächst auch schüchterne Freundschaft zur Mathematik aufbauen zu können – so peu à peu, also so ganz langsam und behutsam, das wäre doch wirklich schön!

Jetzt ist es aber genug für heute! Ich werde mich nun von euch verabschieden, und indem ich dies tue, kann ich es eigentlich schon kaum mehr erwarten, dass es wieder losgeht!

In diesem Sinne, lasst es euch gut gehen, bis bald, ich freue mich schon!«

5 Elfies Angebote zur Freundschaft

Von Bierdeckelrechnungen und anderen mathematischen Winkelzügen

»Hört ihr es bimmeln? Die Mathestunde beginnt!«

Elfie saß wieder bei ihren Freunden Wilma und Willi. Die drei hatten sich zu einem besonderen Abend verabredet, denn heute sollten zu den bereits besprochenen physikalischen Themen ein paar mathematische Zusammenhänge erörtert werden – jedenfalls dort, wo sie sich einfach erklären ließen.

Elfie hatte den Satz noch gar nicht komplett ausgesprochen, da regte sich auch schon Widerstand.

»Ich weiß«, unterbrach Willi, »dass heute wohl öfter mal gerechnet wird, aber Mathestunde klingt irgendwie schon eine Stufe härter!«

»Wir machen alles genau wie besprochen«, beschwichtigte Elfie, nachdem ihr ein Blick hinüber zu Wilma verriet, dass da noch jemand etwas verunsichert schien. »Wir werden heute ein wenig Mathematik genau dort anwenden, wo es seinerzeit nicht so gut gepasst hätte, die Zahlenkiste aufzumachen. Aber es wird keine reine Mathestunde, da kann ich euch beruhigen. Insofern war meine Ankündigung von eben tatsächlich etwas übertrieben – sorry! Und ich halte mich auch an unsere Abmachung, dass es inhaltlich nicht über die Mittelstufenmathematik hinausgehen wird.«

»Das beruhigt mich tatsächlich etwas«, erklärte Wilma, »denn ich befürchte, dass ich das meiste, was nach der Mittelstufe kam, mittlerweile komplett verdrängt habe.«

»Ich bin guter Dinge«, erklärte Elfie, »dass ihr nach dem heutigen Abend die Mathematik vielleicht sogar ein klein wenig mögen werdet. Nicht umsonst hatte ich ja angekündigt, dass ich heute Abend Angebote zur Freundschaft machen werde, womit – wie ihr ja bereits wisst – die Freundschaft zur Mathematik gemeint war. Aber lasst uns einfach einmal loslegen!

Beginnen werden wir mit etwas, auf das ich an jenem Abend schon hingewiesen hatte, als wir über die Spezielle Relativitätstheorie sprachen. Die SRT ist natürlich für sich gesehen schon starker Tobak, aber ich notiere einmal auf unserem Denkzettel … oh, ich sehe gerade, unsere gelbe Mappe fehlt ja noch.«

»Kein Problem«, erwiderte Wilma, »Willi, kannst du sie holen? Ich besorge den Rotwein und das Knabberzeug. Mensch, das haben wir heute ja alles vergessen!«

Im Handumdrehen waren alle wieder am Tisch zurück, und gemeinsam stieß man auf ein gutes Gelingen an.

»So!«, übernahm Elfie wieder das Kommando. »Jetzt kann ja nichts mehr schiefgehen, einen vernünftigen Startpunkt haben wir jedenfalls gesetzt. Ich notiere jetzt auf unserem Denkzettel, womit wir uns im Folgenden beschäftigen wollen, und nenne es etwas provokant …«

5.1 Komplexe Theorie trifft leichte Mathematik

»Von unserem damaligen Abend zur Speziellen Relativitätstheorie«, begann Elfie, »fasse ich mal in ein paar wenigen Sätzen das Wichtigste von dem zusammen, was wir gleich benötigen. Wir hatten uns seinerzeit mit der Lichtuhr beschäftigt und festgestellt, dass man tatsächlich zwischen zwei Zeiten unterscheiden muss, sofern Geschwindigkeiten nahe der Lichtgeschwindigkeit auftreten. Und da sich unsere Lichtuhr mit fast Lichtgeschwindigkeit bewegen soll, haben wir zu unterscheiden zwischen der Zeit t_{ruh}, die für einen ruhenden Beobachter vergeht, und der Zeit t_{bew}, die AUS SICHT des ruhenden Beobachters am Ort der sich bewegenden Lichtuhr vergeht.

Zur Erinnerung: Ich muss diese komische Satzkonstruktion *aus Sicht des* ... verwenden, da wir von zwei unterschiedlichen Bezugssystemen sprechen. Das Gleiche müsste ich auch tun, wenn ich einen ruhenden und einen in der fahrenden Straßenbahn sitzenden Beobachter betrachten würde. Dies wären wieder zwei Bezugssysteme, in denen aber glücklicherweise keine (messbaren) Zeitunterschiede zu erwarten sind, – außer – zukünftige Straßenbahnen würden sich mit fast Lichtgeschwindigkeit bewegen, dann hätten wir auch dort dieses Dilemma der unterschiedlichen Zeiten.«

»Ich saß schon mal in einer Straßenbahn«, fiel Willi Elfie fast ins Wort, »und musste zum Zahnarzt. Die Fahrt hätte aus meiner Sicht gern länger dauern können, aber sie ging dermaßen schnell vorbei ...«

»Willi«, unterbrach Wilma leicht genervt, »deine subjektive Zeitwahrnehmung hat definitiv nichts mit unserem Thema zu tun, so viel wissen wir doch bereits. Du willst ja nur nicht, dass Elfie mit dem Rechnen beginnt.«

»Schon gut, schon gut«, fühlte Willi sich ertappt, »Störmanöver erkannt. Ich bin jetzt ruhig!«

»Alles klar«, nahm Elfie leicht amüsiert den Faden wieder auf, »wir waren gerade bei der Feststellung angekommen, dass wir zwischen zwei Zeiten unterscheiden müssen, sofern wir mit unserer Bewegungsgeschwindigkeit in die Nähe der Lichtgeschwindigkeit kommen. Ich hatte seinerzeit behauptet, dass die Formel, die diesen Zusammenhang beschreibt, mit einfachen mathematischen Mitteln hergeleitet werden kann. Ich notiere diese Formel zunächst noch einmal auf einen unserer Denkzettel!«

$$t_{bew} = t_{ruh} \sqrt{1 - \left(\frac{v}{c}\right)^2} \qquad (3.1)$$

»Und dieses Monstrum wollen wir herleiten? Na, das kann ja heiter werden!«, machte Willi keinen Hehl aus seinem mulmigen Gefühl. »Ich sehe sie schon vor mir, die Gorch Fock mit lauter kollabierenden Schrödinger-Katzen drauf.«

»Keine Angst«, beschwichtigte Elfie schmunzelnd, »das ist halb so schlimm, das kriegen wir alles mit kleinkalibriger Flache-Bälle-Mathematik hin …, du wirst es gleich sehen.

Was wir dazu benötigen, ist zunächst einmal die Kenntnis, wie man die Geschwindigkeit berechnet. Dies haben wir aber schon an einem der vorhergehenden Abende besprochen, wobei wir feststellten, dass die Antwort schon in der Einheit *km*/*h* versteckt ist. Da *km* für eine Strecke und *h* für eine Zeit steht, wird die Geschwindigkeit v berechnet, indem man die zurückgelegte Strecke s durch die dafür aufgewendete Zeit t teilt. Schreibt man dies als Formel, dann ergibt sich:

$$v = \frac{s}{t} \qquad (5.1)$$

Neben der Formel für die Geschwindigkeit benötigen wir noch den Satz des PYTHAGORAS! Es ist schon erstaunlich, und darauf habe ich mit unserer Kapitelüberschrift auch hinweisen wollen, dass man bei einer derart revolutionären und anspruchsvollen Theorie wie der SRT mit so etwas mathematisch Antikem wie dem Satz des PYTHAGORAS etwas Sinnvolles bewirken kann. Entstehungsgeschichtlich liegen ja immerhin etwa zweieinhalbtausend Jahre dazwischen, das ist schon bemerkenswert! So, jetzt aber genug der Vorrede. Ich notiere auf unserem Denkzettel ...«

5.1.1 Die Zeitdilatation und der Satz des PYTHAGORAS

»Starten wir aber zunächst mit dem Begriff der Geschwindigkeit und der schon notierten Gleichung 5.1. Eine Gleichung ist wie eine Balkenwaage. Sie bleibt im Gleichgewicht, wenn ich auf beiden Seiten das Gleiche tue. Daher darf ich beide Seiten mit t multiplizieren, wodurch links $v \cdot t$ entsteht, während sich rechts $s \cdot t/t$ ergibt. Rechts kann ich nun kürzen, das heißt, den Ausdruck t/t kann ich durch 1 ersetzen, und nachdem ich die Gleichung einfach gedreht und $s \cdot 1$ durch s ersetzt habe, ergibt sich:

$$s = v \cdot t \qquad (5.2)$$

Etwas mathematischer formuliert ergibt sich die Gleichung 5.2, indem man 5.1 nach der Strecke s umstellt. Inhaltlich bedeutet 5.2, dass man die Strecke s immer dann berechnen kann, wenn die Geschwindigkeit v und die Zeit t bekannt sind.«

»Das geht ja sogar noch«, sagte Wilma selbstbewusst, »wenn ich also 40 *km/h* schnell fahre und mache das zwei Stunden lang, dann ist die zurückgelegte Strecke $s = v \cdot t = 40\ km/h \cdot 2\ h = 80\ km$. Ich bin dann also 80 *km* weit gekommen.«

»Das ist zumindest ein realistischer Geschwindigkeitsansatz für deine Jodelgurke«, bemerkte Willi etwas provozierend.

»Lieber Willi«, entgegnete Wilma schlagfertig, »ich werde dich gern noch einmal an diese Einschätzung erinnern, wenn dich die Jodelgurke mal wieder von deiner irgendwo liegengebliebenen Rostschlurre abholen soll.«

»Ich bin beeindruckt«, kam Elfie einer Retourkutsche von Willi zuvor, »dass diese Gleichung und deren Umformung anscheinend wenig Unbehagen ausgelöst hat und offensichtlich keinerlei Berührungsängste zu befürchten sind. Daher komme ich gleich zum nächsten Schritt, und das ist der Satz des PYTHAGORAS.«

»Da war ich krank«, wendete Willi sofort ein, »das wollte ich dir vorhin schon sagen. Und außerdem«, fügte er an, »wenn's um die alten Griechen geht, dann haben wir doch ruckzuck wieder lauter griechische Hieroglyphen auf dem Papier stehen, und dann krieg ich bestimmt Pickel!«

»Aber Willi«, reagierte Wilma sofort, »also den PYTHAGORAS, den krieg' ja selbst ich noch hin. Da war doch was mit einem rechtwinkligen Dreieck und mit irgendwelchen Quadraten, warte … lass mich denken …, genau, die Seite, die dem rechten Winkel gegenüberliegt, …«

»… die Hypotenuse …«, ergänzte Elfie.

»Genau!«, fuhr Wilma fort. »Von der Hypotenuse muss man zunächst das Quadrat bilden. Und dies ist dann genauso groß wie die Quadrate der beiden anderen Seiten, nachdem man sie addiert hat. Stimmt doch, Elfie, oder?«

»Exakt!«, bekräftigte Elfie und notierte auch gleich alles auf einem der Denkzettel. »Nehmen wir an«, erklärte sie,

»die drei Seiten eines rechtwinkligen Dreiecks sind wie in Bild 5.1 gezeigt mit a, b und c bezeichnet, dann ist c die Hypotenuse, und nach PYTHAGORAS gilt: $c^2 = a^2 + b^2$.«

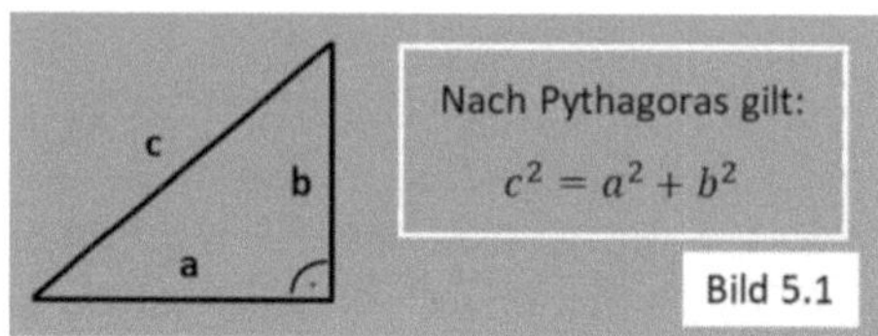

»Ich bin gut, ich bin gut«, klatschte Wilma vor Begeisterung in die Hände, als sie Bild 5.1 betrachtete, »ich hab's gewusst!«

»Ok, ok«, räumte Willi ein, »jetzt, wo ich es geschrieben sehe, fällt es mir auch wieder ein. Ich glaube, ich war damals auch nur erkältet.«

»Alles gut«, übernahm Elfie wieder das Ruder, »es steht ja jetzt alles hier geschrieben, damit haben wir es bei Bedarf parat.« Und mit einem Lächeln in Richtung Willi fügte sie hinzu: »Das war doch gar nicht so schlimm! So, und schon geht's weiter! Ich notiere hier in Bild 5.2 auch gleich den nächsten Aspekt, nämlich eine Lichtuhr, wie wir sie beim damaligen SRT-Abend schon kennengelernt hatten.

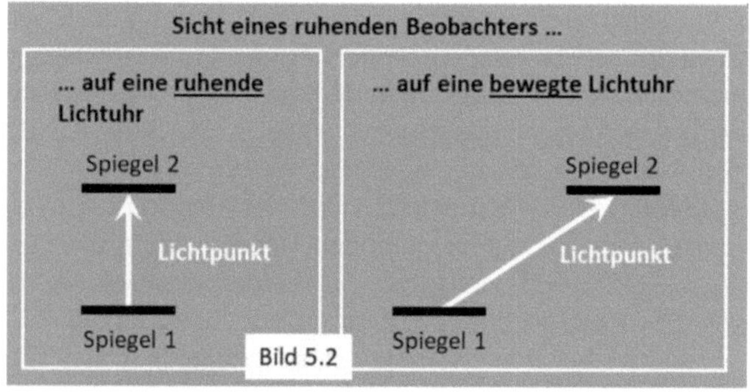

Wie damals schon erklärt, läuft bei der Lichtuhr ein Lichtpunkt zwischen zwei Spiegeln hin und her, was in der linken Hälfte von Bild 5.2 gezeigt ist, wobei wir uns auf den Weg des Lichtpunkts von unten nach oben konzentrieren. Wird diese Lichtuhr aber mit fast Lichtgeschwindigkeit von links nach rechts bewegt, dann durchläuft der Lichtpunkt aus Sicht des ruhenden Beobachters eine Diagonale nach rechts oben, gezeigt in der rechten Hälfte von Bild 5.2.

So weit, so gut! Nun brauchen wir noch einen zweiten Beobachter, und da der nicht irgendwo in der Luft hängen soll, packen wir die Lichtuhr und als zweiten Beobachter einen Astronauten in ein Raumschiff, so wie ich es in Bild 5.3 dargestellt habe. Von der Lichtuhr zeichne ich wieder nur die Lichtwege, also die Pfeile aus Bild 5.2.

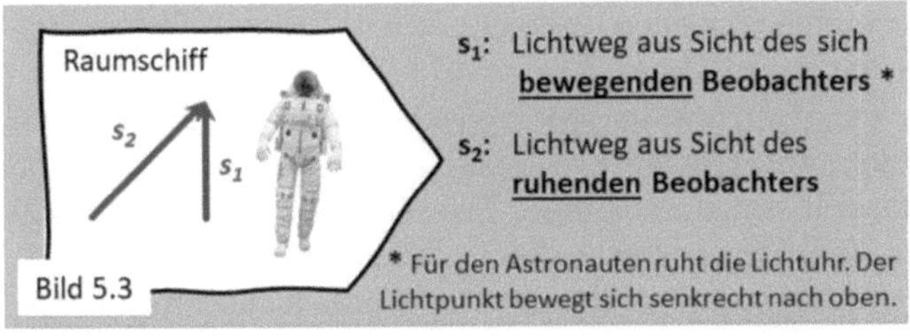

Der Lichtweg s_1 ist der Weg, den der Lichtpunkt aus Sicht des Astronauten, also aus Sicht des sich bewegenden Beobachters durchläuft. Dieser spürt von der Geschwindigkeit des Raumschiffs nichts, und für ihn ist die Lichtuhr ruhend, der Lichtpunkt läuft aus seiner Sicht gerade nach oben. Für den auf der Erde ruhenden Beobachter ergibt sich der Lichtweg s_2, denn, so wie auch schon im rechten Teil von Bild 5.2 gezeigt, bewegt sich aus seiner Sicht der Lichtpunkt in einer Diagonalen schräg nach oben, da sich Lichtuhr UND Raumschiff sehr schnell bewegen.

Wie in Bild 5.4 gezeigt, ist aber noch ein dritter Weg s_3 zu berücksichtigen, welcher den Weg des Raumschiffs beschreibt, den dieses für den auf der Erde ruhenden Beobachter in dieser Zeit zurücklegt.

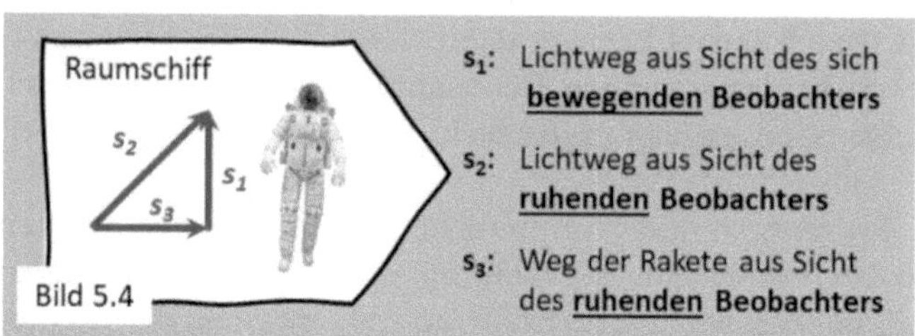

Alle drei Wege zusammen bilden nun ein rechtwinkliges Dreieck mit s_2 als Hypotenuse. Nachdem Wilma eben schon so geglänzt hat, kann sie jetzt ja mal versuchen, die Formel aufzustellen, die sich nach PYTHAGORAS ergibt – analog zu der Darstellung in Bild 5.1.«

»Ja, dann will ich doch gleich mal loslegen«, erwiderte Wilma voller Tatendrang, »also, die Hypotenuse ist s_2, das Quadrat von s_2 ist dann s_2^2, also muss ich auf die linke Seite der Gleichung s_2^2 schreiben. Und auf die rechte Seite …, warte …, lass mich denken …, jawoll, da kommt $s_1^2 + s_3^2$ hin, richtig?«

»Das kapiere ich auch«, bemerkte ein etwas kleinlauter Willi, »trotz schwerer Erkältung – damals.«

»Ja, das ist doch super«, antwortete Elfie, »Wilmas Gleichung ist also jetzt unsere Gleichung 5.3:

$$s_2{}^2 = s_1{}^2 + s_3{}^2 \qquad (5.3)$$

Wie in Bild 5.4 zu erkennen ist, bezieht sich s_1 auf den sich bewegenden Beobachter, während sich s_2 und s_3 auf den ruhenden Beobachter beziehen. Es ist daher sinnvoll, die Gleichung 5.3 nach s_1^2 umzustellen. Dazu ziehe ich auf beiden Seiten $s_3{}^2$ ab und vertausche dann rechte und linke Seite der Gleichung, wodurch sich die neue Gleichung 5.4 ergibt.

$$s_1{}^2 = s_2{}^2 - s_3{}^2 \qquad (5.4)$$

So, das sieht zwar hübsch aus, aber eigentlich kann man damit noch keinen Blumentopf gewinnen.«

»Meine Rede«, brummte Willi.

»Ok, zwar keinen Blumentopf«, erwiderte Elfie unbeirrt, »aber ..., wenn ich mir die Gleichung 5.2 noch einmal ins Gedächtnis rufe ...:

$$s = v \cdot t \qquad (5.2)$$

, ... dann sehe ich, dass ich den Weg s stets ersetzen kann durch das Produkt aus Geschwindigkeit und Zeit. Und genau dies habe ich im folgenden Bild 5.5 dargestellt.

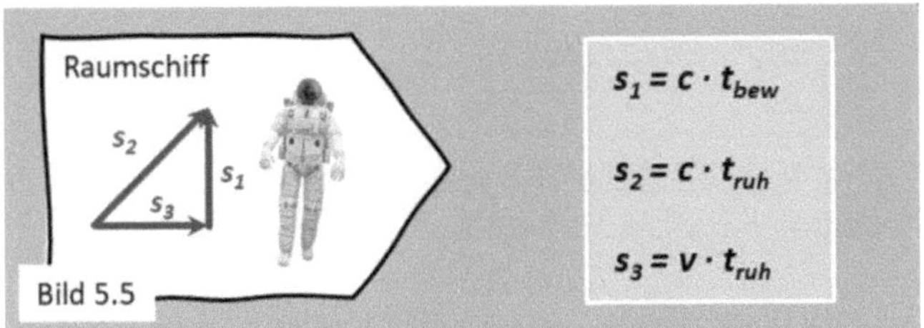

Gehen wir einmal Schritt für Schritt vor:

- s_1 ist der Weg, den der Lichtpunkt aus Sicht des Astronauten durchläuft. Damit ist als Geschwindigkeit die des Lichtpunkts, also die Lichtgeschwindigkeit c einzusetzen, und als Zeit ist die Zeit des Astronauten, also die des sich bewegenden Beobachters t_{bew} zu verwenden. Damit ergibt sich $s_1 = c \cdot t_{bew}$

- s_2 ist der Weg, den der Lichtpunkt aus Sicht des ruhenden Beobachters durchläuft. Damit ist als Geschwindigkeit wieder die des Lichtpunkts, also wieder die Lichtgeschwindigkeit c einzusetzen, und als Zeit ist die Zeit des auf der Erde ruhenden Beobachters t_{ruh} zu verwenden. Damit ergibt sich $s_2 = c \cdot t_{ruh}$

- s_3 ist der Weg, den das Raumschiff aus Sicht des ruhenden Beobachters durchläuft. Damit ist als Geschwindigkeit die Geschwindigkeit v des Raumschiffs einzusetzen, und als Zeit die Zeit des auf der Erde ruhenden Beobachters t_{ruh}. Damit ergibt sich $s_3 = v \cdot t_{ruh}$

Setzt man diese Ausdrücke jeweils für s_1, s_2 und s_3 in die Gleichung 5.4 ein, dann ergibt sich:

$$c^2 \cdot t_{bew}{}^2 = c^2 \cdot t_{ruh}{}^2 - v^2 \cdot t_{ruh}{}^2 \qquad (5.5)$$

Dann teilt man beide Seiten durch c^2 und erhält:

$$t_{bew}{}^2 = t_{ruh}{}^2 - \frac{v^2}{c^2} \cdot t_{ruh}{}^2 \qquad (5.6)$$

Nun kann man die Größe $t_{ruh}{}^2$ auf der rechten Seite der Gleichung 5.6 ausklammern und man erhält:

$$t_{bew}{}^2 = t_{ruh}{}^2 \left(1 - \left(\frac{v}{c}\right)^2\right) \qquad (5.7)$$

Zieht man jetzt noch auf beiden Seiten der Gleichung 5.7 die Wurzel, dann sind wir schon am Ziel, denn wir haben die Gleichung 3.1 erfolgreich hergeleitet:

$$t_{bew} = t_{ruh} \sqrt{1 - \left(\frac{v}{c}\right)^2} \qquad (3.1)$$

Oft findet man diese Gleichung nach t_{ruh} aufgelöst vor, daher stellen wir Gleichung 3.1 nach t_{ruh} um, indem wir durch die Wurzel teilen. Wir erhalten damit:

$$t_{ruh} = t_{bew} \cdot \frac{1}{\sqrt{1 - \left(\frac{v}{c}\right)^2}} \qquad (5.8)$$

Die Gleichungen 3.1 und 5.8 kann man als DIE Gleichungen der Zeitdilatation bezeichnen, wobei Gleichung 5.8 direkt den Lorentzfaktor γ enthält, den wir damals schon als Gleichung 3.2 kennengelernt hatten mit

$$\gamma = \frac{1}{\sqrt{1 - \left(\frac{v}{c}\right)^2}} \qquad (3.2)$$

Mit ihm lässt sich Gleichung 5.8 auch schreiben als

$$t_{ruh} = \gamma \cdot t_{bew} \qquad (5.9)$$

einen Ausdruck, den man in der Literatur oft findet.«

»Das ist ja schon eine Menge Rechnerei«, bemerkte Wilma, »und allein deshalb schon ziemlich anspruchsvoll, obwohl jeder einzelne Schritt für sich gesehen gar nicht so schwierig war.«

»Was heißt hier nicht so schwierig?«, protestierte Willi energisch. »Also ich finde, da waren schon ein paar beachtliche Rechenmanöver dabei. Ich bin zwar nirgendwo komplett aus der Kurve geflogen, die Leitplanken habe ich aber schon ordentlich geschrammt. Ok, seit meiner schriftlichen Abiturarbeit weiß ich natürlich, dass ich durchaus zu virtuosen Geistesleistungen in der Lage bin, aber so ganz unproblematisch fand ich diese Umleitung nun wirklich nicht.«

»Herleitung, Willi, Herleitung«, korrigierte Elfie, »nicht Umleitung. Aber du erwähntest eben deine schriftlichen Ausführungen zum Abitur. Zu welchem Thema hast du denn damals etwas geschrieben?«

»Ja«, antwortete Willi, »das überlege ich auch gerade. Wie war das doch gleich? Richtig, ich hatte eine Arbeit in Biologie zu verfassen, und…, ja richtig, … jetzt weiß ich es wieder. Ich hatte nämlich eigentlich eine sehr schöne Arbeit verfasst, so war jedenfalls mein Eindruck, bis ich dann erfuhr, dass ich das Thema etwas verfehlt hatte. Das Problem lag schlicht darin, dass ich das Paarungsverhalten der Guppy-Fische mit dem der Kühe verwechselt hatte. Ziemlich kleinliche Kritik, fand ich damals.«

Elfie und Wilma schauten sich kurz an, beide schwer damit beschäftigt, nicht laut loszulachen.

»Da ist man aber sehr streng mit dir umgegangen«, befand Wilma, nachdem sie sich wieder etwas beruhigt hatte, »ich meine, das weiß doch jeder, dass eine Kuh, wenn sie erst einmal in das Paarungsgeschehen involviert ist, das gesamte Prozedere mit einer gewissen Leichtigkeit und in großer Anmut absolviert. Also ehrlich, da fühle auch ich mich stets an die fast schwerelos erscheinenden Bewegungen der Bewohner der Unterwasserwelt erinnert.«

Elfie biss sich auf die Lippen.

»Macht ihr euch nur lustig«, erwiderte Willi, »aber um ehrlich zu sein, war das ja noch gar nichts im Vergleich zu meiner mündlichen Ethik-Prüfung.«

»Wieso? Was ist denn da passiert?«, hakte Wilma sofort nach. »Jetzt machst du uns aber neugierig.«

»Eigentlich auch nichts Besonderes, fand ich jedenfalls. Also, ich hatte als Thema *Die asiatische Weltsicht am Beispiel des Buddhismus* — oder so ähnlich. Da stand ich nun und schwadronierte zum Einstieg leichtfüßig quer über diverse asiatische Glaubensrichtungen, wobei meine teils sehr virtuosen Interpretationen bereits unzweideutige Spuren in den Mienen meiner Zuhörer hinterließen. Obwohl ich sehr souverän auftrat, so bewirkten die von einer Art Fassungslosigkeit geprägten Gesichtsausdrücke meiner Prüfer, dass mein anfänglich sehr vitaler Elan damit drohte, sich bei der nächsten Gelegenheit komplett zu verkrümeln. Ich musste also handeln! Und bevor der Schlips nun endgültig ins Rad kam, blinkte ich links, bog aber nach rechts ab und landete direkt bei der Kleiderordnung in einem tibetischen Gebetstempel. Ein kurzer Blick in verdutzte Gesichter verriet mir, dass mein Überraschungscoup gelingen konnte. Mutig preschte ich voran und referierte gerade über das Leben und Arbeiten in einem buddhistischen Kloster, als ..., ja, als ich an eine Stelle kam, an der sich zwei Mönche mit der traditionellen Namaste-Geste begrüßen sollten. Mein Problem war nur, ich kam einfach nicht auf diesen verflixten Namaste-Begriff. Ich eierte dann noch ein wenig herum, bis ich in der Not einfach den Ausdruck verwendete, der mir am ähnlichsten erschien.«

Willi machte eine Pause – und schwieg. Ohne selbst dabei gewesen zu sein, hatten Elfie und Wilma schon jetzt ein wenig Mitleid mit den Prüfern.

»Und«, unterbrach Wilma schließlich die Stille, »jetzt wollen wir es aber genau wissen. Wie haben sich die beiden Mönche denn nun begrüßt?«

»Na, mit einem herzhaften Nastrovje«, antwortete Willi kurz und trocken.

Nun war es um die beiden geschehen. In einer Art Zwillingsdetonation wieherten Elfie und Wilma förmlich um die Wette, als galt es, eine Ansammlung böser Geister zu vertreiben. Waren sie zu Anfang noch bemerkenswert synchron, prusteten sie nach einer Weile hübsch versetzt ihre Begeisterung heraus, so dass die eine die andere stets wieder von neuem ansteckte. Für eine Weile ging einfach nichts mehr bei den beiden.

»Also Willi«, versuchte sich Elfie schließlich wieder zurückzukämpfen, »ich würde ja viel darum geben, könnte ich die Gesichter deiner Prüfer sehen, als du ihnen anstatt einer buddhistischen Begrüßung einen russischen Trinkspruch serviertest. Aber ich denke, zumindest für eines war diese Geschichte auf jeden Fall gut, du hast uns nämlich damit eine hervorragende Überleitung zu einem geistigen Getränk geliefert. Dieses wäre jetzt tatsächlich angebracht, denn wir haben ja erfolgreich die Formel für die Zeitdilatation hergeleitet. Und gemessen an euren Vorbehalten war das schon eine echte Herkulesaufgabe. Darauf kann man schon mal anstoßen, wie ich finde.«

»Bin schon unterwegs …«, musste man Willi nicht lange überreden.

»… und ich hole die Gläser«, war auch Wilma, immer noch leicht am Kichern, sofort mit im Boot.

Kaum waren alle wieder am Tisch vereint, zollten sie mit einem herzhaften *Nastrovje* sowohl dieser Geschichte als auch dem erfolgreichen Überspringen der ersten Mathematik-Hürde ihre Anerkennung. Und da es sich um eine hohe Anerkennung handelte und die Nastrovje-Geschichte auch noch etwas nachwirkte, dauerte dies ein Weilchen.

»So …«, versuchte schließlich Elfie, nachdem sich alle wieder beruhigt hatten, wieder zurück ins Thema zu finden, »lasst uns mal wieder zum eigentlichen Grund unseres Beisammenseins kommen. Wir hatten nämlich am gleichen Abend, als wir die Formel 3.1 für die Zeitdilatation kennenlernten, auch eine Art Anwendung dazu besprochen, nämlich das Zwillingsparadoxon. Im Folgenden wollen wir nun genauer betrachten, wie sich der Altersunterschied zwischen den Zwillingen berechnet. Ich notiere dazu auf unserem Denkzettel …«

5.1.2 Das Zwillingsparadoxon – eine schnelle Raumfahrt langsam gerechnet

»Bei diesem Gedankenexperiment fliegt ein Zwilling mit 80% der Lichtgeschwindigkeit von der Erde weg, während der andere auf ihr zurückbleibt. Nun lässt man entweder auf der Erde eine bestimmte Zeit vergehen und berechnet mit Gleichung 3.1 die Zeit, um die der Astronauten-Zwilling im Raumschiff gealtert ist. Oder aber im Raumschiff ist eine bestimmte Zeit vergangen und man berechnet mit Gleichung 5.8 die Zeit, um die währenddessen der ruhende Erd-Zwilling älter wurde.

Nehmen wir Variante zwei an: Der Astronauten-Zwilling kehrt auf die Erde zurück, nachdem er mit dem Raumschiff 24 Jahre im All verbracht hat. Mit Hilfe der Gleichung 5.8 lässt sich nun berechnen, um wie viele Jahre in der Zwischenzeit der Erd-Zwilling gealtert ist. Dazu setzen wir in der Formel 5.8 für die verstrichene Zeit des Astronauten 24 Jahre ein, also $t_{bew} = 24\,a$, und die Geschwindigkeit v des Raumschiffs ersetzen wir durch $0{,}8 \cdot c$, da es ja mit 80% der Lichtgeschwindigkeit c fliegt. Der Buchstabe a ist übrigens die physikalische Abkürzung für *Jahr*.

$$t_{ruh} = t_{bew} \cdot \frac{1}{\sqrt{1 - \left(\frac{v}{c}\right)^2}} = 24a \cdot \frac{1}{\sqrt{1 - \left(\frac{0{,}8 \cdot c}{c}\right)^2}}$$

Dies lässt sich sehr gut ohne Taschenrechner berechnen. Zunächst wird unter der Wurzel nur c gegen c gekürzt und es bleibt $0{,}8^2$ übrig:

$$= 24a \cdot \frac{1}{\sqrt{1 - 0{,}8^2}} = 24a \cdot \frac{1}{\sqrt{0{,}36}} = 24a \cdot \frac{10}{6} = 40\,Jahre$$

Während also unser Astronauten-Zwilling um 24 Jahre gealtert ist, sind auf der Erde 40 Jahre vergangen. Die Zwillinge haben nun einen Altersunterschied von 16 Jahren.«

»Warum hast du unsere letzten beiden Berechnungszeilen nicht auch durchnummeriert?«, wollte Wilma wissen.

»Ich habe eigentlich vor«, antwortete Elfie, »nur für Formeln und für das Umstellen von Formeln Nummern zu vergeben, Berechnungen wollte ich nicht weiter kennzeichnen. Ich halte das für übersichtlicher, bin aber offen für andere Vorschläge.«

»Das ist für mich alles ok«, meldete sich Willi zu Wort, »aber für mich war das alles ein wenig zu hurtig. Wieso kannst du so schnell im Kopf rechnen, Elfie?«

»Weil ich das öfter mal mache«, lächelte Elfie, »aber zu schnell sein wollte ich nicht. Gehen wir die Rechnung ganz kurz durch, sie ist wirklich nicht so schwer.«

»Ok!«, ergriff jetzt Wilma die Initiative. »Dann wollen wir doch mal sehen, ob du Recht hast, Elfie, und es wirklich nicht so schwer ist. Also, $0{,}8^2$ bedeutet ja $0{,}8 \cdot 0{,}8$, und schon habe ich ein Problem! Also $8 \cdot 8$ sind 64, aber wie geht das, wenn noch Nullen vor der 8 stehen?«

»Ganz einfach«, antwortete Elfie, »einfach $8 \cdot 8$ ausrechnen, dann bei beiden Zahlen abzählen, wie viele Ziffern hinter dem Komma vorkommen, um dann im Ergebnis genau um so viele Stellen das Komma nach links zu verschieben.«

»Das klingt nicht so schwer«, antwortete Willi, der nun mutiger wurde, »also $8 \cdot 8$ ist 64, und jede der 0,8 hat eine Ziffer hinter dem Komma, also muss ich bei meinem Ergebnis das Komma um insgesamt zwei Stellen nach links verschieben. Aha, demnach ist also $0{,}8^2 = 0{,}8 \cdot 0{,}8 = 0{,}64$.«

»Na wunderbar«, ergänzte Wilma, »und dann ist $1 - 0{,}64$ gleich 0,36. Das kann ich rechnen. Aber was ist die Wurzel aus 0,36?«

»Eigentlich steckt dahinter eine ähnliche Überlegung wie eben bei der Multiplikation von Kommazahlen«, erklärte Elfie, »allerdings muss man dazu wissen, was *Wurzel ziehen* eigentlich bedeutet. Das ist zum Glück aber schnell erklärt, denn die Wurzel aus 9 ist 3, weil 3^2 gleich 9 ist. Die Wurzel aus 49 ist 7, denn $7^2 = 49$, und die Wurzel aus 25 ist ..., na, wer will es ausrechnen?«

»... ist 5«, rief Willi nach einer kurzen Bedenkzeit, »denn $5^2 = 25$. Ich glaube, so langsam habe ich die Ecke in meinem Hirn wiedergefunden, wo das ganze mathematische Zeugs rumliegt.«

»Das wäre ja super!«, strahlte Elfie. »Dann wenden wir doch unser frisch erworbenes Wissen auf unsere aktuelle Aufgabe an. Wenn ich also die Wurzel aus 0,36 berechnen soll, dann suche ich eine Zahl, die mit sich selbst malgenommen 0,36 ergibt.«

»... und das ist, ... Moment, lass mich denken ...«, Wilma war nun wild entschlossen, dieses mathematische Problem zu knacken, »gleich hab' ich's, ... genau! 0,6. Denn $6^2 = 6 \cdot 6 = 36$, und dann ist $0,6^2 = 0,6 \cdot 0,6 = 0,36$!«

»Wunderbar!« Elfie kam nun aus dem Grinsen gar nicht mehr heraus. »Und den letzten Schritt erkläre ich euch auf unserem Denkzettel, denn dieses Rechnen mit Brüchen werden wir noch öfter benötigen.«

»Och nö«, nörgelte Willi los, »kaum fängt es an, Spaß zu machen, schon kommst du mit den ollen Brüchen um die Ecke. Die konnten mich noch nie leiden.«

»Willi«, erwiderte Elfie, »du bist immer so schnell! Schau dir doch erst einmal an, was ich euch erklären möchte. Vielleicht ist das ja gar nicht so schlimm. Also, ich zeige euch jetzt, wie man die Aufgabe *24 mal 1 geteilt durch 0,6* ganz schnell im Kopf rechnet, allerdings wäre ein Bierdeckel dazu sehr hilfreich.«

»Bierdeckel?«, fragte Wilma ungläubig. »Wieso ein Bierdeckel?«

»Naja«, antwortete Elfie, »ein normaler Zettel würde es natürlich auch tun. Ich sage zu solch einer Rechnung aber auch gern *Bierdeckelrechnung*, weil man mit ein klein wenig mathematischem Basiswissen, einem Stift und einem Bierdeckel ganz hervorragend kleinere Rechnungen oder Abschätzungen durchführen kann, – und das alles bei einem Bier oder einem Wein, ganz nach Belieben. Und dermaßen gut ausgestattet kann man dann schnell mal ausrechnen, wie viel *24 mal 1 geteilt durch 0,6* ergibt! Ich notiere dies schon einmal:

$$24 \cdot \frac{1}{0,6} =$$

Zum eben erwähnten mathematischen Basiswissen zählt zum Beispiel das Erweitern und Kürzen von Brüchen, was eigentlich ganz einfach ist: Beim Erweitern multipliziere ich Zähler und Nenner mit der gleichen Zahl, während ich beim Kürzen beide durch die gleiche Zahl teile. Ich darf das tun, weil der Wert des Bruches dadurch nicht verändert wird! Bei unserem Beispiel steht eine 0,6 im Nenner. Das kann man schlecht im Kopf rechnen. Also erweitere ich den Bruch mit 10, multipliziere also Zähler UND Nenner mit 10, und erhalte im Zähler eine 10 und im Nenner eine 6.

$$24 \cdot \frac{1}{0,6} = 24 \cdot \frac{10}{6} =$$

Dann muss ich wissen, dass neben der 10 auch die 24 ein Zähler ist. Vielleicht hilft es, sich die 24 neben der 10 im Zähler vorzustellen, um zu erkennen, dass man die 24 gegen die 6 im Nenner kürzen kann, und zwar mit 6!

24 geteilt durch 6 ergibt 4, und 6 geteilt durch 6 ergibt 1, damit bleibt im Zähler eine 4 und im Nenner eine 1.

$$24 \cdot \frac{1}{0,6} = 24 \cdot \frac{10}{6} = 4 \cdot \frac{10}{1} =$$

10 geteilt durch 1 sind 10, was bedeutet, dass ich nur noch die 4 mit der 10 multiplizieren muss, was natürlich 40 ergibt, – und damit ist meine gesamte Rechnung fertig!«

$$24 \cdot \frac{1}{0,6} = 24 \cdot \frac{10}{6} = 4 \cdot \frac{10}{1} = 4 \cdot 10 = 40$$

»Ok, ok«, lenkte Willi ein, »das ist tatsächlich kein Hexenwerk –, solange du uns das so schön langsam vorrechnest, Elfie. In diesem Tempo und mit deinen Erklärungen ist das wirklich zu schaffen. Allerdings …, die Zahlen passen natürlich auch ziemlich gut.«

»Ja, das ist richtig«, antwortete Elfie, »wir werden aber noch sehen, dass man je nach Fragestellung auch sogenannte Abschätzungen durchführen kann. Und bei diesen Abschätzungen darf man sich in einem bestimmten Rahmen die Zahlen auch ein wenig passend machen. Dazu muss man lediglich ein wenig Gefühl für Zahlen und Größenordnungen entwickeln, und daran arbeiten wir ja gerade.

So, und solch eine schöne Bierdeckelrechnung, wie eben gezeigt, können wir auch ganz prima an einem weiteren Beispiel durchführen, welches wir an dem Abend angesprochen hatten, als wir uns mit dem permanenten Masseverlust der Sonne beschäftigten. Und damit notiere ich auf unserem Denkzettel …«

5.2 Sonne, Mond und Sterne – mit euch rechne ich so gerne

»Um es gleich vorwegzunehmen, mit dem Mond werden wir nicht rechnen. Die Überschrift ist aber dennoch passend, denn rechnen werden wir mit einem Stern – einem besonderen Stern –, nämlich der Sonne! Ich denke, ihr könnt euch daran erinnern, dass ich an dem Abend, als wir über Schwarze Löcher sprachen, die bemerkenswerte Aussage traf, dass die Sonne eine Gewichtsabnahme von 4,3 Millionen Tonnen pro Sekunde erleidet!«

»Stimmt«, antwortete Wilma, »mich hatte das auch wirklich beeindruckt, denn ich weiß, dass eine Tonne schon eine ganze Menge ist. Millionen Tonnen kann ich mir zwar nicht mehr konkret vorstellen, es handelt sich aber definitiv um ein riesiges Gewicht. Und wenn man dieses jede Sekunde verliert, dann kann doch schon nach kurzer Zeit nicht mehr viel übrigbleiben.«

»Naja, Wilma«, entgegnete Elfie, »auf diese Aussage erhältst du von mir ein ganz klares Jein! Natürlich könntest du Recht haben – oder aber auch völlig falsch liegen. Das hängt einzig von der Frage ab, wie schwer das betrachtete Objekt ist, welches den Gewichtsverlust erleidet.«

»Das verstehe ich«, meldete sich Willi zu Wort, »nehmen wir einmal an, ein großer 40-Tonner-Lkw wird bei einer Kontrolle gewogen, und er bringt 2 *kg* zu viel auf die Waage. Da wird wahrscheinlich niemand ein Problem bekommen, weil 2 *kg* in diesem Zusammenhang sehr wenig sind. Nehmen wir aber an«, führte Willi mit einem gewinnenden Lächeln weiter aus, »ich hätte 2 *kg* abgenommen, dann würde doch jeder sagen, dass 2 *kg* wahnsinnig viel für jemanden sind, der schon so wenig wiegt.«

»Da gebe ich dir Recht, Willi«, erwiderte Wilma ungerührt, »im Vergleich zu einem 40-Tonner stehst du gewichtstechnisch super da«, und nach einer kurzen Denkpause fügte sie an Elfie gerichtet hinzu, »aber wenn Willis Erklärung wirklich richtig ist, dann muss ja die Sonne wahnsinnig viel wiegen, damit ihr der Gewichtsverlust von einigen Millionen Tonnen pro Sekunde keine Probleme bereitet.«

»Und damit sind wir schon bei unserem nächsten Diskussionspunkt«, erklärte Elfie, »und den notiere ich wieder auf unserem Denkzettel, nämlich …«

5.2.1 Große Zahlen, kleine Rechnung

»Vielleicht sollten wir zunächst ein paar Zahlbegriffe und deren mathematische Kurzform in der 10er-Potenz-Darstellung erwähnen, mit denen wir es in den nächsten Abschnitten zu tun haben. Die meisten werdet ihr ohnehin kennen, aber sei's drum. Bekannt und wenig exotisch ist die Zahl eintausend. Für die verwendet man die Darstellung 10^3, denn $10 \cdot 10 \cdot 10 = 1.000 = 10^3$. Eine Million entspricht dann 10^6, eine Milliarde 10^9, und einer Billion entspricht der Ausdruck 10^{12}. Natürlich geht das noch weiter, aber dies sind die gebräuchlichsten Begriffe.

So, kommen wir zurück zur Sonne und ihrem Gewichtsverlust. Man kann im Internet nachlesen, dass ihr Gewicht rund $2 \cdot 10^{30}$ *kg* beträgt. Ich behaupte, wer in dieser Gewichtsklasse kämpft, dem ist ein Gewichtsverlust von 4,3 Millionen Tonnen pro Sekunde ziemlich wurscht. Wie könnte man diese Aussage überprüfen?«

»Das sind aber auch verdammt große Zahlen«, murrte Willi, »und ich habe vergessen, wie man mit ihnen umgeht.«

»Moment«, erinnerte sich Wilma, »beim letzten Mal hast du uns doch geraten, grob zu runden und die 10er-Potenz-

Schreibweise zu verwenden, um solch ein Problem anschaulicher zu gestalten.«

»Richtig, Wilma. Und genau so werden wir jetzt verfahren. Dazu werden wir zunächst den Gewichtsverlust der Sonne auf ein Jahr hochrechnen, um diesen Wert dann mit ihrer Gesamtmasse zu vergleichen. Und das alles als Bierdeckelrechnung«, ergänzte Elfie mit einem Lächeln in Richtung Willi. »Ok – und los geht's!

Wenn wir also wissen, wie groß der Gewichtsverlust pro Sekunde ist, wie groß ist er denn dann pro Minute?«

»Na, das ist 60-mal so viel«, flutschte es aus Willi heraus.

»Ja, geht doch!«, war Elfie ganz begeistert. »Und wenn wir dann von der Minute auf die Stunde, dann auf den Tag und dann auf das Jahr hochrechnen wollen, welche Rechenaufgabe müssen wir dann lösen?«

»Wie Willi schon sagte«, argumentierte Wilma, »um auf Minuten zu kommen, müssen wir mit 60 multiplizieren, dann noch einmal mit 60, dann haben wir Stunden. Ok, dann mit 24, dann haben wir Tage, und dann mit 365, dann haben wir ein Jahr! Gar nicht so schwer!«

»Ha«, warf Willi ein, »das zu sagen, ist das eine, es aber zu rechnen, da wird mir doch schon wieder ganz komisch. Denn wie ich Elfie kenne, müssen wir hier ohne Taschenrechner arbeiten!«

»Richtig!«, antwortete Elfie. »Der Taschenrechner kann in vielen Situationen ein Superhilfsmittel sein, er hat nur zwei Nachteile! Zum einen vermittelt er null Gefühl für Zahlen, und zum anderen ist er strunzdumm.«

Wilma und Willi schauten sich leicht amüsiert an.

»Also ich fand diese Dinger bisher immer ganz nett«, wandte Wilma ein. »Warum sollen sie denn jetzt plötzlich dumm sein?«

»Weil ein Taschenrechner genau das macht, was man ihm sagt – und zwar ohne zu überprüfen, ob es Sinn macht!«, gab Elfie zu bedenken. »Ich kenne Fälle, in denen jemand 4 · 19 mit dem Taschenrechner ausgerechnet hat und als Ergebnis 36 herausbekam.«

»Dann wird's ja wohl auch stimmen!«, entgegnete Willi. »Ich denke, die Elektronik macht keine Fehler.«

»Die macht ja auch keine«, erwiderte Elfie, »aber der Bediener! Dieser hat nämlich beim schnellen Tippen die Taste mit der 1 nicht richtig getroffen und anstatt 4 · 19 das Ergebnis von 4 · 9 erhalten, was in der Tat 36 ist. 4 · 19 würde aber 76 ergeben! Solche Fehler bemerkt man nur, wenn man etwas Gefühl für Zahlen hat. Im Idealfall sollte auffallen, dass 4 · 19 ein Ergebnis in der Nähe von 4 · 20 = 80 haben muss. Davon ist die 36 weit entfernt, was den aufmerksamen Taschenrechner-Benutzer veranlassen sollte, den Eingabevorgang zu wiederholen.

Lange Rede, kurzer Sinn: Für unsere Frage nach dem jährlichen Gewichtsverlust der Sonne ist es nicht entscheidend, ob am Ende Komma 4 oder Komma 6 steht. Was uns interessiert, ist die Frage, ob es Milliarden, Billionen oder noch mehr Tonnen sind, welche die Sonne jährlich verliert. Und um dies zu beantworten, werden wir keine exakte Berechnung, sondern eine Abschätzung durchführen! Und damit klar ist, wie das gemeint ist, notiere ich zunächst einmal die abzuschätzende Aufgabe auf unserem Denkzettel. Dazu verwende ich − wie angekündigt − die 10er-Potenz-Schreibweise und notiere die 4,3 Millionen Tonnen als $4{,}3 \cdot 10^6\ t$. Da eine Tonne genau 1.000 kg wiegt, ersetze ich t durch $10^3\ kg$, wodurch sich ein Gewichtsverlust von $4{,}3 \cdot 10^6 \cdot 10^3\ kg = 4{,}3 \cdot 10^9\ kg$ pro Sekunde ergibt. Zusammen mit Wilmas Rechenvorschlag für den Gewichtsverlust pro Jahr haben wir nun als Ausgangssituation für unsere Abschätzung den folgenden Ausdruck:«

$$4{,}3 \cdot 10^9\ \frac{kg}{s} = 4{,}3 \cdot 10^9 \cdot 60 \cdot 60 \cdot 24 \cdot 365\ \frac{kg}{a}$$

»Und so etwas willst du *zu Fuß* ausrechnen, also ohne Taschenrechner?«, fragte Willi ungläubig.

»Abschätzen, Willi, ich will das Ergebnis mit ein paar einfachen Überlegungen abschätzen«, kam sofort die unmissverständliche Antwort von Elfie, »und zwar erhalte ich auf diese Weise Übung im Umgang mit Zahlen, was immer von Vorteil ist. Außerdem kann ich mit so einer Abschätzung oft sehr schnell beurteilen, ob ein Ergebnis plausibel ist oder nicht. Aber nicht, dass wir uns falsch verstehen, der Taschenrechner ist in bestimmten Situationen definitiv das Mittel der Wahl –, aber eben nicht immer.

So, zurück zu unserer Ausgangsfrage! Wilmas Rechenvorschlag entspricht dem Teil $60 \cdot 60 \cdot 24 \cdot 365$, der die Anzahl der Sekunden eines Jahres liefert, und mit diesem Teil beginnen wir. Zunächst berechnen wir $60 \cdot 60$, das ergibt 3.600, und die kann man als $3{,}6 \cdot 10^3$ schreiben.

Als Nächstes folgt $24 \cdot 365$. Dessen Berechnung gestaltet sich etwas schwieriger. Da wir hier aber eine Abschätzung durchführen, darf man die Zahlen ein wenig abändern, so dass man sie leichter miteinander verrechnen kann. Grundsätzlich gibt es keine festen Regeln dafür, allerdings sollte man sich nur so weit wie unbedingt nötig von der eigentlichen Aufgabe entfernen. Man könnte zum Beispiel anstatt $24 \cdot 365$ einfach $20 \cdot 400$ verwenden, was sich zwar gut berechnen ließe, allerdings würde dies auch nur einer sehr groben Näherung entsprechen. Eine bessere Variante wäre, dass man anstatt $24 \cdot 365$ einfach $25 \cdot 360$ rechnet, was ja in etwa das Gleiche ergeben sollte. Warum diese Ersetzung tatsächlich Sinn macht, zeige ich euch gleich. Zunächst schreibe ich diesen Teil der Rechnung erst einmal hin:

$$24 \cdot 365 \approx 25 \cdot 360 =$$

$25 \cdot 360$ lässt sich dann gut ausrechnen, wenn man die 25 durch $100/4$ ersetzt. Solche Ersetzungen sind übrigens oft eine gute Idee, da sich mit 100 super rechnen lässt, und anstatt durch 4 zu teilen rechnet man einfach zweimal die Hälfte – oder man kürzt! Also:

$$24 \cdot 365 \approx 25 \cdot 360 = \frac{100}{4} \cdot 360 =$$

Hier lässt sich prima kürzen, und zwar die 360 mit 4. Dies ergibt 90, denn $4 \cdot 9 = 36$, also ist $4 \cdot 90 = 360$.

$$24 \cdot 365 \approx 25 \cdot 360 = \frac{100}{4} \cdot 360 = 100 \cdot 90 =$$

$100 \cdot 90$ ergibt dann 9.000, was ich als $9 \cdot 10^3$ schreibe:

$$24 \cdot 365 \approx 25 \cdot 360 = \frac{100}{4} \cdot 360 = 100 \cdot 90 = 9 \cdot 10^3$$

Damit kann ich nun im Kopf bzw. auf dem Bierdeckel ausrechnen, wie viele Sekunden ein Jahr hat:

$$60 \cdot 60 \cdot 24 \cdot 365 \approx 3{,}6 \cdot 10^3 \cdot 9 \cdot 10^3 = 32{,}4 \cdot 10^6$$

Das Produkt aus $3{,}6 \cdot 9$ habe ich dabei halbschriftlich berechnet. Man beginnt mit der hinteren Ziffer:

$9 \cdot 6 = 54$. Ich schreibe 4 hin, habe 5 im Sinn.

$9 \cdot 3 = 27$. Ich addiere die 5 zur 27 und erhalte 32. Demnach hat mein Ergebnis die Ziffernfolge 3 - 2 - 4. Nun muss ich nur noch die eine Kommastelle berücksichtigen und erhalte als Ergebnis 32,4.

Ein Jahr hat damit rund 32 Millionen Sekunden. Übrigens liefert der Taschenrechner 31.536.000 als korrekten Zahlenwert, was auf Millionen gerundet das gleiche

Ergebnis bedeutet. Nicht schlecht für eine Bierdeckelrechnung, oder?«

Wilma und Willi nickten. Was sollten sie auch anderes tun angesichts einer derart in Fahrt geratenen Mathe-Elfie? »Für die Berechnung«, fuhr sie in unvermindertem Tempo fort, »wie viel Gewicht die Sonne pro Jahr verliert, verwenden wir die Ersetzung: $32 \cdot 10^6 = 3{,}2 \cdot 10 \cdot 10^6 = 3{,}2 \cdot 10^7$, was etwas leichter zu rechnen ist. Damit ergibt sich …

$$4{,}3 \cdot 10^9 \, \frac{kg}{s} = 4{,}3 \cdot 10^9 \cdot 3{,}2 \cdot 10^7 \, \frac{kg}{a} \approx 14 \cdot 10^{16} \, \frac{kg}{a}$$

… denn $4{,}3 \cdot 3{,}2 \approx 4 \cdot 3{,}5 = 14$.

So, wir nähern uns dem Ende unserer Abschätzung! Wenn also die Masse der Sonne rund $2 \cdot 10^{30}$ kg beträgt und sie pro Jahr etwa $1{,}4 \cdot 10^{17}$ kg verliert, wie viele Jahre dauert es rein rechnerisch, bis nichts mehr da ist?«

»Wie rechnet man denn so etwas?«, fragte Wilma etwas verunsichert.

»Nehmen wir an, die Sonne hätte eine Masse von 10 kg«, antwortete Elfie, »und sie würde jedes Jahr 2 kg verlieren, wie würdet ihr denn dann rechnen?«

»Das ist einfach«, reagierte Willi am schnellsten, »ich würde 10 geteilt durch 2 gleich 5 Jahre rechnen.«

»Aha«, erwiderte Elfie, »dann macht es doch bei unserer Aufgabe genauso.«

»Alles klar«, antwortete Wilma, »dann muss man einfach $2 \cdot 10^{30}$ geteilt durch $1{,}4 \cdot 10^{17}$ rechnen! Ok, und wie … ach ja, man schreibt es als Bruch. Gib mir doch mal bitte den Zettel, ich schreibe es auf«, hatte Wilma nun einen Lauf!

$$\frac{2 \cdot 10^{30} \, kg}{1{,}4 \cdot 10^{17} \, \frac{kg}{a}} = \frac{20}{14} \cdot 10^{13} \, a = \frac{10}{7} \cdot 10^{13} \, a \approx 1{,}4 \cdot 10^{13} \, a$$

»Ja, aber das ist doch … Wahnsinn! Wilma, super gerechnet!«, lobte Elfie. »Im Übrigen sind auch die Einheiten richtig berechnet, denn da die Einheit *kg/a* im Nenner steht, teilt man also durch einen Bruch, und dazu wendet man die Regel zum Teilen durch Brüche an: *Man teilt durch einen Bruch, indem man mit dem Kehrwert malnimmt.* Dadurch wandert das *a* in den Zähler und die *kg* kürzen sich weg. Ausführlich würde die Einheiten-Rechnung lauten:

$$\frac{kg}{\dfrac{kg}{a}} = kg : \frac{kg}{a} = kg \cdot \frac{a}{kg} = a$$

So …«, sprudelte es aus Elfie heraus, »kaum zu glauben, aber wahr! Mesdames et Messieurs, wir haben es geschafft! Wir haben abgeschätzt, dass es trotz des riesigen Gewichtsverlustes von 4,3 Millionen Tonnen pro Sekunde ungefähr $1,4 \cdot 10^{13}\,a = 14 \cdot 10^{12}\,a$, also etwa 14 Billionen Jahre dauern würde, bis die komplette Materie der Sonne verbraucht wäre. Natürlich kann man die Lebensdauer der Sonne nicht auf diese Weise berechnen, denn der Prozess der Kernfusion, der sie ja am Leben erhält, würde deutlich eher zum Erliegen kommen, das hatten wir ja alles schon an besagtem Abend besprochen. Mit Hilfe unserer Abschätzung konnten wir aber zeigen, dass der – aus unserer Sicht immense – Gewichtsverlust, den die Sonne permanent erleidet, aus ihrer Sicht nicht wirklich dramatisch ist. Für sie bedeutet es lediglich einen jährlichen Verlust von etwa dem vierzehnbillionsten Teil ihrer Masse.

Unsere Kalkulation hatte aber auch die Aufgabe, den Umgang mit großen Zahlen an einem konkreten Beispiel zu zeigen. Da wir jeden Schritt ausführlich besprochen haben, sieht das Ganze nach einer etwas länglichen Rechnung aus. Ich kann euch aber aus Erfahrung sagen, dass solche

Abschätzungen mit etwas Übung auch nicht viel länger dauern, als alle Werte in einen Taschenrechner einzutippen. Und da die Arbeit mit dem Taschenrechner eigentlich nicht von der Aufgabe entbindet, zumindest die Größenordnung des Ergebnisses durch einen Überschlag zu überprüfen, ist die Verwendung einer Abschätzung ein durchaus probates Mittel für bestimmte Fragestellungen.

So, kommen wir noch einmal zurück zu jenem Abend, an dem wir über Schwarze Löcher sprachen. Dort ging es neben dem Gewichtsverlust der Sonne auch noch um ein weiteres Rechenbeispiel, von dem ich damals angekündigt hatte, dass wir uns heute damit beschäftigen wollen. Das entsprechende Stichwort dazu lautet *Fluchtgeschwindigkeit!* Ich notiere daher auf unserem Denkzettel ...«

5.2.2 Ich bin dann mal weg ...

»Wir hatten damals besprochen, dass die Fluchtgeschwindigkeit angibt, wie schnell etwas sein muss, um ein Himmelsobjekt wie einen Planeten oder einen Stern verlassen zu können. Auch für die Erde gibt es diesen Wert, und ich hatte euch damals schon angegeben, dass eine Rakete etwa 40.000 *km/h* schnell sein muss, um die Erdanziehungskraft zu überwinden und ins Weltall zu entkommen. Ich möchte euch jetzt zeigen, wie man diesen Wert errechnen kann.«

»Irgendwie klingt das aber komplizierter als das Bisherige«, schien Willi etwas beunruhigt.

»Papperlapapp«, antwortete Elfie, »das haben wir Ruckzuck im Sack, Willi, du wirst sehen. Entscheidend ist der Ansatz, wie man dieses Problem lösen könnte, und wie so oft in der Physik liefert der Energieansatz den richtigen Weg. Eine elementare Eigenschaft in der Natur wird nämlich durch den Energieerhaltungssatz ausgedrückt, wonach in einem geschlossenen System keine Energie verloren geht. Und wir betrachten im Folgenden die Erde als solch ein geschlossenes System.

Jeder Körper auf der Erdoberfläche besitzt eine bestimmte Energie, die man in Form der Erdanziehungskraft spürt. Genauer ausgedrückt wird auf der Erde jeder Körper zum Mittelpunkt der Erde hingezogen. Diese Energie wird als Lageenergie oder potentielle Energie E_{pot} bezeichnet. Möchte man diesen Körper von der Erde in Richtung Weltall fortbewegen, dann muss ihm eine mindestens ebenso große, entgegengesetzt gerichtete Bewegungsenergie zugeführt werden, die sogenannte kinetische Energie E_{kin}. Zur Vereinfachung kann man die Luftreibung vernachlässigen und setzt aufgrund des Energieerhaltungssatzes die beiden Energien gleich. Auf diese Weise lässt sich die zum Verlassen der Erde notwendige Mindestgeschwindigkeit ausrechnen, wie ich euch jetzt zeigen werde. Zunächst notiere ich diesen Energieansatz:

$$E_{kin} = E_{pot} \qquad (5.10)$$

In nahezu jeder physikalischen Formelsammlung findet man für die kinetische und die potentielle Energie die folgenden Ausdrücke: $E_{kin} = \frac{1}{2} \cdot m \cdot v^2$ und $E_{pot} = m \cdot g \cdot h$. Dabei ist:

m: Masse des Körpers

v: Geschwindigkeit des Körpers

h: Höhe, also Abstand des Körpers zum Mittelpunkt des Planeten

g: Fallbeschleunigung. Dieser Wert ist ein Maß für die Anziehungskraft des Planeten. Unterschiedliche Planeten haben unterschiedliche Werte für g.

Eine entsprechende Herleitung, warum es gerade die eben genannten Formeln sind, mit denen man die beiden Energien beschreibt, würde unseren heutigen Rahmen sprengen, weswegen wir sie einfach unkommentiert verwenden. Setzt man diese Ausdrücke in 5.10 ein, dann ergibt sich:

$$\frac{1}{2}m \cdot v^2 = m \cdot g \cdot h \qquad (5.11)$$

Lösen wir Gleichung 5.11 nach v auf, dann teilen wir zunächst auf beiden Seiten durch die Masse m, wodurch sie erstaunlicherweise wegfällt, wie man in Gleichung 5.12 erkennen kann. Die Fluchtgeschwindigkeit v ist damit unabhängig davon, wie schwer der Körper ist, der die Erde verlassen möchte –, eine Erkenntnis, die sich nicht unbedingt aus Überlegungen des gesunden Menschenverstandes ergeben würde. Sie ergibt sich offensichtlich rein mathematisch allein aus der Umformung des Energieerhaltungssatzes 5.10. Dadurch wird ersichtlich, dass selbst der pure rechnerische Umgang mit Formeln sogar Hilfestellungen für das Verständnis mit sich bringen kann.

$$\frac{1}{2}v^2 = g \cdot h \qquad (5.12)$$

Multipliziert man beide Seiten mit dem Faktor 2, dann verbleibt links nur noch v^2, denn $2 \cdot \frac{1}{2} \cdot v^2 = v^2$, und rechts erscheint der Faktor 2.

$$v^2 = 2 \cdot g \cdot h \qquad (5.13)$$

Nun muss man auf beiden Seiten der Gleichung die Wurzel ziehen, und da die Wurzel aus v^2 gleich v ist, erhalten wir einen Ausdruck zur Berechnung der Fluchtgeschwindigkeit v.

$$v = \sqrt{2 \cdot g \cdot h} \qquad (5.14)$$

Nun müssen wir noch die Werte für die Erde einsetzen, die man in jeder Formelsammlung oder im Internet findet. Für die Fallbeschleunigung erhält man g = 9,81 m/s^2 und für den Abstand zum Erdmittelpunkt, also den Erdradius, ergibt sich $h \approx$ 6.370 km = 6.370.000 m = 6,37 $\cdot$ 10^6 m. Damit ist die Fluchtgeschwindigkeit v wie folgt zu errechnen:

$$v = \sqrt{2 \cdot 9{,}81\,\frac{m}{s^2} \cdot 6{,}37 \cdot 10^6 m} \approx \sqrt{127 \cdot 10^6\,\frac{m^2}{s^2}}$$

$$\approx 11 \cdot 10^3\,\frac{m}{s}$$

So, dieses Ergebnis für die Geschwindigkeit von etwa 11 $\cdot$ 10^3 m/s, also von rund 11.000 m/s, müssen wir noch in km/h umrechnen, und dazu ...«

»Stopp, Elfie!«, unterbrach Wilma. »Ich muss hier mal auf die Bremse treten! Wie hast du dies alles so schnell gerechnet, also wie berechnest du 2 $\cdot$ 9,81 $\cdot$ 6,37 im Kopf, und – vor allem – wie hast du dann im nächsten Schritt die Wurzel aus 127 $\cdot$ 10^6 im Kopf gezogen?«

»Ich sag's ja«, gab auch Willi seinen Senf dazu, »irgendwann kommen wir immer wieder an eine Stelle, wo sich eine meiner dunkelsten Vorahnungen bestätigt, Mathe ist und bleibt Hexenwerk.«

»Sorry«, antwortete Elfie, »da war ich wirklich etwas schnell. Aber das ist ja das Schöne an Abschätzungen, das geht manchmal ratzfatz, und schon ist man fertig. Aber noch einmal, es ist natürlich kein Hexenwerk, denn ich habe zunächst 2 $\cdot$ 6,37 ausgerechnet, was 12,74 ergibt. Das

Doppelte einer Zahl auszurechnen, das geht oft gerade noch im Kopf – vor allem, wenn man die Zahlen schriftlich auf einem Bierdeckel vor sich liegen hat. Dieses Ergebnis musste ich mit 9,81 multiplizieren, was etwa der Multiplikation mit 10 entspricht und damit 127 als ungefähres Ergebnis hat. Die *Komma 4* habe ich mir geschenkt, da ich durch die Multiplikation mit 10 sowieso einen etwas zu großen Wert erhalten habe.

So, und die Wurzel aus 127 habe ich nicht wirklich im Kopf ausgerechnet, aber ich kenne die kleineren Quadratzahlen einigermaßen gut und wusste, dass $11^2 = 121$ und $12^2 = 144$ ist. Damit muss die Wurzel aus 127 etwas näher an der 11 als an der 12 liegen, weswegen ich mein Ergebnis einfach auf 11 abgerundet habe.

Bleibt noch die Wurzel aus 10^6, aber das ergibt ja 10^3, denn wir hatten ja schon besprochen, dass $10^3 \cdot 10^3$ genau 10^6 als Ergebnis hat.«

Einen kurzen Moment war Ruhe.

»Naja«, antwortete Willi, »das können wir gerade noch einmal so durchgehen lassen. Aber im Ernst, was mir wirklich gefällt, sind diese Abschätzungen. Da hat man eigentlich eine richtig miese Rechenaufgabe, und dann kommt das Argument *Abschätzung*, und damit haue ich alles weg, was Ärger macht, und suche mir stattdessen schöne Zahlen, mit denen man gut rechnen kann. Das ist doch super.«

»Ich weiß nicht«, erwiderte Wilma, »was mein alter Mathelehrer dazu gesagt hätte, aber ich find's auch prima!«

»Wie das immer so ist«, erklärte Elfie, »man muss erst einmal lernen, exakt zu rechnen, um dann zu wissen, wo man etwas ungenau sein darf. Für deine Steuererklärung kannst du diese Technik leider nicht verwenden, aber bei ganz vielen Problemen ist es durchaus sinnvoll, sich mit Abschätzungen einen Überblick zu verschaffen. Und genau das machen wir ja gerade.

Wo waren wir? Richtig! Es bleibt noch die angekündigte Umrechnung von m/s auf km/h. Dazu rufe ich mir die folgenden Zusammenhänge ins Gedächtnis:

$$1.000\ m = 1\ km \quad \Leftrightarrow \quad 1\ m = \frac{1}{1.000}\ km \qquad (5.15)$$

$$3.600\ s = 1\ h \quad \Leftrightarrow \quad 1\ s = \frac{1}{3.600}\ h \qquad (5.16)$$

Und schon kommt wieder die Bruchrechnung ins Spiel, denn bei der folgenden Umrechnung wird durch einen Bruch geteilt, wofür wir wieder die *Kehrwert-Regel* verwenden. Ich schreibe euch das hier auf und betone noch einmal, dass die Grundidee beim Umrechnen von Einheiten IMMER darin besteht, eine Einheit durch eine andere ZU ERSETZEN! Für uns bedeutet dies, dass wir die Einheit 1 m durch 1/1.000 km und 1 s durch 1/3.600 h zu ersetzen haben:

$$1\,\frac{m}{s} = \frac{\frac{1}{1.000}\ km}{\frac{1}{3.600}\ h} = \frac{1}{1.000} : \frac{1}{3.600}\,\frac{km}{h} = \frac{1}{1.000} \cdot \frac{3.600}{1}\,\frac{km}{h}$$

$$= \frac{3.600}{1.000}\,\frac{km}{h} = 3{,}6\,\frac{km}{h} \qquad (5.17)$$

Das Ergebnis besagt, dass man für die Umrechnung von m/s in km/h die m/s einfach durch 3,6 km/h ersetzt – und fertig ist die Laube!

Für unsere vorhin berechnete Fluchtgeschwindigkeit von rund 11.000 m/s ergibt sich danach:

$$11.000\,\frac{m}{s} = 11.000 \cdot 3{,}6\,\frac{km}{h} = 39.600\,\frac{km}{h} \approx 40.000\,\frac{km}{h}$$

So, damit haben wir abgeschätzt, dass man etwa 40.000 *km/h* schnell sein muss, um die Erde in Richtung Weltall verlassen zu können. Und mit der gleichen Rechnung lässt sich die Fluchtgeschwindigkeit für jeden Himmelskörper berechnen, sofern sein Radius und die dort vorherrschende Fallbeschleunigung bekannt sind. Das lässt sich auch von der Erde aus ermitteln, denn der Radius des Himmelskörpers ist in der Regel durch optische Beobachtungen gut bestimmbar. Die Fallbeschleunigung hingegen lässt sich über das NEWTONsche Gravitationsgesetz errechnen, in welchem zwar die Masse des Himmelskörpers als zusätzlich zu ermittelnde Größe auftaucht, diese lässt sich aber aus Beobachtungen seiner Umlaufbahn ziemlich gut abschätzen.

Tja, ihr Lieben, jetzt haben wir schon eine Menge gerechnet, und der Abend ist zumindest schon so weit fortgeschritten, dass ich die mathematischen Leckereien, die ich eigentlich noch im Köcher habe, heute definitiv nicht mehr komplett unterbringen kann. Sollten wir unseren *Elfies Angebote zur Freundschaft*-Abend vielleicht etwas strecken, also strecken in Richtung eines weiteren Abends, was meint ihr?«

»Also, eigentlich bin ich ja hier der Spielverderber«, erwiderte Willi, »der sofort abwinkt, wenn's mathematisch wird. Und normalerweise bekomme ich beim Thema Mathematik auch immer so komische Pusteln ins Gesicht! Aber, schaut her, alles glatt, als wär' ich zu dicht an einem Bandschleifer vorbeigehuscht. Und, Elfie, ich hätte zugegebenermaßen allein zwar keine deiner Rechnungen hinbekommen, mit deiner Hilfe wirkt das alles tatsächlich nicht mehr so kompliziert, man könnte schon fast die Angst davor verlieren. Und wenn ich jetzt auch noch die Bierdeckelrechnungen mitberücksichtige, also die überzeugen ja schon allein aufgrund ihres Namens! So, und wenn ich nun dies alles einmal zusammenfasse, dann würde ich – Willi –, der mittlerweile schon ein ganz klein wenig überzeugte Verfechter für Formeln und die Mathematik, – tatsächlich für einen weiteren Mathe-Abend plädieren.«

»Und mich muss man ja sowieso nicht erst dazu überreden«, ergänzte Wilma gut gelaunt, »ich bin natürlich dabei und mache auch gleich Nägel mit Köpfen! Wie wäre es denn mit morgen Abend? Wir haben Zeit, und wenn es bei dir, Elfie, auch passen würde, dann hätten wir schon die Lösung.«

»Das war ja einfach«, strahlte Elfie, »und es ist natürlich auch schön zu hören, dass ich euch mit meiner Rumrechnerei nicht komplett überfahren oder gelangweilt habe, das beruhigt mich tatsächlich!

Euer Vorschlag, dass wir uns gleich morgen wieder treffen könnten, passt mir auch sehr gut, insofern sehe ich das jetzt mal als beschlossene Sache an! Sehr schön! Dann könnten wir doch eigentlich jetzt schnurstracks zum gemütlichen Teil übergehen, oder?«

»Da hast du aber so etwas von Recht«, erwiderte Wilma, »und das Knabberzeug ist ja auch schon fast alle, da hole ich mal schnell etwas Nachschub.«

»Der hohe Verbrauch an Knabberkram«, ergänzte Willi, während er allen noch ein wenig Wein nachschenkte, »hat ja auch einen guten Grund. Denn ich lasse hier nichts unversucht, meinen Geist maximal zu unterstützen, um hier beim lustigen Eckenrechnen für Fortgeschrittene eine einigermaßen gute Figur abzugeben, wobei – Obacht – *Chips* und *gute Figur* sich in diesem Fall definitiv nicht widersprechen!«

»Äh, Moment«, schaltete sich die mit Erdnüssen und Chips zurückgekehrte Wilma ein, »mal langsam! Also, warum hilft Knabberzeug deinem Geist und warum widersprechen sich *Chips* und *gute Figur* nicht? Ich meine, es wäre ja zu schön, um wahr zu sein, allein, mir fehlt der Glaube!«

»Jaja, immer diese Ungläubigen«, grinste Willi, »also, es ist ja kein Zufall, dass wir uns hier an dem guten Chateau de Fit, oder wie der heißt, gütlich tun. Zum einen hält er Geist und Seele nicht nur zusammen, sondern auch noch fit – Nomen est Omen! Zum anderen sind in Wein getauchte Chips für den Körper derart getarnt, dass sie eben nicht als gefürchtete Fettpolster enden, sondern sie werden direkt zum Hirn weitergeleitet.«

»Aha«, antwortete Wilma ungläubig, »aber dann verrate mir doch einmal, was Chips im Hirn zu suchen haben.«

»Das ist nicht schwer zu erklären«, erwiderte Willi, »denn im Hirn gilt das unter Neurologen und anderen Fachleuten auf diesem Gebiet schon als geflügeltes Wort zu bezeichnende Motto *Chips for Grips*. Unter dieser Formulierung verstehen die Experten die Beobachtung, dass die Chips, einmal im Oberstübchen angelangt, dort sofort klar Schiff machen, indem sie sich persönlich um die Synapsen kümmern, die sich infolge einer kognitiven Überforderung, zum Beispiel durch eine Mathe-Overflow-Reaktion, schon aufgegeben hatten. Die leicht gesalzenen und durch den Wein leicht aufgeplusterten Wonnehäppchen haben dann eine derart – durch den Alkohol – beruhigende und – durch die Salze – aufbauende Wirkung auf die Synapsen, dass diese ihre kleine Schwächeperiode sofort überwinden und im Handumdrehen wieder voll einsatzfähig sind. Die so genesenen Synapsen schließen daraufhin mit den Chips eine synergetische Partnerschaft, weswegen die Chips für den restlichen Körper tabu sind und damit kein weiteres Unheil an anderer Stelle mehr anrichten können.«

Wilma und Elfie blickten sich stumm an.

»Biologisch scheint mir das zwar eine gewagte These«, erwiderte Elfie, »andererseits klingt's irgendwie sympathisch, und außerdem sollte man auch nicht immer an allem und jedem rummäkeln. Von daher erhält diese Ansicht bis auf Weiteres meine volle Unterstützung, worauf ich nun mein Glas erheben möchte, Prost!«

Wilma, die sich während Elfies Äußerung fest auf die Lippen biss, um nicht laut loszulachen, hatte am Ende diesem Vorschlag nichts weiter hinzuzufügen, und da man bei Willi vergeblich auf einen Einwand wartet, wenn dieser zu einer Verzögerung bei der Aufnahme flüssiger Nahrungsbestandteile führen würde, erhob auch er nur wortlos sein Glas. Gemeinsam stieß man dann auf diese aus biochemischer Sicht bahnbrechende Idee an und versuchte im Anschluss durch Versuche am lebenden Objekt, diese These weiter zu erhärten.

Schließlich war es Elfie, die mitten in der schönsten Experimentierphase sowohl auf die fortgeschrittene Zeit hinwies als auch darauf, dass sie nun ihren Heimweg antreten wollte, worauf Willi das Wort ergriff und sagte:

»So, ihr Mädels, und zur Feier des Tages – oder besser – zu Ehren des heutigen Mathematikabends ist es an mir, den Schlusssatz zu formulieren:

In Anbetracht der heute erworbenen, aus meiner Sicht kaum für möglich gehaltenen, enormen Erkenntnis-Zuwächse im Bereich einer halsbrecherisch-rasanten Kopfrechnen-Pythagoras-Bierdeckelmathematik kann ich nur sagen: Es war mal wieder sehr schön, Elfie! Wilma und ich danken dir für all die netten Zahlen und die freundlichen Formeln!

In diesem Sinne, komm gut nach Hause, bis morgen, wir freuen uns schon!«

»So, alle startklar? Das ist der zweite Abend zur Freundschaft mit der Mathematik«, begann Elfie, als alle wieder gemeinsam am Tisch saßen, »und dies innerhalb von 24 Stunden, Mannomann!«

Alles war schon vorbereitet, die gelbe Mappe lag mit Stift am richtigen Platz, und obwohl der letzte Abend noch keine abschließenden Erkenntnisse zum Trio Wein-Chips-Grips erbrachte, waren zumindest die beiden Erstgenannten wieder zum Treffen eingeladen und befanden sich wohlsortiert und griffbereit auf dem Küchentisch, … und auf den Dritten hoffte man.

»Mit den folgenden beiden Begriffen ziehe ich nun – ich glaube, so oder so ähnlich hatte ich es gestern formuliert – eine weitere mathematisch-physikalische Delikatesse aus meinem Köcher der Köstlichkeiten«, begann Elfie fast feierlich. »Auf diese beiden Kumpels stößt man eigentlich immer dann, wenn man sich mit dem Universum und seinen Eigenschaften beschäftigt. Es handelt sich um die Begriffe *Lichtgeschwindigkeit* und *Lichtjahr*.

Natürlich ist die Lichtgeschwindigkeit c für uns eine gute, alte Bekannte, und wir haben schon an mehreren Stellen etwas über sie erfahren. Vor allem wissen wir, dass das Licht sehr, sehr schnell ist. Seine Geschwindigkeit wird üblicherweise mit $c = 3 \cdot 10^8 \, m/s$ notiert, wobei die Angabe in der Einheit m/s auch die ist, mit der Berechnungen durchgeführt werden sollten. Anschaulicher wäre jedoch eine Angabe in km/h, und um uns vor Augen zu führen, wie dramatisch hoch diese Geschwindigkeit ist, werden wir im nächsten Abschnitt genau diese Umrechnung durchführen.

Wie schon erwähnt, ist die zweite Größe das Lichtjahr. Dieser Ausdruck ist neu für uns und daher habe ich auch gleich eine Frage zu seiner Bedeutung. Bevor ich euch diese Frage aber stelle, notiere ich zunächst die beiden Begriffe auf einem unserer Denkzettel …«

5.3 Die Lichtgeschwindigkeit und das Lichtjahr

»Also, wie gesagt, die Lichtgeschwindigkeit ist uns bekannt, da müssen wir begrifflich nichts mehr klären. Aber wie sieht es mit dem Lichtjahr aus? Was meint ihr, handelt es sich dabei eigentlich um eine Zeit- oder um eine Entfernungsangabe?«

»Naja«, antwortete Willi, »das Jahr ist ja eindeutig ein Zeitbegriff, demnach sollte es sich um eine Zeitangabe handeln.«

»Genau das ist das Problem bei einer fifty-fifty-Chance«, gab Elfie vielsagend mit einem Lächeln zurück.

»Ich glaub', ich weiß was«, brachte Wilma ganz aufgeregt hervor, »also das Licht, das ist ja immer gleich schnell. Insofern könnte man auch sagen, dass die Strecke, die das Licht in einem Jahr zurücklegt, immer die gleiche ist. Und wenn das so ist, dann könnte man auch sagen, dass ein Lichtjahr genau die Entfernung ist, die das Licht in einem Jahr durchläuft, und damit wäre es eine Entfernungsangabe.«

»Der Kandidat erhält 100 Punkte«, strahlte Elfie, »genauso ist es! Es ist natürlich eine wahnsinnig große Entfernung, weil das Licht eben sehr schnell ist, aber da wir es im Universum auch mit wahnsinnig großen Distanzen zu tun haben, ist es oft sinnvoll, Entfernungen in Lichtjahren anzugeben. Und damit haben wir auch schon die zweite Tätigkeit für heute Abend ermittelt.

Nach der Umrechnung der Lichtgeschwindigkeit in *km/h* werden wir berechnen, wie viel *km* in einem Lichtjahr enthalten sind. Beide Kalkulationen sollen uns helfen, eine bessere Vorstellung davon zu erhalten, was die beiden Begriffe eigentlich bedeuten. So, und ich notiere jetzt wieder ganz brav auf einem unserer Denkzettel …«

5.3.1 Das eine schnell, das andere weit

»Die Umrechnung der Lichtgeschwindigkeit von m/s in km/h ist für uns natürlich ein Klacks, denn wir haben ja in Gleichung 5.17 schon festgestellt, dass man für diesen Zweck lediglich die Angabe m/s durch 3,6 km/h zu ersetzen hat, was ich hier auf unserem Zettel jetzt tue.

$$c = 3 \cdot 10^8 \, \frac{m}{s} = 3 \cdot 10^8 \cdot 3{,}6 \, \frac{km}{h} \approx 11 \cdot 10^8 \, \frac{km}{h}$$
$$= 1{,}1 \cdot 10^9 \, \frac{km}{h}$$

Unser Ergebnis ist, dass die Lichtgeschwindigkeit c etwa $1{,}1 \cdot 10^9 \, km/h \approx 1 \cdot 10^9 \, km/h$ beträgt, es ist also rund eine Milliarde km/h schnell! Und obwohl wir diesen Wert schon im Rahmen der Speziellen Relativitätstheorie kennengelernt hatten, so ist er doch dermaßen beeindruckend, dass wir ihn an dieser Stelle noch einmal betonen sollten. Das Problem dabei ist allerdings, dass wir in der Regel nur eine eher unzureichende Vorstellung vom Begriff *eine Milliarde* haben. Es gibt aber einen Trick, mit dessen Hilfe diese riesige Zahl etwas greifbarer wird. Den möchte ich euch aber erst etwas später präsentieren, nämlich dann, wenn wir im letzten Abschnitt gemeinsam bis zu einer Billion zählen. Und da ich dem nicht vorgreifen möchte, lassen wir einfach mal den Wert *1 Milliarde km/h* kurz für sich sprechen:

$$\text{Lichtgeschwindigkeit } c \approx 1.000.000.000 \, \frac{km}{h} \, !$$

Kommen wir zum zweiten Begriff, dem Lichtjahr. Da wir ja im Vorfeld schon geklärt hatten, dass es sich bei einem Lichtjahr um eine Strecke handelt, muss man es auch in der Einheit km ausdrücken können. Wie wir von Gleichung 5.2 wissen, kann man eine Strecke berechnen, wenn die Geschwindigkeit v bekannt ist und feststeht, über welchen Zeitraum t die Geschwindigkeit wirken soll

$$s = v \cdot t \qquad (5.2)$$

Wenn wir diese Beziehung auf unser Lichtjahr anwenden, dann haben wir die Geschwindigkeit v durch die Lichtgeschwindigkeit c zu ersetzen, und die Zeit t beträgt bei einem Lichtjahr ..., na, wer hätte das gedacht ..., richtig, genau ein Jahr! Da der Wert für die Lichtgeschwindigkeit etwa $c = 3 \cdot 10^8$ m/s beträgt, und ein Jahr, wie wir ja schon berechnet hatten, $60 \cdot 60 \cdot 24 \cdot 365 \approx 32$ Millionen Sekunden besitzt, können wir die Werte einfach in die Formel 5.2 einsetzen. Dabei ist es zweckmäßig, die Zeit $t = 32$ Millionen Sekunden in der Exponentialschreibweise zu schreiben, und zwar als $32 \cdot 10^6$ $s = 3{,}2 \cdot 10^7$ s. Somit ergibt sich für die Strecke *ein Lichtjahr*:

$$s = c \cdot t = 3 \cdot 10^8 \frac{m}{s} \cdot 3{,}2 \cdot 10^7\, s = 9{,}6 \cdot 10^{15}\, m$$

Da sich die Einheit der Sekunde s herauskürzt, erhalten wir als Ergebnis eine Strecke von s $= 9{,}6 \cdot 10^{15}$ m, die sich natürlich auch in km ausdrücken lässt. Dazu verwenden wir aus Gleichung 5.15 die Erkenntnis, dass wir m durch $1/1.000$ $km = 1 \cdot 10^{-3}$ km ersetzen können. Die entsprechende Rechnung sieht dann wie folgt aus:

$$9{,}6 \cdot 10^{15}\, m = 9{,}6 \cdot 10^{15} \cdot 10^{-3}\, km = 9{,}6 \cdot 10^{12}\, km$$

Innerhalb der letzten Rechnungen wurde stets gerundet, weswegen diese Abschätzung natürlich keine wirklich exakte Angabe darstellt. Aber uns kommt es ja ohnehin mehr auf das Vermitteln einer Größenordnung an, weswegen wir uns merken, dass ein Lichtjahr etwa $9{,}6 \cdot 10^{12}$ km, also fast 10 Billionen *km* sind – eine unvorstellbar große Entfernung! Allerdings nur für uns Ungeübte, andere tun sich da weniger schwer. Unterhält man sich etwa mit einem Astronomen, dann kann es passieren, dass er beim Thema *Galaxien im Universum* auf die Andromeda-Galaxie zu sprechen kommt. Dies ist nicht so abwegig, da es sich bei ihr um unsere quasi in Wurfweite befindliche Nachbargalaxie handelt – bestens bekannt, da sie ja nur etwa 2,5 Millionen Lichtjahre entfernt ist.«

»Ist das wirklich wahr«, unterbrach Wilma ungläubig, »dass diese riesige Entfernung aus astronomischer Sicht nahe ist?«

»Allerdings!«, antwortete Elfie. »Zu dieser Auffassung gelangt man fast zwangsläufig, wenn man regelmäßig mit diesen irrwitzig großen Distanzen zu tun hat, die einem bei der Beschäftigung mit unserem Universum ständig um die Ohren gehauen werden. Für uns aber, für die das eben kein Tagesgeschäft ist, reicht die Welt eher von Millimeter bis Kilometer. Aber sowohl oberhalb als auch unterhalb davon gibt's noch jede Menge, über das wir sprechen sollten! Und genau das wollte ich als Nächstes mit euch tun, weswegen ich notiere …«

5.3.2 Das Kleinste und das Größte

»Wir beginnen einmal mit etwas Kleinem, nämlich mit einem Millimeter. Von dieser Größe hat jeder von uns doch eine glockenklare Vorstellung, oder etwa nicht?«

»Man kann auf jedem Lineal oder Zollstock nachsehen, wie groß ein Millimeter ist«, antwortete Wilma, »und zwar ist es der hundertste Teil eines Meters! Äh, Moment …, lass mich denken …, falsch, ich glaube, es ist der tausendste, oder?«

»Auf einem Zweimeter-Zollstock sind 200 *cm* markiert«, erklärte Willi sachkundig, »also müssen 2.000 *mm* auf ihm eingezeichnet sein, denn ein Zentimeter besteht aus 10 Millimetern.«

»Richtig«, bestätigte Elfie, »unser Mathe-Doc hat gesprochen!«

»Ein Hoch auf den Zollstock«, freute sich Willi, dass endlich einmal wieder etwas aus seinem Kernkompetenzbereich angesprochen wurde, »ein völlig unterschätztes mathematisches Werkzeug. Es liefert schnell und unkompliziert die Längenangabe für fast alles, was einem im täglichen Leben so unterkommt. Und man erhält die Information in Echtzeit, und zwar wahlweise in *mm*, *cm* oder in *m*, je nach Belieben. Für solch eine perfekte Innovation bleibt einem wohl nichts anderes zu tun als das, was schon in seinem Namen steckt.«

Wilma wandte ihre Blickrichtung von Elfie ab und schaute ungläubig auf Willi.

»Bist du dir sicher«, fragte sie ihn schließlich, »dass du deinen letzten Satz genau so meintest, wie du ihn formuliert hast?«

»Na, aber selbstverfreilich«, grinste Willi.

»Dann brauch' ich eine Erklärung«, erwiderte Wilma nach einer kurzen Denkpause, »ich hab's nämlich nicht verstanden.«

»Da gibt's nicht viel zu verstehen«, dozierte Willi, »einer solchen Erfindung wie dem Zollstock muss man einfach Anerkennung ZOLLEN, wie der Name schon sagt.«

»Na, das war aber jetzt eher so ein Mittelkalter«, rümpfte Wilma die Nase, »da wollen wir doch mal das Beste hoffen und drücken die Daumen, dass das nicht chronisch wird und sich am Ende noch zu einer rhetorischen Dauerformkrise entwickelt.«

»Ich wollte noch einmal bei den Millimetern einhaken«, drängte sich Elfie dazwischen, die ein wenig Angst vor dem zu erwartenden Wort-Scharmützel hatte, zu dem Willi schon tief Luft geholt hatte. »Die Anzahl der Millimeter auf dem Zollstock wurde nämlich von Willi völlig richtig erklärt. Die Vorsilbe *Milli* hat nämlich die Bedeutung von 1/1.000, weswegen *Millimeter* nichts anderes heißt als *ein Tausendstel Meter*. Ich notiere dies auch gleich wieder auf einem unserer Denkzettel, also 1 *mm* = 10^{-3} *m*.«

»Und das Minus bei der Hochzahl bedeutet …«, dachte Wilma laut nach, »Moment, lass mich denken …, da war doch auch noch etwas mit einer Kommaverschiebung. Das wollte ich dich vorhin schon fragen, denn ich bekomme das nämlich nicht mehr so richtig zusammen.«

»Ja«, erklärte Elfie, »wahrscheinlich erinnerst du dich gerade an das, was wir seinerzeit beim PLANCKschen Wirkungsquantum besprochen hatten. Das ist aber schon eine ganze Weile her, und zudem können wir es jetzt ein wenig fundierter klären.

Du hast zwar Recht, dass dies etwas mit dem Verschieben des Kommas zu tun hat, die etwas umfassendere Erklärung beginnt aber zunächst damit, dass man anstatt des Minus im Exponenten die gleiche Zahl in den Nenner schreiben kann, wodurch der Exponent positiv wird. Ich schreibe euch das hier mal auf:

$$10^{-1} = \frac{1}{10^1} = \frac{1}{10} \quad oder \quad 10^{-3} = \frac{1}{10^3} = \frac{1}{1.000} \ , ...$$

Dies sind nur zwei Beispiele, das kann man jetzt beliebig weiter fortsetzen. So, und jetzt kommt deine Kommaverschiebung, Wilma. Wir wissen ja bereits, dass bei einer Multiplikation mit 10^3 das Komma um drei Stellen nach rechts verschoben wird, da mit 1.000 multipliziert wird. Analog dazu bedeutet eine Multiplikation mit 10^{-3} eine Kommaverschiebung um drei Stellen nach links, da durch 1.000 geteilt wird, denn es gilt: $10^{-3} = 1/1.000$. Soweit erst einmal alles roger?«

Wilma und Willi nickten.

»Ok«, erklärte Elfie, »dann setzen wir unsere Reise in die Mikrowelt weiter fort. Gestartet sind wir bei einem Millimeter. Welche Größe erhalte ich denn, wenn ich nun von diesem Millimeter den tausendsten Teil nehme?«

»Das wird ja schon ziemlich klein«, bemerkte Willi, »aber ich glaube, dies ist dann ein Mikrometer.«

»Wunderbar!«, antwortete Elfie. »Genauso ist es. Dabei entspricht die Vorsilbe *Mikro* dem Wert *Millionstel* und wird mit dem griechischen Buchstaben μ abgekürzt. Ein Mikrometer ist daher ein Millionstel Meter. Ich habe ihn erhalten, indem ich 1 *mm* in tausend Teile geteilt habe, weswegen ich schreiben kann:

$$1 \ \mu m = 10^{-3} \ mm = 10^{-3} \cdot 10^{-3} \ m = 10^{-6} \ m.$$

Ein menschliches Auge kann in der Regel zwei Markierungen als getrennt wahrnehmen, wenn sie einen Abstand von mindestens 200 $\mu m = 2 \cdot 10^{-4} \ m$ haben, einen Mikrometer selbst können wir mit bloßem Auge nicht mehr erkennen.«

Elfie zupfte sich blitzschnell ein Haar vom Kopf und hielt es gegen das Licht.

»Dies ist ein schönes Beispiel. Ein solches Haar ist in der Regel etwa 60 μm dick. Man müsste dieses Haar also etwa 60-mal teilen – aber der Länge nach, dann erhalten wir einen Mikrometer.«

»Moment«, bemerkte Willi, »dann ist ja Haarspalterei wohl doch eher etwas Hochwissenschaftliches –, so hatte ich das bisher noch gar nicht gesehen, wenn du, Wilma, mal wieder zu etwas Derartigem ausgeholt hattest.«

»Ok, Willi«, entgegnete Wilma, »gemessen an deinem Anerkennung-zu-zollenden Zollstock von vorhin ist bei dieser Formulierung immerhin schon mal ein leichter Aufwärtstrend zu erkennen. Es ist zwar noch nichts zum Prahlen, die Talsohle deines sprachlich-literarischen Formtiefs scheint aber zumindest durchschritten.«

»Wir flitzen jetzt mal weiter bei unserer Reise in die Miniaturwelt«, ignorierte Elfie einfach dieses innerfamiliäre Rhetorik-Intermezzo. »Wenn wir diesen Mikrometer, den wir schon nicht mehr sehen können, noch einmal in eintausend gleichgroße Stücke teilen, dann erhalten wir einen Nanometer, und ich notiere:

$$1\ nm = 10^{-3}\ \mu m = 10^{-6}\ mm = 10^{-9}\ m.$$

Richtig vorstellen kann man sich das zwar kaum noch, dennoch wird es jetzt spannend! Wir tasten uns nämlich langsam in die Größenordnung der Atome vor. Dazu muss man unseren Nanometer aber nicht wieder in eintausend, sondern nur noch in zehn gleich große Teile teilen und wir erhalten die Einheit Ångström, benannt nach dem schwedischen Physiker ANDERS JONAS ÅNGSTRÖM. Dies ist die Größe, die typischerweise für den Durchmesser eines Atoms angegeben wird. Dies notiere ich ebenfalls auf unserem Denkzettel und schreibe: $1\ \text{Å} = 10^{-10}\ m$.

Da die Auflösungsgrenze für klassische Lichtmikroskope immerhin bei etwa $0,5\ \mu m = 500\ nm = 5 \cdot 10^{-7}\ m$ liegt und auch Elektronenmikroskope *nur* bis in den Bereich von einigen Nanometern reichen, konnte ein Atom bisher noch nie wirklich bildhaft dargestellt werden. Dennoch ist sein prinzipieller Aufbau sehr gut erforscht und man kann sich ein Atom in guter Näherung so vorstellen, wie wir es schon in Bild 4.2 dargestellt hatten, als wir uns mit Materie und Antimaterie befassten. Zum besseren Verständnis habe ich ein solches Helium-Atom noch einmal in Bild 5.6 skizziert.

Wie schon damals erwähnt, bestehen Atome aus einer Atomhülle, dem Aufenthaltsort der Elektronen, und dem Atomkern, in dem sich Protonen und Neutronen befinden.

Obwohl dieses Atommodell die Realität nur etwas vereinfacht wiedergibt, so lassen sich damit sehr viele Dinge gut und richtig erklären.

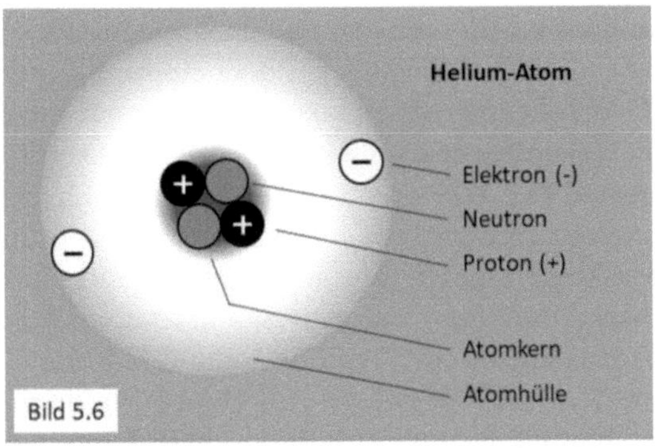

Allerdings verleitet die in Bild 5.6 gewählte Darstellung zu zwei Fehlannahmen, auf die ich euch kurz aufmerksam machen möchte.

1. Während Protonen und Neutronen etwa die gleiche Masse besitzen, ist ein Elektron ungefähr 2.000-mal leichter als ein Proton. Daher befindet sich mehr als 99,9% der Masse eines Atoms im Kern.

2. Der Atomkern ist im Verhältnis zum gesamten Atom winzig, nämlich etwa 10.000-mal kleiner, wodurch sich eine typische Kerngröße von etwa 10^{-14} *m* ergibt. Würde man einen Atomkern auf die Größe eines Reiskorns bringen und dieses in den Anstoßpunkt auf einen Fußballplatz legen, dann würden sich die Elektronen irgendwo auf den Tribünenplätzen befinden.

Das Verblüffendste an diesen Feststellungen aber betrifft den – im Verhältnis – riesigen Raum zwischen dem Atomkern und den Elektronen, er besteht nämlich aus … NICHTS! Das bedeutet, dass ein Atom im Wesentlichen aus leerem Raum besteht. Ein kleiner Atomkern in der Mitte, dann lange nichts und dann ein paar Elektronen, die sich um den Kern bewegen.

Bestätigt wird diese Vorstellung unter anderem durch den berühmten Streuversuch des neuseeländischen Physikers ERNEST RUTHERFORD, bei dem eine außerordentlich dünne Goldfolie mit extrem kleinen Projektilen – in diesem Fall mit Heliumkernen – beschossen wird. Der überwiegende Anteil der Heliumkerne geht glatt durch die Folie durch und nur ein paar wenige werden an den vorhandenen Goldatomkernen gestreut und damit abgelenkt. Dieses Versuchsergebnis lässt nur den Schluss zu, dass fast alle Heliumkerne auf ihrem Weg durch die Goldfolie niemanden antrafen und deswegen ungestört hindurchfliegen konnten. Nur ein paar wenige sind während ihres Fluges in Kontakt mit Materie gekommen und wurden deshalb aus ihrer Bahn geworfen, also gestreut. Demnach besteht die dünne Goldfolie tatsächlich aus nur ganz wenig stofflicher Materie, der Rest ist leer. Und diese Eigenschaft ist nicht nur auf das Gold beschränkt, sondern sie gilt für sämtliche Elemente. Würde man also eine Nadel besitzen, die nur ausreichend spitz und dünn an ihrer Spitze wäre, dann könnte man mit dieser Nadel problemlos durch Eisen oder Stahl hindurchstechen, denn ... da ist ja fast nichts!

Mittlerweile befinden wir uns bei unserer Reise zum Allerkleinsten schon im subatomaren Bereich, und als wir die Größe eines Atomkerns mit etwa 10^{-14} *m* angaben, haben wir sogar eine Einheit übersprungen. Man erhält sie, wenn man einen Nanometer in tausend gleichgroße Teile teilt. Für den so erhaltenen Pikometer ergibt sich damit eine Größe von 1 *pm* $= 10^{-12}$ *m*.

Teilt man diesen Pikometer ebenfalls in tausend gleich große Teile, dann ergibt sich ein Femtometer. Dies ist die typische Größe eines Protons oder Neutrons, und für den Femtometer erhalten wir 1 *fm* $= 10^{-15}$ *m*.

Während die Protonen- bzw. Neutronengröße ziemlich zuverlässig bestimmt werden konnte, machte das Elektron deutlich mehr Probleme. Aktuell geht man davon aus, dass die Größe eines Elektrons unterhalb von 10^{-19} m liegen sollte. Aber auch hier sind wir noch nicht am Ende unserer Reise angekommen. Es gibt aber wenig Anschauliches, mit dem wir die nächsten Größenordnungen inhaltlich füllen könnten, weswegen ich hier einen Schlusspunkt setzen möchte.

Wichtig zu erwähnen ist in diesem Zusammenhang aber noch, dass weit unterhalb der experimentellen Zugänglichkeit eine – vom PLANCKschen Wirkungsquantum abgeleitete – sogenannte PLANCK-Länge l_P mit $l_P \approx 1{,}6 \cdot 10^{-35}$ m rechnerisch ermittelt wurde, unterhalb der sich keine physikalisch sinnvolle Aussage mehr machen lässt.

Man kann aber anhand dieser Zusammenstellung zumindest schon einmal erahnen, dass wir mit unseren Augen eben wirklich nur an der Oberfläche unserer Welt kratzen. Unterhalb dessen, was wir optisch erfassen können, wartet noch ein kompletter Mikrokosmos auf uns. Und etwas wissen wir von diesem Mikrokosmos bereits, nämlich dass schon unterhalb von 10^{-10} m, also ab der Größenordnung von Atomen, die Quantenwelt beginnt, die sich – und darüber haben wir ja schon ausführlich gesprochen – so ganz anders verhält, als unser gesunder Menschenverstand sich das so vorstellen würde.

Drehen wir nun unsere Reiserichtung um und beschäftigen uns mit dem ganz Großen, dann werden wir auch hier ein paar bemerkenswerte Zusammenhänge erkennen. Und ähnlich, wie wir bei unserer Reise in den Mikrokosmos mit dem gut vertrauten Millimeter gestartet sind, so beginnen wir jetzt mit dem wohl ebenso gut bekannten Kilometer, und ich notiere auf unserem Denkzettel 1 *km* = 1.000 *m* = 10^3 *m*. Dabei bedeutet die Vorsilbe Kilo nichts anderes als 1.000.

Ebenso bekannt und gut vorstellbar ist eine Entfernung von 1.000 *km* = 10^6 *m*. Unüblich, aber dennoch richtig wäre hierfür die Bezeichnung Megameter, kurz *Mm*, wobei die Vorsilbe Mega = 10^6 = 1 Million aus der Computertechnik bereits gut bekannt ist.

Gleiches gilt für die Bezeichnung Giga = 10^9 = eine Milliarde, allerdings liegt eine Entfernung von Gigametern, also von 1 Milliarde *m* = 1 Million *km* schon deutlich am Rande unserer Erfahrungswelt.«

»Was heißt hier am Rande unserer Erfahrungswelt?«, intervenierte Willi. »Mein alter Käfer hatte am Ende über 900.000 *km* auf der Uhr und damit fast eine Million. Also nicht, dass ich das alles selbst gefahren wäre, aber mein kleines Autochen ist diese ganze Strecke selbst und aus eigener Kraft langgeschnorchelt, wodurch mir diese Größenordnung so halbwegs vorstellbar erscheint. Aber natürlich ist das eine riesige Distanz, Elfie, da gebe ich dir Recht.«

»Das ist ein gutes Beispiel, Willi«, fuhr Elfie fort, »dadurch wird die Entfernung *eine Million km* tatsächlich einigermaßen greifbar. Und nehmen wir einfach einmal an, der gute alte Käfer wäre diese riesige Entfernung noch 150-mal gefahren, dann wäre er tatsächlich schon bei unserer Sonne angekommen, wobei wir nun schon eindeutig bei den kosmischen Distanzen angelangt sind. Im Übrigen machen bei den kosmischen Entfernungen bestenfalls noch Angaben in *km* Sinn, auf die Umrechnung in *m* werden wir von jetzt ab verzichten.

Für diese Entfernung von der Erde zu Sonne, also für die 150 Millionen *km* = 150 · 10^6 *km*, wird oft die sogenannte *Astronomische Einheit* mit der Abkürzung *AE* verwendet. Dies macht Sinn, wenn man über Distanzen innerhalb unseres Sonnensystems spricht. Weiß man nämlich, dass die Entfernung von der Erde zur Sonne eben genau 1 *AE* beträgt, dann erhält man sofort eine gute Vorstellung davon, wie viel weiter zum Beispiel Saturn mit 10 *AE* von der Sonne entfernt ist. Auch wird klar, dass zum Beispiel Neptun in unserem Sonnensystem wirklich weit außerhalb liegt, denn seine Entfernung zur Sonne beträgt etwa 30 *AE*.«

»Das bedeutet ja«, unterbrach Wilma, »dass Neptun 30-mal weiter von der Sonne entfernt ist als die Erde. Aber stimmt, … Moment …, lass mich in unserer gelben Mappe nachschauen …, wir hatten ja in unserem verkleinerten Sonnensystem-Modell angenommen, dass die Erde 150 *m* von der Sonne entfernt ist. Neptun wäre dann $30 \cdot 150$ *m* $= 4.500$ *m* $= 4,5$ *km* entfernt …, stimmt, das steht hier, das hattest du uns auch damals schon so angegeben.«

»Es geht doch nichts über eine akkurate Buchführung, Willi, oder?«, merkte Elfie mit einem Lächeln in Richtung Willi an.

»Also, da muss ich ja die Frage schon fast als einen persönlichen Affront auffassen!«, erwiderte Willi mit gespielter Entrüstung. »Natürlich ist das alles auf das Penibelste erfasst. Und da, wo vielleicht eine Erklärung fehlte oder ein Satz missverständlich war, habe ich in virtuoser Manier die Lücken gefüllt. Nicht umsonst nennt man mich auch den DA VINCI der Buchhaltung.«

»Dieses Talent lässt du aber bei unserer Haushaltskasse weitestgehend ungenutzt«, entgegnete Wilma, »da ist doch aktuell irgendein Fehlbetrag eingetragen, wenn ich mich recht erinnere.«

»Da geht es um ein paar Euro fünfzig – nicht der Rede wert«, versuchte Willi das Problem kleinzureden.

»Hm«, bemerkte Wilma etwas provozierend, »da hast du natürlich Recht, Willi, alles keine Beträge – wenn man bedenkt, was ein Klavier kostet.«

»Moment«, wollte Willi dies nicht unkommentiert lassen, »so einfach ist das ja auch nicht. In diesem Zusammenhang möchte ich zu bedenken geben, dass ich zum Beispiel während des Einkaufs oft wildfremde Menschen fragen muss, ob sie das lesen können, was du mir auf den Zettel chiffrierst. Das letzte Mal habe ich anstatt Balsamico Blasentee gekauft.«

Wilma schaute zunächst etwas verdutzt, da ihr wohl der Zusammenhang abhandengekommen schien. Da sie aber über einiges an Erfahrung mit der Denkmaschinerie ihres Willi hatte, versuchte sie zunächst erst einmal auf seinen Einwand zu antworten.

»Ich erinnere mich«, erwiderte sie, »ich schrieb Balsamico auf den Einkaufszettel und du besorgtest Blasentee, das ist richtig. Ein klein wenig Kombinationsgabe wäre an dieser Stelle aber durchaus angebracht gewesen, denn wenn man ein Wort inmitten eines Salat-Rezeptes nicht lesen kann, dann scheint mir *Blasentee* als Zutat doch eher – sagen wir mal – kulinarisch gewagt zu sein, oder?

Aber was hat das Ganze eigentlich mit unserer Haushaltskasse zu tun?«

»Ganz einfach«, erläuterte Willi, »da du aus lauter Frust den Salat mit Blasentee angemacht hast und Salat mit Blasentee etwa so schmeckt wie Nudeln mit Kondensmilch, habe ich stattdessen Pizza bestellt, den Pizzaboten bezahlt und in der Haushaltskasse notiert, dass du das Geld wieder hineinlegst – und dann müsste sie auch wieder stimmen«, fügte Willi mit einem breiten Grinsen hinzu.

Einen Moment sagte keiner etwas.

»Ich weiß noch«, sagte Wilma nach einer kurzen Überlegung, »wir hatten tatsächlich Pizza, das stimmt, und ich habe das Geld dann aber nicht in die Haushaltskasse, sondern in unsere Spardose getan.«

»Na also, dann muss ich ja nur das Geld aus der Spardose wieder in die Kasse tun, und schon ist alles wieder im

Grünen«, erwiderte Willi, »denn genau um diesen Pizza-Fehlbetrag ging es ja – wodurch übrigens der DA VINCI wieder bestätigt wird.«

»Lassen wir das«, antwortete Wilma, die gerade beschlossen hatte, das Thema ad acta zu legen, »und freuen wir uns lieber darüber, wie vollständig alle unsere hart erarbeiteten Themen in unserer gelben Mappe abgelegt sind.«

»So ist es«, stimmte Elfie zu, »und da steht mittlerweile viel Wissenswertes drin, und wir sind gerade dabei, ein paar weitere interessante Fakten hinzuzufügen. Wir waren nämlich eben damit beschäftigt, uns ein Gefühl für *das Große*, also für große Entfernungen zu erarbeiten. Dazu hatten wir uns zunächst mit unserem Sonnensystem beschäftigt, was in der Tat schon mal ein Objekt exorbitanter Größe darstellt. Allerdings hat unser Sonnensystem keine feste, äußere Grenze. Aus Gründen der Anschaulichkeit hatten wir seinerzeit daher den Grenzpflock einfach bei Pluto eingeschlagen, dessen Entfernung zur Sonne etwa $40\,AE = 40 \cdot 150 \cdot 10^6\,km = 6 \cdot 10^9\,km$, also ca. 6 Milliarden *km* beträgt. Nun könnte man meinen, dass diese Einheit AE, von der man ja nur 40 benötigt, um diese riesige Entfernung von 6 Milliarden *km* zwischen Pluto und der Sonne anzugeben, auch sehr gut geeignet ist, um andere Entfernungen im Universum zu beschreiben. Tatsächlich ist sie aber nur das Mittel der Wahl, wenn es um unser Sonnensystem geht –, weil sie ansonsten schlicht viel zu klein ist! Das kann man sich leicht veranschaulichen, wenn wir die Brücke zu der Einheit schlagen, von der wir wissen, dass sie für wirklich große Entfernungen geeignet ist, nämlich das Lichtjahr. Dazu gleich eine Frage, deren Antwort ihr wahrscheinlich schon längst kennt. Wie lange ist das Licht von der Sonne zu uns, also zur Erde unterwegs?«

»Ich habe einmal gelesen«, antwortete Wilma, »dass das Licht von der Sonne zur Erde ungefähr 8 Minuten benötigt.«

»Das ist richtig!«, erwiderte Elfie. »Und wie lange dauert es dann, bis es Pluto erreicht?«

»Moment«, begann Willi laut zu denken, »die Entfernung zwischen Sonne und Pluto beträgt 40 AE, also 40-mal die Entfernung zwischen Sonne und Erde. Demnach müsste das Licht auch 40-mal so lange unterwegs sein, also $40 \cdot 8$ Minuten $= 320$ Minuten $= 5$ Stunden und 20 Minuten.«

»Mann, Willi«, freute sich Elfie über Willis rechnerisches Engagement, »das kann man ja so abdrucken!«

»Natürlich«, entgegnete Willi gut gelaunt, »das ist ja auch eine typische Bierdeckelrechnung, oder?«

»Ich glaube«, antwortete Elfie, »wenn bei Willi etwas auf fruchtbaren Boden gefallen ist, dann ist es die Bierdeckelrechnung.«

»Siehst du«, gab Willi hocherfreut zurück, »anscheinend hat mir diese Art der Mathematik einfach gefehlt. Und kaum erfahre ich etwas über Bierdeckelrechnungen, schon blüht mein eingetrocknetes, fast verdorrtes mathematisches Pflänzchen regelrecht auf, wächst und gedeiht, so dass es eine wahre Freude ist, ihm einfach nur zuzusehen und zu staunen.«

»Pass auf«, stänkerte Wilma ein wenig, »dass dir die Früchte deines mathematischen Pflänzchens nicht noch auf den Kopf fallen.«

»Moment, ihr beiden«, grätschte Elfie dazwischen, noch bevor Willi zu einer rhetorischen Retourkutsche ausholen konnte, »wir sind ja noch nicht ganz fertig. Ich fasse einmal zusammen, was wir bis jetzt haben. Die Entfernung Sonne-Pluto ist mit $40\ AE = 6$ Milliarden km riesig und das Licht der Sonne braucht mehr als 5 Stunden, um zu Pluto zu gelangen. Aber in welchem Verhältnis steht diese Entfernung zu einem Lichtjahr?«

»Ei, ei, ei«, legte Willi die Stirn in Falten, »meinem zarten Pflänzchen wird anscheinend gerade wieder das Wasser abgegraben.«

»Wart's mal ab, Willi«, kam sofort Elfies Veto, »ich schiebe mal eine Regenwolke drüber. Wir hatten ja schon bierdeckelgerechnet, wie viele Stunden in einem Jahr enthalten sind, nämlich

$$1\,a = 365 \cdot 24\,h \approx 360 \cdot 25\,h = 360 \cdot \frac{100}{4}\,h = 9.000\,h$$

Also, ein Jahr hat rund 9.000 Stunden, und das Licht benötigt für die Entfernung Sonne-Pluto rund 5 Stunden. Wie viel Mal länger ist denn dann die Entfernung *ein Lichtjahr?*«

»Wieso ist das denn nur so ein schlapper Regen?«, murrte Willi.

»Kümmere du dich mal um dein Pflänzchen«, hatte Wilma nun Oberwasser, »ich regele in der Zwischenzeit mal schnell die mathematischen Dinge. Also, Elfie, dazu muss man nur die 9.000 h durch die 5 h teilen, und das kann ich im Kopf rechnen. Würde ich 9.000 h durch 10 h teilen, ergäbe sich 900. Da ich aber nur durch 5 h teile, erhalte ich das Doppelte von 900, also 1.800!«

»Also, wenn das mal keine Bierdeckelrechnung ist«, triumphierte Elfie, »dann weiß ich's aber auch nicht!«

»Mein mathematisches Pflänzchen signalisiert mir gerade«, rief Willi dazwischen, »dass nun doch ein ordentlicher Wolkenbruch angekommen ist. Also, keine Sorge, dem Pflänzchen geht es wieder gut, und es sagt mir: Wilmas Rechnung stimmt!«

»Ja, wunderbar«, stellte Elfie zufrieden fest, »und jetzt noch einmal zum Mitdenken: Zum einen haben wir die schon wirklich riesige Entfernung zwischen Sonne und Pluto, die rund 6 Milliarden Kilometer beträgt. Zum anderen wissen wir jetzt, dass im Vergleich dazu ein Lichtjahr rund 1.800-mal größer bzw. länger ist! Man müsste also die Strecke Sonne-Pluto etwa 1.800-mal zurücklegen, um die Entfernung *ein Lichtjahr* zu erhalten!

Das muss man sich erst einmal auf der Zunge zergehen lassen!«

»In der Tat –, das ist kein Pappenstiel«, bemerkte Wilma und begann zu grübeln. »Ich hatte einmal gelesen, dass es zwar sehr schwierig sei, solche Angaben zu machen, aber dass für eine Reise zum Pluto mit den heute zur Verfügung stehenden Mitteln eine Dauer von 15 bis 20 Jahren eine einigermaßen realistische Einschätzung sei. Nehmen wir einmal an, die Reise würde 18 Jahre dauern. Dann würde man für die Entfernung eines Lichtjahres $1.800 \cdot 18$ Jahre brauchen ...«

»... und das ergibt ...«, fiel Willi Wilma ins Wort, »Moment, Elfie hatte doch was von Quadratzahlen erzählt ..., also $18 \cdot 18$ ergibt 324, das weiß ich tatsächlich noch aus Schulzeiten, und dann noch zwei Nullen dran, also $1.800 \cdot 18$ ergibt dann 32.400 Jahre ... Wahnsinn!«

»Das ist wirklich beeindruckend«, strahlte Elfie, »also nicht nur die 32.400 Jahre, die natürlich auch, aber ich bin ja völlig baff, dass ihr gerade völlig selbständig eine 1a-Bierdeckelrechnung hingelegt habt, völlig ohne meine Hilfe. Also, hier wächst ja der wissenschaftliche Nachwuchs von morgen heran.«

»Wir schlafen zwar nachts kühl«, entgegnete Willi fröhlich, »uns aber als Nachwuchs zu bezeichnen, spricht doch eher dafür, dass wir zusammenlegen sollten, um dir einmal eine ordentliche Sehhilfe zu organisieren, liebe Elfie.«

»Wie dem auch sei«, schmunzelte Elfie, die nun versuchte, das Steuer wieder in die Hand zu nehmen, »natürlich ist dies nur eine ganz grobe Abschätzung, und sie ignoriert alle sonstigen Phänomene, die für die Berechnung der

Dauer einer solchen Reise noch zu beachten wären — aber sie ist ein weiteres Puzzlestück, um uns die Entfernung *ein Lichtjahr* besser vorstellen zu können.

Natürlich hatten wir auch schon errechnet, dass einem Lichtjahr ungefähr 10 Billionen $km = 10 \cdot 10^{12}$ km entsprechen, die Zahl kennen wir, sie ist aber für eine anschauliche Vorstellung wenig hilfreich. Da helfen die mehr als 30.000 Jahre, die man mit einem konventionellen Raumschiff für diese Distanz ungefähr bräuchte, schon eher, und da hilft auch die Vorstellung, dass dies etwa der 1.800-fachen Entfernung Sonne-Pluto entspricht.

So, und in dem Bewusstsein, dass wir uns mittlerweile eine recht realistische Vorstellung über die Abmessungen eines Lichtjahres erarbeitet haben, erweitern wir entsprechend unerschrocken unser Sichtfeld und erkennen, dass unser Sonnensystem in einem der entlegeneren Arme unserer Milchstraße beheimatet ist. Und da man weiß, dass sich im Zentrum unserer Milchstraße ein Schwarzes Loch befindet, ergibt sich doch schon fast automatisch die spannende Frage, wie weit es denn von uns bis zu diesem Zentrum ist, denn bei einem Schwarzen Loch mal kurz vorbeischauen, das klingt doch wirklich sehr verlockend. Leider wird daraus nichts, denn die Entfernung zum Zentrum unserer Milchstraße beträgt sage und schreibe 27.000 Lichtjahre! Das sind rund 270 Billiarden *km*, wobei wir von jetzt ab auf die Angabe in *km* verzichten werden, denn wer kann sich schon wirklich vorstellen, wie viel eine Billiarde ist? Bleiben wir also bei den Lichtjahren und stellen fest, dass wir trotz dieser schon extrem großen Einheit ziemlich schnell zu ganz großen Zahlen gelangen. Mit einem Durchmesser von rund 100.000 Lichtjahren ist unsere Milchstraße in etwa genau so groß wie unser nächster Nachbar, die Andromeda-Galaxie. Und da es daheim ja schnell langweilig wird, düsen wir schnell mal rüber, denn die Entfernung beträgt ja nur schlappe 2,5 Millionen Lichtjahre.«

»Stopp, Elfie«, unterbrach Wilma, »jetzt schwenkt mein Vorstellungsvermögen die weiße Fahne. Bei unserer Reise von der Sonne bis hin zu Pluto, da konnte ich noch einigermaßen mithalten. Und dass ein Lichtjahr der aberwitzigen Entfernung von 1.800 Sonne-Pluto-Reisen entspricht, das kann ich mir zwar nicht mehr konkret vorstellen, aber irgendwie ist das noch greifbar. So, und jetzt wird's wirklich holprig! 27.000 Lichtjahre bis zum Zentrum unserer Milchstraße und 2,5 Millionen Lichtjahre bis zur Andromeda-Galaxie, da macht's in meinem Hirn nur noch blubb!«

»Immerhin macht dein Hirn wenigstens etwas«, erwiderte Willi, »ich warte bei mir immer noch auf IRGENDEINE Reaktion –, da tut sich nämlich gar nix!«

»Und das Schlimme daran ist«, setzte Elfie noch einen drauf, »dass man dagegen eigentlich überhaupt nichts tun kann. Dies ist tatsächlich alles so dermaßen riesig, dass wir Menschen nur sprachlos staunen können. Man kann mit diesen Größenordnungen zwar prima rechnen und arbeiten, die Mathematik funktioniert super, aber eine echte Vorstellung davon zu erhalten, ist wahrscheinlich kaum möglich.«

»Geht das denn immer so weiter?«, wollte Wilma wissen.

»Das ist nicht so einfach zu beantworten«, überlegte Elfie, »also zunächst einmal sind wir nach 2,5 Mio. Lichtjahren tatsächlich erst bei unserer Nachbargalaxie angekommen. Auch in dieser Galaxie gibt es wie bei uns etwa 200 Milliarden Sonnen. Fliegt man weiter, dann kommt eine längere Zeit nichts, und dann kommen wieder Galaxien, manche größer und manche kleiner. Dies wiederholt sich noch einige Male. Würde man auf ein erweitertes Sichtfeld umschalten, dann wäre erkennbar, dass wir mit unserer Milchstraße und der Andromeda-Galaxie und vielen anderen Galaxien zusammen einen sogenannten Galaxienhaufen bilden. Solche Galaxienhaufen bestehen aus einigen tausend Einzelgalaxien und zwischen ihnen – das Nichts! Und dieses Nichts zieht sich teilweise über extrem große Entfernungen. Erweitert man wiederum das Sichtfeld, dann bilden viele Galaxienhaufen zusammen sogenannte Superhaufen, zwischen denen sich riesigste Leerräume befinden, die man *Voids* nennt, ein englischer Begriff für Hohlraum. Und legt man dann den ganz großen Maßstab an, dann scheinen diese Superhaufen ähnlich einer Wabenstruktur einigermaßen gleichmäßig im Universum verteilt zu sein. Man vermutet, dass es mehr als eine Billion Galaxien gibt, und die befinden sich in einem Universum, dessen Durchmesser auf etwa 90 Milliarden Lichtjahre geschätzt wird.«

Stille. Betretene Mienen.

»Es tut mir leid«, fuhr Elfie fort, »ich rattere das einfach so runter. Aber das Problem ist, dass wir es hier tatsächlich mit schlichtweg unvorstellbar großen Abmessungen zu tun haben.«

Schon wieder Stille, aber nicht mehr ganz so betretene Mienen.

»Wenn das Universum etwa 90 Milliarden Lichtjahre groß ist«, versuchte Willi nach einer Weile eines seiner Fragezeichen abzuarbeiten, »was ist denn dann dahinter?«

»Mensch, Willi, also das ist ja mal wieder eine wirklich leckere Frage«, frohlockte Elfie, »für deren Beantwortung ich mir aber etwas Unterstützung wünsche. Wir sind nämlich so langsam am Ende unserer Reise angelangt, und obwohl ich euch ganz zum Schluss noch einmal kurz zum Thema *Große Zahlen* etwas mit auf den Weg geben wollte, so kann man mit Willis Frage diesen Bereich des Allergrößten – oder des Unendlichen – sehr schön zum Abschluss bringen. Aber, wie schon gesagt, für die bereits erwähnte

Unterstützung benötigen wir drei kleine, also nur so ganz kleine Gläschen, und …«

Elfie hatte ihren Satz noch nicht beendet, schon spurteten wie auf ein geheimes Zeichen zwei erwachsene Menschen quer durch die Küche, und nachdem beide fast zeitgleich den Rückweg einschlugen, konnten sie – trotz eines kurzfristig drohenden Kollisionskurses – ihre wertvolle Fracht unbeschadet wieder auf dem Küchentisch abstellen.

»Na, das hat ja prima geklappt …«, strahlte Elfie, und während Willi in die bereitgestellten Gläser einschenkte führte sie weiter aus, »… und indem wir nun die Gläser erheben – Achtung, noch nicht trinken! –, sagt ihr mir bitte, was ihr darin seht, wenn ihr sie gegen das Kerzenlicht haltet. Lasst eurer Phantasie freien Lauf, und nachdem ihr mir die Antwort gegeben habt, erkläre ich euch, welche Frage ihr damit beantwortet habt.«

Wilma und Willi schauten sich kurz etwas ungläubig an und hielten dann die gefüllten Gläser gegen die Kerzenflamme. Beide schwenkten ihre Gläser nachdenklich vor der Kerze hin und her, beäugten prüfend die Lichtspiele und versuchten, etwas darin zu erspähen. Schließlich ergriff Wilma das Wort:

»Ich glaube, ich sehe einen leicht glitzernden Abendhimmel, der ein wenig an eine Dämmerung im Spätherbst erinnert, bei der die Sonne vor einem dunstigen Horizont langsam verschwimmt.«

»Ein sehr schönes Bild, man könnte es aufgrund deiner Beschreibung ja fast malen, also wirklich sehr gut, Wilma«, erwiderte Elfie, »und genau das ist es.«

»Genau das ist was?«, fragte Willi ungläubig zurück.

»Genau das ist die Antwort«, erklärte Elfie, »und zwar die Antwort auf deine Frage, Willi, was hinter dem Universum kommt.«

»Moment, nicht so eilig«, erwiderte Willi, »also ich sehe da etwas völlig anderes! Bei mir … Moment … ja, jetzt erkenne ich es ganz genau, bei mir lässt Frau Holle goldgelb gekräuselte Honigpratzen in Hustensaft regnen.«

»Hm, lass mich kurz überlegen«, antwortete Elfie, die sich ein Lachen verkneifen musste, »... doch, du hast Recht, Willi, genau das ist es.«

Wilma und Willi schauten einander verwundert an.

»Ja, was denn nun«, wollte Willi es jetzt wissen, »ist da ein Nachthimmel oder Hustensaft, oder was?«

»Seid mir nicht böse, meine Lieben«, erwiderte Elfie, »aber es war einfach zu verlockend, diesen kleinen Scherz mit euch zu machen. Die Frage, was sich hinter dem beobachtbaren Universum befindet, ist genauso unmöglich zu beantworten wie die Frage, was vor dem Urknall war. Man kann sagen, dass alle bisherigen wissenschaftlichen Erkenntnisse die These stützen, dass innerhalb des beobachtbaren Universums überall die gleichen physikalischen Gesetze gelten. Die Quantenmechanik und die Relativitätstheorie gelten demnach auch für extrem weit entfernte Orte bis hin zum Rand unseres Universums. Möglicherweise kommen noch ein paar Effekte oder physikalische Gesetzmäßigkeiten hinzu, über die man bis heute noch keine gesicherten Erkenntnisse hat, wie wir bei unserer Diskussion über die Dunkle Materie und die Dunkle Energie schon besprochen hatten. Grundsätzlich besteht aber in der wissenschaftlichen Welt Einvernehmen darüber, dass im gesamten beobachtbaren Universum alle Vorgänge den gleichen Gesetzen unterliegen.

Anders sieht es jedoch aus, wenn man diesen Bereich verlässt. Es ist schlichtweg unvorhersagbar, was dort passiert –, falls es ein *dort* überhaupt gibt und unser Universum nicht über höhere Dimensionen in sich selbst gekrümmt ist –, wie auch immer man sich dieses Szenario vorstellen mag. Wenn es aber ein *dort* gibt, dann ist es zwar extrem unwahrscheinlich, aber nicht ausgeschlossen, dass dort tatsächlich die Sonne vor einem dunstigen Horizont in einem Meer aus

Hustensaft versinkt. Vielleicht ist es dort aber auch so anders, dass uns für eine Beschreibung im wahrsten Sinne des Wortes die Worte fehlen, wer weiß das schon?«

»Kapiere«, antwortete Willi, »insofern wäre ja jede Antwort richtig gewesen oder auch falsch, je nachdem, wie man's sieht. Alles klar. Aber ich habe jetzt noch ein ganz anderes Problem.«

»Ok«, erwiderte Elfie, »und wie sieht das aus?«

»Mir schläft gleich der Arm ein!«

»Ach du Schreck«, schlug Elfie sich vor die Stirn, »da hätten wir ja das Wichtigste fast vergessen! Ich bin untröstlich!«, ergänzte sie mit einem Lächeln in Richtung Wilma und Willi. »Dann erheben wir jetzt unsere Gläser und stoßen an, und zwar auf …, ja auf was denn, …, genau, wir stoßen an auf die – fast – unendlichen Weiten des Universums! Das ist doch mal ein Trinkspruch, also nicht kleckern, sondern klotzen!«

Und mit dem für solch einen Trinkspruch gebotenen Respekt ließen die drei beim Anstoßen die Gläser vornehm klingen, um sich dann mit Genuss um deren Inhalt zu kümmern. Kaum hatten sie die Gläser wieder abgesetzt, fuhr Elfie mit ungebremster Geschwindigkeit weiter fort:

»Und da wir uns heute Abend sehr viel mit großen und noch größeren Zahlen beschäftigt haben, habe ich noch ein kleines Schmankerl für euch zum Abschluss. Dabei geht es um den Versuch, ein Gefühl für die Größe der Zahl *1 Billion* zu erhalten. Diese Zahl tauchte heute Abend schon einige Male auf, und wir haben schon diverse Eigenschaften mit dieser Zahl verbunden. Es ist mir aber ein Bedürfnis, die dramatische Riesenhaftigkeit dieser Zahl greifbar zu machen. Wie schon öfter handelt es sich auch hier um ein Gedankenexperiment, und zum Abschluss unserer Reise zum ganz Großen zählen wir in diesem Gedankenexperiment gemeinsam bis zu einer Billion. Ich schreibe daher auf unseren Denkzettel …«

5.4 Langeweile? Wir zählen bis zu einer Billion

»Natürlich benötigen wir dazu keinen Taschenrechner, wohl aber einen Stift und unsere Denkzettel, und nachher wandert natürlich alles ganz vorschriftsmäßig in unsere gelbe Mappe.

Für unser Gedankenexperiment legen wir als Spielregel fest, dass wir bei der Zahl 1 beginnen und immer weiter zählen, indem wir jede Sekunde um eins erhöhen. Ist das so weit verständlich?«

Wilma und Willi hörten hochkonzentriert zu. Beide nickten.

»Und schon ergibt sich die erste Frage«, eröffnete Elfie ihr Zahlenspiel. »Was glaubt ihr, wie lange benötigen wir, um auf diese Weise bis zur Zahl 1.000 zu zählen?«

»Bestimmt 'ne halbe Stunde«, war Willi sofort mit einer Schätzung dabei, »oder vielleicht sogar noch länger.«

»Moment«, dachte Wilma laut nach, »wenn ich bei 1 starte und pro Sekunde um eins erhöhe, dann brauche ich 1.000 Sekunden, um bis 1.000 zu zählen.«

»Korrekt!«, antwortete Elfie. »Ich notiere auf unserem Denkzettel die folgende Bierdeckelrechnung:«

$$1.000\ s = \frac{1.000}{60}\ min = \frac{100}{6}\ min = \frac{50}{3}\ min \approx 17\ min$$

»Das ist ja nur knapp mehr als eine Viertelstunde«, staunte Willi.

»Genau«, bestätigte Elfie strahlend und schob gleich nach, »und wie lange dauert es dann, wenn wir im selben Tempo bis zu einer Million zählen?«

»Das dauert …, halt, Moment«, rief Willi, »bevor ich jetzt wieder so daneben liege, erst einmal überlegen!«

»Kommt immer gut«, warf Elfie als Motivationsschub ein.

»Eine Million ist ja Tausend mal Tausend«, sagte Willi, während er parallel dazu nachdachte, weswegen die Worte nur sehr langsam über seine Lippen kamen, »ja …, ganz einfach …, bis zu einer Million dauert es $1.000 \cdot 17$ *min*, das sind also 17.000 *min*. Das muss man dann nur noch durch 60 teilen, und dann weiß man, wie viele Stunden man benötigt, um bis zu einer Million zu zählen.«

»Auch wieder richtig«, freute sich Elfie, »und ich notiere wieder eine Bierdeckelrechnung.

$$\frac{17.000}{60}\,h = \frac{1.700}{6}\,h = \frac{850}{3}\,h \approx \frac{840}{3}\,h \approx 280\,h$$

Die 840 im Zähler habe ich verwendet, da 840 im Gegensatz zu 850 ein Vielfaches von 3 ist. Und da $84 : 3 = 28$ ist, ergibt $840 : 3 = 280$.

280 Stunden kann man dann in Tage umrechnen, und da ein Tag 24 Stunden hat, muss man 280 durch 24 teilen:

$$\frac{280}{24}\,d = \frac{140}{12}\,d = \frac{70}{6}\,d = \frac{35}{3}\,d \approx \frac{36}{3}\,d = 12\,d$$

Es würde also rund 12 Tage dauern, um bis zu einer Million zu zählen.«

»Ist das realistisch«, fragte Wilma, »dass man 12 Tage am Stück zählt, ohne zu schlafen, zu essen und zu trinken?«

»Nein, natürlich nicht«, antwortete Elfie, »du kannst aber mit dieser Abschätzung prima angeben, wie lange es dauern würde, wenn man zum Beispiel einen Arbeitstag zum Zählen zugrunde legen würde. Acht Stunden tägliche Arbeit ist ein Drittel von 24 Stunden. Demnach bräuchte man in diesem Fall dreimal so lang. Dann hat man aber immer noch keine Pausen eingelegt. Daher wäre es sinnvoller zu argumentieren, dass man zum Beispiel jede Stunde eine Ablösung zum Weiterzählen abstellt, und daher möchte ich bei dem pausenlosen Zählen bleiben.

So, ihr beiden, dann komme ich zu einem Punkt, der mir besonders wichtig ist, nämlich zum Unterschied zwischen einer Million und einer Milliarde. Der scheint oft nicht wirklich klar zu sein, denn in Unterhaltungen habe ich beispielsweise gehört, dass auf die Frage, wie viele Millionäre es in Deutschland geben würde, eine Zahl als Antwort genannt wurde mit dem Nachsatz: … *oder waren das die Milliardäre? Egal, ist ja fast das Gleiche.* Um entscheiden zu können, wie belastbar diese Aussage ist, möchte ich mir mit euch jetzt genau den Unterschied zwischen diesen beiden Zahlen vor Augen führen.

Wir haben bereits errechnet, dass man rund 12 Tage pausenlos zählen müsste, um zu einer Million zu gelangen. Wie lange bräuchte man, um bis zu einer Milliarde zu zählen?«

»Eintausend Mal so lang«, antwortete Wilma schlagfertig, »also erhält man 1.000 · 12 Tage = 12.000 Tage. Dies muss man nun durch 365 teilen, und dann weiß man, wie viele Jahre es dauert, um bis zu einer Milliarde zu zählen.«

»Völlig richtig«, antwortete Elfie, »und schon wieder benötigen wir eine Bierdeckelrechnung. Ich notiere auch diese auf unserem Denkzettel und schreibe:

$$\frac{12.000}{365}\,a \approx \frac{12.000}{360}\,a = \frac{1.200}{36}\,a = \frac{200}{6}\,a = \frac{100}{3}\,a \approx 33\,a$$

Wir würden also etwa 33 Jahre benötigen!«

»Das ist ja kaum zu glauben«, erwiderte Willi erstaunt, »um bis zu einer Million zu zählen, benötigt man gerade mal 12 Tage, und für eine Milliarde dauert es 33 Jahre! Das ist ja ein riesiger Unterschied!«

»Ja, und genau das geht im normalen Sprachgebrauch einfach unter«, unterstrich Elfie. »Schon die eine Million ist so groß, dass man in der Regel keine wirkliche Mengenvorstellung von dieser Zahl hat. Mit der Milliarde kommt dann nur noch eine weitere Mengenbezeichnung hinzu, von der man ebenfalls keine genaue Vorstellung hat, und schon verschwimmen die Unterschiede.«

Wilma und Willi nickten bedeutungsschwer.

»Dann lasst uns zum Schluss, quasi als Krönung dieser Diskussion, kurz noch über die Billion sprechen«, fuhr Elfie fort. »Zur Erinnerung: Der Billion sind wir schon öfter begegnet! Wir hatten zum Beispiel festgestellt, dass die Sonne jährlich etwa den vierzehnbillionsten Teil ihrer Masse verliert oder dass ein Lichtjahr etwa 12 Billionen *km* entspricht. Aber wieviel ist denn nun eine Billion, wie kann man sich eine Billion vorstellen? Dazu lasst uns in unserem Gedankenexperiment einmal bis zu einer Billion weiterzählen. Wie lange würde das wohl dauern?«

»Also, wenn es 33 Jahre dauert«, begann Willi, »um bis zu einer Milliarde zu zählen und man die Milliarde mit eintausend multiplizieren muss, um zu einer Billion zu kommen, dann würden wir erst nach rund 33.000 Jahren bei einer Billion ankommen.«

»Unglaublich!«, konnte Wilma es kaum fassen. »Man kann zwar innerhalb eines Menschenlebens bis zu einer Milliarde zählen, aber man weiß ja überhaupt nicht, ob die gesamte Menschheit lange genug existiert, um bis zu einer Billion zählen zu können.«

»Ja, und wir merken auch schon«, ergänzte Elfie, »dass unser Gedankenexperiment zur Veranschaulichung großer Zahlen an dieser Stelle schon beginnt, nicht mehr wirklich zu greifen. Mit den 33.000 Jahren bewegen wir uns nämlich auf einem Terrain, bei dem sich die Vorstellung schon wieder langsam verabschiedet. Aber unser Ziel war ja auch die

Billion, und das haben wir soeben gerade noch geschafft ...
genau so, wie wir hiermit auch alles andere geschafft haben!«

Einen Moment sagte keiner etwas.

»Oh je«, brachte Wilma traurig heraus, »heißt das, dass
wir nun am Ende angelangt sind?«

»Ich habe mein Pulver jetzt verschossen«, antwortete
Elfie mit einem Hauch von Trauer in der Stimme, »wir haben
uns nun über alles unterhalten, was ich mir so vorgenommen
hatte.«

»Mir raucht zwar immer noch der Kopf von den vielen
Zahlen«, merkte Willi an, »aber ich habe mittlerweile so ein
klein wenig Gefallen an ihnen gefunden. Einerseits sind
Zahlen gnadenlos brutal, quasi ohne Mitgefühl, und früher
sind sie mit dieser Eigenschaft oft einfach über mich hinweggerollt.
Heute aber sehe ich, dass sie auch gnadenlos
ehrlich und transparent sind. Und wenn man ihre Eigenarten
so ein klein wenig kennt und sie entsprechend nutzt,
dann kann man mit ihnen sehr kompakt und präzise Informationen
austauschen.«

»Mensch, Willi«, erwiderte Elfie, »was soll ich zu dieser
Aussage sagen? Eine wirklich gelungene Analyse – so viel
steht fest! Mit einer etwas weniger dramatischen Zusammenfassung
unserer Reise durch die Zahlenlandschaft hättest
du mich allerdings auch überrascht. Überhaupt hatte
ich den Eindruck, dass du trotz all deiner Vorbehalte schon
ein Talent hast, wissenschaftlichen Ideen zu folgen, wobei
du oft erstaunlich kurze Wege zu unkonventionellen Lösungen
findest.

Und Wilma, dir hat man das Interesse an unseren Fragestellungen
stets angemerkt, und auch bei dir habe ich es
nie geschafft, dich intellektuell ernsthaft in die Bredouille
zu bringen –, auch wenn unsere Themen einem schon eine
ordentliche Portion an Abstraktionsvermögen abverlangten.

Ich für meinen Teil kann jedenfalls sagen, dass mir unsere gemeinsamen Abende wirklich extrem viel Spaß bereitet haben, und wenn ich nun so zurückblicke, dann handelte es sich ausnahmslos bei jedem Abend um ein außerordentlich angenehmes und kurzweiliges Vergnügen.«

»Liebe Elfie«, entgegnete Wilma, »ich spreche jetzt für Willi und mich, wenn ich dir sage, dass jeder von uns immer eine enorme Vorfreude verspürte, je näher ein gemeinsamer Abend rückte. Und wenn es dann endlich so weit war, dann wurde die Vorfreude – wie soll ich sagen – ja, stets übererfüllt! Und neben den unzähligen Lachattacken, die wir an unseren Abenden zu überstehen hatten, stellte sich auch noch der erfreuliche Nebeneffekt ein, dass wir ganz viel gelernt haben. Lachen und Lernen – das sind doch schon zwei Wünsche auf einmal!

Ich meine«, ergänzte Wilma nach einer kurzen Pause, »wir kennen uns ja schon sehr lange und waren bereits vor unseren Themenabenden gut befreundet, diese Zeit hat unserer Beziehung aber noch einmal eine ganz neue Dimension verliehen.«

»Das ist wirklich schön zu hören«, erwiderte Elfie, »dann steht ja zumindest nicht zu befürchten, dass sich an unserem Verhältnis etwas ändert, wenn es nicht mehr die Wissenschaft ist, die uns zusammenführt.«

»Apropos Wissenschaft«, warf Willi ein, »wusstet ihr eigentlich, dass man besonders viel Wissen schafft, wenn man mit der Wissenschaft Wissen schafft? Mein Wissen schaffte es beispielsweise vor unseren Treffen kaum die Treppe hoch. Nun aber weiß ich viel mehr über die Schaffenden des Wissens und darüber, was sie an Wissen geschaffen haben, weswegen diese Wissen schaffenden Wissenschaftler im Speziellen und die Wissenschaft im Allgemeinen bei mir im Ansehen eine enorme Steigerung geschafft haben.«

Elfie und Wilma blickten einander an, und beide sahen, wie im Gesicht des jeweils anderen ein Lachen versuchte, sich seinen Weg zu bahnen. Und wie auf ein geheimes Kommando prusteten plötzlich beide zusammen los, ganz so, als hätten sie einen Witz erzählt bekommen, der erst beim zweiten Durchdenken zündete. Willi indes nutzte die Zeit, um ihre Gläser noch einmal aufzufüllen, was Elfie zum Anlass nahm, sich wieder etwas zu beruhigen, um dann mit einem gefüllten Glas in der Hand das Wort zu ergreifen:

»Ihr Lieben, schöner hätte ich es nicht formulieren können. Ich denke, wir können Willis Hommage an die Wissenschaft als Schlusssatz einfach mal so stehen lassen. Und damit sollte wir einfach noch einmal anstoßen auf unsere schöne gemeinsame Zeit.«

Während Elfie ihr Schlusswort sprach, hatten die anderen beiden schon ihr Glas in die Hand genommen und dann stieß man noch einmal wohl gelaunt auf alles an, was ihnen als feierwürdig in den Sinn kam. Und so saß man noch einige Zeit zusammen und unterhielt sich über Dinge auch weit über den wissenschaftlichen Rahmen hinaus. Zwischendurch brachte Wilma die leeren Erdnusstüten in den Müll und räumte etwas auf.

»Die werde ich nun erst einmal in Sicherheit bringen«, erklärte Wilma, nahm die gelbe Mappe und verschwand damit in einem der Nebenzimmer.

Zwischenzeitlich hatten sich Willi und Elfie über die psychologische Bedeutung von Farben unterhalten, und als Wilma wieder an den Tisch kam, erklärte Elfie, dass sie es äußerst bemerkenswert fand, welche Rolle die Farben in Willis Denkprozessen spielten. Und so kam man vom Hölzchen aufs Stöckchen und diskutierte noch weiter über die unterschiedlichsten Themen, bis Elfie schließlich bemerkte, dass die Zeit schon ziemlich weit fortgeschritten sei und sie nun beabsichtige, den Weg nach Hause einzuschlagen.

»Natürlich sehen wir uns bald wieder, liebe Elfie«, erklärte Willi, »es steht ja zumindest noch ein gemeinsames Essen aus. Bevor du jetzt aber gehst, müssen wir dir noch etwas Wichtiges mitteilen. Wie du ja weißt, sind unsere wissenschaftlichen Abende nicht undokumentiert geblieben. Keine Sorge, wir haben eine Kopie behalten, aber hier ist das Original für dich, dass man vielleicht einer staunenden Weltöffentlichkeit folgendermaßen präsentieren sollte:

Und falls mal in der Wissenschaft
irgendwo auf der Welt eine Lücke klafft,
dann schmeißt nicht einfach alles hin,
in Elfies gelber Mappe, da steht's drin!«

Und indem Willi die letzte Zeile feierlich vortrug, übergab er Elfie die gelbe Mappe, die Wilma schnell aus dem Nebenzimmer geholt hatte. In der Zeit, als Elfie und Willi über Willis Farben diskutierten, hatte sie dort noch flugs die letzten Seiten vom Abend für die eigenen Unterlagen kopiert, und zusätzlich verpasste sie der gelben Mappe noch eine große, dicke gelbe Schleife. So überreichten sie nun beide Elfie dieses Dokument ihrer gemeinsamen Abende.

Elfie musste schlucken, denn damit hatte sie nicht gerechnet, und zum ersten Mal sahen Wilma und Willi Elfie wirklich sprachlos.

»Was macht ihr denn da?«, rang Elfie um Worte. »Ich weiß gar nicht, was ich sagen soll …, ich bin tief gerührt …, vielen, vielen Dank«, brachte sie trotz des dicken Kloßes in ihrem Hals stockend heraus.

Wilma und Willi strahlten, denn sie sahen, dass ihr Abschiedsgeschenk eine wirkliche Überraschung war und augenscheinlich auch gut ankam. Elfie sah sie an, ging auf sie zu und erdrückte sie dann fast in einer mächtigen Umarmung. Einen Moment lang bewegte sich niemand. Mit einem tiefen Seufzer entließ sie dann die beiden wieder aus ihrer Umklammerung, und um einer weiteren emotionalen Achterbahnfahrt zu entgehen, machte sie kurz entschlossen kehrt, ging wortlos ein paar Schritte in Richtung Ausgangstür, nahm ihre Jacke von der Garderobe und – ganz Elfie – damit wieder das Heft des Handelns fest in ihre Hand. Schon fast im Hinausgehen begriffen übermannte sie aber doch noch das Bedürfnis, irgendetwas sagen zu wollen.

»Ganz vielen lieben Dank, ihr beiden«, kämpften sich ihre Gefühle noch einmal zurück. Sie blickte den beiden tief in die Augen, und bevor Wilma oder Willi noch irgendetwas erwidern konnten, ergänzte sie, »da habt ihr mich aber wirklich erwischt.«

Bei den letzten Worten hatte aber schon längst wieder ihr breites, gewinnendes Lächeln die Oberhand gewonnen. Sie strahlte die beiden an, drehte sich um und rief beim Gehen noch über die Schulter:

»Jetzt weiß ich, was ich noch sagen wollte! Lasst es euch gut gehen, bis bald, ich freue mich schon!«

Ende

(fast)

… und doch noch nicht ganz das Ende! Denn Willi wäre ja nicht Willi, wenn er nicht noch das letzte Wort haben wollte.

Bevor sich die drei nun endgültig verabschieden, möchte Willi noch schnell darlegen, was ihn von den abendlichen Know-how-Veranstaltungen am meisten beeindruckt hat. Und damit dies auch möglichst einprägsam rüberkommt, hat er dies, wie schon zu Anfang der Geschichte, in eine bildliche Darstellung gepackt, die er jetzt unkommentiert zum Besten geben möchte. Guckst du:

So, und das ist jetzt aber wirklich das

Ende

(endgültig)

Vielen Dank

Verschiedene physikalisch-naturwissenschaftliche Bücher sowie entsprechende Film- und Videobeiträge, allen voran von Harald Lesch, Josef M. Gaßner, Ranga Yogeshwar und vielen anderen, haben wesentlich dazu beigetragen, teils sehr komplexe Zusammenhänge einer breiteren Öffentlichkeit zugänglich und verständlich zu machen. Von der Gabe dieser Menschen, solche Dinge nicht nur zu erklären, sondern dabei auch begeistern zu können, habe auch ich sehr profitiert. Ich möchte daher auf diesem Wege diesen Rhetorikkünstlern ganz ausdrücklich danken und ihnen für ihr Schaffen meine aufrichtige Hochachtung aussprechen. So gesehen sind sie alle mitverantwortlich dafür, dass dieses Buch überhaupt entstanden ist.

In diesem Zusammenhang möchte ich es nicht versäumen, auch einige etwas weniger prominente Mitmenschen zu erwähnen. In ihren Internet-Videobeiträgen präsentieren sie prägnant und anschaulich ein enormes Wissen, was für mich lehrreich und zugleich höchst unterhaltsam war. Dafür möchte ich mich einfach einmal pauschal bedanken! Speziell die Videobeiträge von *Clixoom Science & Fiction*, *Raumzeit*, *simpleclub* und *100SekundenPhysik* haben mich besonders beeindruckt, wobei die letztgenannte Videoreihe die Hauptinspiration für die von mir gewählte Darstellung des Doppelspaltexperiments lieferte.

Darüber hinaus möchte ich mich ganz ausdrücklich bei meinem lieben Arbeitskollegen Michael Lorenz bedanken, der mein komplettes Manuskript sehr kompetent auf inhaltliche und sonstige Unstimmigkeiten durchforstete. Speziell unsere Unterhaltungen über das Haustier eines Herrn Schrödinger haben dabei sehr zu meinem eigenen Verständnis zu diesem sehr komplexen Thema beigetragen.

Ein weiterer großer Dank geht ebenfalls an einen Arbeitskollegen, und zwar an meinen lieben Freund Alexander Jabs. Ihm ist es zu verdanken, dass der Buchumschlag am Ende auch ein druckfähiges Format erhalten hat. Er war für mich bei der graphischen Umsetzung beratender Helfer und ausführender Knowhow-Träger in einer Person – und mir stets um mindestens zwei Ebenen voraus.

Zuletzt, und eigentlich zuerst möchte ich mich aber bei meiner Frau Konstanze bedanken. Sie wurde nicht müde, Passagen zu lesen, zu kommentieren, auf Verständlichkeit zu überprüfen und als kluge Ratgeberin das eine oder andere rhetorische Tohuwabohu zu entschärfen. Ohnehin wäre dieses Buch ohne sie wahrscheinlich nie geschrieben worden. Denn zu einer Zeit, als es aus meiner Sicht noch keineswegs sicher war, dass es meine schriftlichen Ausführungen einmal zu einem Buch schaffen sollten, gab ich ihr die ersten Abschnitte zum Lesen. Ihre Beurteilung, die ich kurz darauf erhielt, lautete sinngemäß: »Obwohl ich mit Physik eigentlich nicht viel am Hut habe, habe ich ganz schön viel verstanden. Ok, vielleicht nicht alles, aber – ich hatte wirklich Spaß beim Lesen!«

Mit derart viel Rückenwind ausgestattet machte ich mich mit Elfie, Wilma und Willi auf die Suche nach den erwähnten Unklarheiten, und … wurden fündig! Mit viel Spaß an der Sache halfen mir Wilma und Willi, manches besser zu veranschaulichen, indem sie die richtigen Fragen stellten oder selbst Erklärungen lieferten, während Elfie sich noch mehr ins Zeug legte, die Formulierungen auf den Punkt zu bringen. Und als ich sah, wie die drei sich engagierten, stand für mich fest:

Jetzt geht's los, wir schreiben ein Buch!